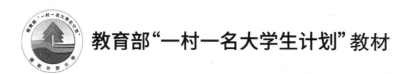

教育部"一村一名大学生计划"教材

动物营养与饲料

何　欣　齐晓龙　主编

U0229828

国家开放大学出版社·北京

图书在版编目（CIP）数据

动物营养与饲料／何欣，齐晓龙主编. —北京：
国家开放大学出版社，2022.1（2025.1重印）
教育部"一村一名大学生计划"教材
ISBN 978 – 7 – 304 – 11209 – 7

Ⅰ.①动… Ⅱ.①何… ②齐… Ⅲ.①动物营养—营养
学—开放教育—教材 ②动物—饲料—开放教育—教材
Ⅳ.①S816

中国版本图书馆 CIP 数据核字（2021）第 271969 号

教育部"一村一名大学生计划"教材

动物营养与饲料

DONGWU YINGYANG YU SILIAO

何 欣 齐晓龙 主编

出版·发行：国家开放大学出版社
电话：营销中心 010 – 68180820　　　总编室 010 – 68182524
网址：http://www.crtvup.com.cn
地址：北京市海淀区西四环中路 45 号　邮编：100039
经销：新华书店北京发行所

策划编辑：王 普　　　　　　版式设计：何智杰
责任编辑：赵 洋　　　　　　责任校对：吕昀谿
责任印制：武 鹏 马 严

印刷：北京云浩印刷有限责任公司
版本：2022 年 1 月第 1 版　　　2025 年 1 月第 7 次印刷
开本：787mm×1092mm　1/16　　印张：18　字数：362 千字

书号：ISBN 978 – 7 – 304 – 11209 – 7
定价：37.00 元

意见及建议：OUCP_KFJY@ouchn.edu.cn

编写组

主　编

何　欣　北京农学院

齐晓龙　北京农学院

副主编

王　晶　中国农业科学院

王　波　中国农业大学

赵燕飞　国家开放大学

崔耀明　河南工业大学

序

　　"一村一名大学生计划"是由教育部组织、中央广播电视大学①实施的面向农业、面向农村、面向农民的远程高等教育试验。令人高兴的是计划已开始启动，围绕这一计划的系列教材也已编撰，其中的《种植业基础》等一批教材已付梓。这对整个计划具有标志性意义，我表示热烈的祝贺。

　　党的十六大报告提出全面建设小康社会的奋斗目标。其中，统筹城乡经济社会发展，建设现代农业，发展农村经济，增加农民收入，是全面建设小康社会的一项重大任务。而要完成这项重大任务，需要科学的发展观，需要坚持实施科教兴国战略和可持续发展战略。随着年初《中共中央　国务院关于促进农民增加收入若干政策的意见》正式公布，昭示着我国农业经济和农村社会又处于一个新的发展阶段。在这种时机面前，如何把农村丰富的人力资源转化为雄厚的人才资源，以适应和加速农业经济和农村社会的新发展，是时代提出的要求，也是一切教育机构和各类学校责无旁贷的历史使命。

　　中央广播电视大学长期以来坚持面向地方、面向基层、面向农村、面向边远和民族地区，开展多层次、多规格、多功能、多形式办学，培养了大量实用人才，包括农村各类实用人才。现在又承担起教育部"一村一名大学生计划"的实施任务，探索利用现代远程开放教育手段将高等教育资源送到乡村的人才培养模式，为农民提供"学得到、用得好"的实用技术，为农村培养"用得上、留得住"的实用人才，使这些人才能成为农业科学技术应用、农村社会经济发展、农民发家致富创业的带头人。如果这一预期目标能得以逐步实现，就为把高等教育引入农业、农村和农民之中开辟了新途径，展示了新前景，作出了新贡献。

　　"一村一名大学生计划"系列教材，紧随着《种植业基础》等一批教材

---

① 2012 年中央广播电视大学更名为国家开放大学。

出版之后，将会有诸如政策法规、行政管理、经济管理、环境保护、土地规划、小城镇建设、动物生产等门类的三十种教材于九月一日开学前陆续出齐。由于自己学习的专业所限，对农业生产知之甚少，对手头的《种植业基础》等教材，无法在短时间内精心研读，自然不敢妄加评论。但翻阅之余，发现这几种教材文字阐述条理清晰，专业理论深入浅出。此外，这套教材以学习包的形式，配置了精心编制的课程学习指南、课程作业、复习提纲，配备了精致的音像光盘，足见老师和编辑人员的认真态度、巧妙匠心和创新精神。

在"一村一名大学生计划"的第一批教材付梓和系列教材将陆续出版之际，我十分高兴应中央广播电视大学之约，写了上述几段文字，表示对具体实施计划的学校、老师、编辑人员的衷心感谢，也寄托我对实施计划成功的期望。

教育部副部长 吴启迪

2004 年 6 月 30 日

前　言

本教材是国家开放大学为教育部"一村一名大学生计划"的学习者开设的一门专业课所编的教材，也可供有关行业的科技人员和其他高等院校、业余大学、函授大学及自学者选用。

畜牧业的发展对动物营养与饲料学提出的要求越来越高。本教材分为"第一篇　动物营养原理""第二篇　饲料原料""第三篇　饲料配制"和"第四篇　饲料检测技术"四个部分，以从理论到实践再到操作的思路安排了动物营养与饲料的16章教学内容和10个实验指导。其中，第一篇主要介绍了饲料中所含营养物质的种类、六大类营养物质的基本功能以及各类营养物质在动物体内的消化吸收代谢过程；第二篇主要介绍了常见的青粗饲料、能量饲料、蛋白质饲料、矿物质饲料和饲料添加剂的营养特性、饲用价值、使用方法和注意事项；第三篇主要介绍了动物营养需要与饲养标准、配合饲料的分类、浓缩饲料和预混料的配方设计及配合饲料的生产工艺流程；第四篇引导学生通过实验掌握饲料常规分析、饲料产品加工环节的质量检测方法及饲料原料掺假识别的技能。

本教材编写遵循我国高职高专院校兽医专业教学体系、课程设置模式以及新型教材建设指导思想和原则，以培养畜牧兽医专业高等专科应用型人才为目标，以"必需、够用"为基本原则，突出常用知识技能的掌握和训练，理论联系实际，力求精练、实用。本教材为适应现代远程开放教育自主化和个别化学习，将教学内容和学习指导有机地融为一体，每章前面设"学习目标"，后面设"本章小结"（框架图形式）和"思考题"。

本教材共有6名编委，分别是主编何欣、齐晓龙，副主编王晶、王波、赵燕飞、崔耀明。具体分工情况如下：北京农学院何欣编写第一篇第一章、第四篇；北京农学院齐晓龙编写绪论，第一篇第二章、第六章，第二篇第四章；中国农业科学院王晶编写第二篇第五章、第六章，第三篇第一章；中国农业大学王波编写第一篇第三章、第四章，第二篇第三章；国家开放大学赵燕飞编写第一篇第五章、第七章；河南工业大学崔耀明编写第一篇第八章，第二篇第一章、第二章和第三篇第二章。全书由何欣、齐晓龙共同统稿。

本教材由北京农业职业学院杨久仙教授、北京农业职业学院郭彤教授和中国农业大学袁靖东教授审定，杨久仙教授为主审。在教材编写过程中，国家开放大学赵燕飞副教授全程策划指导。在此，一并表示感谢。

由于编者水平有限，书中错误和缺点在所难免，敬请广大同行和读者批评指正。

编 者

2021 年 11 月 23 日

目　录

CONTENTS

第二篇　饲料原料

第三篇 饲料配制

第四篇　饲料检测技术

绪　　论

📖 **学习目标**

1. 掌握动物营养、饲料的基本概念，以及动物营养、饲料与畜牧业发展的关系。
2. 熟悉动物营养与饲料的发展历程及未来的发展趋势。
3. 了解动物营养与饲料的学习方法及基本要求。

一、动物营养、饲料的基本概念及与畜牧业发展的关系

1. 动物营养、饲料的基本概念

动物营养指动物机体摄取、消化、吸收、利用饲料中营养物质的全过程，是一系列化学、物理及生理变化过程的总称。动物营养是动物生存与生产的物质基础，没有动物营养就没有动物的生命过程。食物中能够被有机体用以维持生命活动、生产产品的一切化学物质称为营养物质或营养素、养分。营养物质可以是简单的化学元素，如钠、钾、氯、铁、钙、磷、镁、锌、碘、硒、硫、铜、锰等，也可以是复杂的化合物，如脂肪、蛋白质、碳水化合物、维生素等。随着基因时代的到来及科学技术的不断进步，人们对动物营养的研究已由传统地研究营养物质的消化吸收、营养物质的功效、饲料的营养价值及动物营养需要量逐步扩展到营养物质调节机制、宏观层次的营养信息传递机制、动物机体自我营养调控功能及环境对机体营养代谢影响的机制等多个方面。

在合理的饲喂条件下，能为家畜、家禽、水产动物提供营养物质、调控其生理机制、改善动物产品品质且不发生有毒有害作用的物质称为饲料。从广义上讲，能强化饲养效果的某些非营养性饲料添加剂也称为饲料。由此可见，饲料是畜牧业的物质基础。动物通过采食饲料获得营养物质，维持自身的生命活动，以及将其转化为畜产品；同时饲料又是以动物营养为基础结合实际生产，用以满足被饲养动物生理需求的各种粮食及副产品的混合物。

动物摄取营养物质的方式以进食饲料为主，饲料配制的理论基础是动物营养，学习动物营养理论是为了指导畜牧生产，而直接影响畜牧生产效益的重要因素是饲料。随着动物营养研究的不断深入，饲料配方也在持续优化；同时饲料配方的持续优化也促进了对动物营养更深入的研究。因此，动物营养与饲料之间相辅相成、密不可分。

2. 动物营养、饲料与畜牧业发展的关系

畜牧业是农业的重要组成部分，它在满足人们对动物性产品的营养需求、提高农民收入和促进农村发展等方面具有重要作用。畜牧生产可以将人们不能利用的、低值的植物和动物及其加工副产品转化为营养价值极高的、富含蛋白质的畜产品，其产品包括肉、奶、蛋等。现代畜牧生产要求动物具有较高的生产性能，只有这样才能满足社会的需求，而动物生产性能的高低受遗传与环境的影响，在动物的品种及所处外界自然条件相同的情况下，只有通过加强对动物营养与饲料的研究这一途径，才能达到改善动物营养状况，提高动物对饲料中各种营养物质的利用率，从而提高动物生产效益的目的。另外，畜禽的粪污排放对水体、土壤及空气造成的污染，是畜牧业中最难攻破的难关。优质的饲料配比，能够减少营养物质的浪费，达到减少环境污染的效果。动物营养研究的新成果不断应用于饲料配方，使饲料的各种营养指标越来越符合动物的营养需要，从而使动物的

生产性能得到不断提高。饲料作为畜牧业发展的物质基础，在很大程度上决定了畜禽的生产力、产品质量和动物的寿命。

动物营养与饲料是在动物生产实践和科学试验中发展起来的，动物营养是现代动物生产（畜牧业发展）的理论依据。动物生产性能或营养物质利用率的提高，50%~70%取决于动物营养与饲料的研究发展。半个多世纪以来，动物生产和营养与饲料的研究相结合，使动物的生产性能有了很大的提高。近几十年来，动物营养研究和优质饲料选择的方法、手段、内容均有很大的发展，尤其是近些年动物营养研究成果与优质饲料相结合所设计的饲料配方在畜牧生产中的应用，使我国的畜牧业发生了巨大的变化。

2013—2019 年，我国猪牛羊禽肉产量呈波动变化趋势，2019 年猪牛羊禽肉产量下滑主要是因为国内发生了较大规模的非洲猪瘟疫情，导致大量生猪被扑杀，同时非洲猪瘟疫情的发生也影响了消费端对猪肉的需求。2020 年，我国猪牛羊禽肉产量为 7 639 万吨，比上年下降 0.1%。其中，牛肉产量为 672 万吨，增长 0.8%；羊肉产量为 492 万吨，增长 1.0%；猪肉产量为 4 113 万吨，下降 3.3%；禽肉产量为 2 361 万吨，增长 5.5%。排除非洲猪瘟及新冠疫情的影响，我国畜牧业呈现高速发展的势头，养猪业的生猪出栏率每年都在增长，猪的生长速度及饲料转化率大幅提高。我国畜禽的料肉比均在不断下降，2020 年全国家禽出栏 155.7 亿只，比上年增加 9.3 亿只，增长 6.3%。肉仔鸡上市时间在不断缩短。随着奶牛养殖规模化、标准化和现代化水平的不断提高，奶牛养殖场的生产效率大幅度提升，奶牛的产奶量也在飞速提高，奶牛的整体素质明显增强，2020 年我国牛奶产量为 3 440 万吨，比上年增长 7.5%。

总之，在畜牧生产中，动物营养与饲料在保障动物健康、提高动物性产品的生产水平及质量、降低生产成本、保护生态环境等方面起到了重要作用。

二、动物营养与饲料领域的发展历程及未来的发展趋势

1. 动物营养与饲料领域的发展历程

动物营养与饲料是阐述饲料营养物质摄入与生命活动之间的关系的科学，是现代动物生产、饲料工业生产和人类健康必不可少的一门科学。早在远古时代就有驯养动物的记载，人类从狩猎野生动物到驯化家畜发展至今已有近万年时间，这是人类在进化过程中所取得的重大科学变革。祖先为我们留下了颇多的饲养经验，在农书的记载中，可以寻找到很多关于动物饲料的选择和饲喂的方式等内容。经过不断地发展探究，到 20 世纪中叶，进入以科学技术为指南的有目的的高效生产时代，现代动物养殖才基本成熟，发展成为我们今天所学的动物营养与饲料等知识，动物养殖才真正开始摆脱盲目低效的状态，逐渐由散养转型为专业化、集约化和工厂化的养殖方式。时至今日，畜牧业已然成为我国国民经济的重要支柱产业。

真正通过现代科学技术对畜禽进行饲养管理，实行现代动物养殖仅有不到 200 年的

历史。19 世纪中叶，人们开始认识到了蛋白质、脂肪和碳水化合物三大有机物是必需营养物质，并开始集中研究这三大必需营养物质及能量利用率，同时也开始积累关于矿物质的资料。1875 年，美国成立全球第一家饲料厂，标志着动物营养与饲料已进入实际应用阶段。但其产品只考虑了干物质和总消化养分（total digestible nutrients，TDN）两项质量指标。20 世纪 30 年代开始，维生素、氨基酸、必需脂肪酸、矿物质、能量代谢、蛋白质代谢、动物营养需要及养分关系的研究取得了巨大进展，同时人们还发现了低剂量抗生素具有促进动物生产和改善饲料转化率的功效。1928 年，美国人汉密尔顿（Hamilton）等提出了代谢能体系，并为绵羊评定了饲料的营养价值。1965 年和 1969 年，英国和苏联提出用代谢能代替当时的燕麦单位（1 kg 中等质量的燕麦在阉公牛体内沉积 14 140 kcal 净能或以 148 g 脂肪为标准，其他饲料与此标准数的比值，即该饲料的燕麦单位）和淀粉价（1 kg 淀粉在阉公牛体内沉积 23 600 kcal 净能或以 245 g 脂肪为标准，用其他饲料饲喂阉公牛时，其体内沉积的脂肪量与该标准之比，即该饲料的淀粉价）；从凯尔纳（Kellner）的淀粉价到北欧饲料单位、苏联的燕麦单位，再从内林（Nehring）在修改淀粉价的基础上提出产脂净能到 1961 年提出的加州净能体系等过程，最终逐渐建立了现在各国的净能体系。在天然饲料中加入微量的营养物质及非营养性的抗生素，可使动物的生产潜力得到最大限度发挥，由此诞生了"饲料添加剂"的概念；此后维生素、氨基酸、抗生素的人工合成取得成功。

总之，19 世纪到 20 世纪中叶是现代动物营养与饲料的孕育阶段，其特点是注重饲料和营养物质的功能及表观饲养效果的研究，并逐渐向有效能、生物学效价、维生素功能、微量元素的盈缺规律及功能方面发展。20 世纪 70 年代以后，研究手段的革新为饲料与营养问题的研究创造了条件。20 世纪 80 年代以后，随着现代动物营养与饲料的迅速发展，集约化养殖业规模的扩大，人们开始从整体向更深层次去重新认识不同动物群体在不同环境条件下的营养代谢规律。20 世纪末到 21 世纪，得益于分析技术的进步和化学、数学、生物化学、生理学及其他相关学科的发展，动物营养与饲料正朝着交叉领域纵深发展，分子营养学、营养与免疫学、生态营养学、饲料生物技术学等新兴学科正在形成和发展。动物营养与饲料的进步必将推动动物生产和饲料工业进一步发展。

2. 动物营养与饲料领域未来的发展趋势

随着饲料禁抗政策的实施，开发新型绿色环保饲料代替抗生素已成为动物饲料与营养领域未来的必然发展趋势。生物饲料科技是目前全世界研究开发的热点，是生产绿色、有机等高端畜产品的主要手段，在开发我国饲料资源、保障饲料和畜产品安全、促进防污减排、解决环保问题等诸多方面都显示了极大前景，具有重大战略意义。大力推广饲料的营养与健康是推进农业经济结构战略性调整的重要方面，是增加农民收入的重要途径，是提高农业竞争力的有力措施，是提高人民生活水平的重要保证。

随着科学技术的发展，动物营养与饲料也从"表观"向更深、更精细的层次发展，不再局限于对营养物质需要量的研究，而是联合众多学科，在整个畜牧学科大背景下，与遗传学、育种学、繁殖学、兽医学、计算机科学、分子生物学等紧密结合，将动物营养与饲料推向一个新的发展时期。社会的发展和观念的转变，使人们对动物营养与饲料的要求不断提高，这对于动物营养与饲料的发展来讲既是挑战也是希望。我国动物营养与饲料的研究正在从常量向微量、从静态向动态、从整体向组织、从表观向内涵、从单因子对比向多因子互作发展。组学技术的兴起，对动物营养与饲料的研究起了巨大的推动作用，代谢组学、基因组学、蛋白质组学等生物技术的进步，可更直接、更灵敏、更准确地反映生物体的整体变化状况和生理特点，从而使人们更深入地研究生命体全过程，并阐明营养物质代谢的生理机制与动物免疫功能、抗病力之间的关系及作用机制，为动物免疫力和疾病预防及治疗的营养调控提供了科学依据。

三、动物营养与饲料的学习方法及基本要求

1. 动物营养与饲料的学习方法

动物营养与饲料是一门理论与应用相结合的学科，其将动物营养的理论性与饲料的应用性相结合，动物营养部分以动物生物化学和动物生理学为基础，饲料部分则以动物营养学为基础，学习这门课的意义在于指导饲料生产加工及畜牧生产。

在学习中，学生应当经常进行总结，将各章节的内容联系起来，同时配合实验、参观，建立动物营养与饲料之间的桥梁，这有助于其系统地理解所学知识。为了巩固知识，学生应当自觉地在生产实际中用所学知识分析和解决相关问题。

本课程的教学要求分为掌握、熟悉、了解三个层次，为了使学生对以上三个层次的内容有所掌握和了解，每章节后附有学生练习题，以便学生在学习过程中随时掌握重点，及时发现学习中的问题，并加以解决。

2. 动物营养与饲料的基本要求

动物营养与饲料的任务是研究饲料及其所含营养物质的理化特性、在动物体内的代谢，动物的营养需要，营养与环境和动物健康的关系；通过研究，解释饲料营养物质利用的定性定量规律，形成饲料资源的高效利用、动物产品的高效生产、人类健康及生态环境的长期维护的动物营养科学指南，使动物生产在食物链中与其他要素协调发展。

作为饲料生产和养殖行业的从业人员，学习动物营养与饲料的目的在于将理论与实践相结合，用所学知识指导自己所从事的工作，熟悉并掌握饲料原料的营养特性，学会合理配制各种不同畜禽的饲料，能在营养科学的指导下，提高动物对营养物质的利用率，创新和发展绿色饲料，正确、合理地饲喂动物，从而以最少的饲料、最短的时间为21世纪的消费者提供真正量多、优质、安全的动物性产品。因此，本课程学习的重点在于全面地理解动物营养的基本概念和理论，学会应用营养知识，围绕生产实际把课本的知识学懂学活，并指导饲料生产和畜牧生产。其中应当特别注意从整体上把握动物营养与饲

料的关联，认识饲料营养物质之间的相互作用，从而做到合理使用饲料原料。

总之，通过本课程的学习，希望同学们能提高理论知识水平和理论联系实际的能力。

本章小结

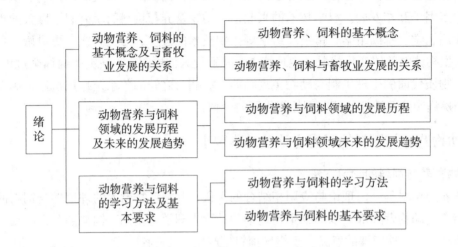

思考题

1. 简述动物营养、饲料对畜牧行业发展的重要性。
2. 动物营养与饲料的基本要求是什么？
3. 如何学习动物营养与饲料？

第一篇
动物营养原理

　　该部分主要介绍饲料中所含的营养物质的种类、各种营养物质的基本功能及其在动物体内的消化吸收代谢过程。通过本篇的学习，同学们可了解不同营养物质在不同动物体内消化吸收的特点，且熟悉营养物质的主要生理功能及典型营养缺乏症，并为后续章节的学习打下良好的基础，用营养学的理论知识指导动物生产。

第一章

动物营养学基本知识

学习目标

1. 掌握饲料中营养物质的种类。
2. 熟悉动植物体化学组成的差别。
3. 熟悉动物对饲料消化和对营养物质吸收的方式。
4. 了解饲料中含有的主要抗营养因子。

第一节　动植物体的化学组成

一、植物体的化学组成

（一）植物体中的营养物质

根据饲料常规分析（也叫概略养分分析），可将饲料中的营养物质分为水分、粗灰分、粗蛋白质、粗脂肪、粗纤维和无氮浸出物。其中水分、粗蛋白质、粗脂肪、粗纤维、粗灰分是直接测定出来的，而无氮浸出物是由饲料总样本减去上面五种成分的含量后得出的。饲料中的营养物质见图1-1。

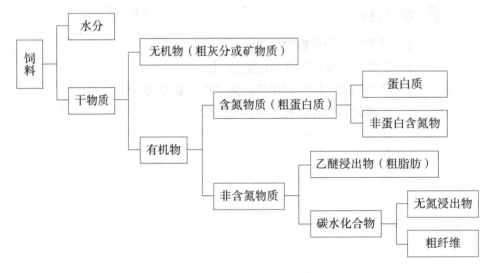

图1-1　饲料中的营养物质

上述营养物质在植物体中的组成及含量表现如下。

1. 水分

植物体都含有一定量的水分，植物体含水量的变化范围比较大，一般为5%～95%。新鲜植物含水量高，风干后含水量降低。由于饲料含水量过高会使饲料发霉变质，因此植物性饲料都要经过风干处理。一般要求，北方地区饲料的含水量小于等于12%，南方地区饲料的含水量小于等于14%。由此可见，仅采食饲料不能满足动物对水分的需要，必须通过饮水的方式满足动物对水分的需要。

2. 粗蛋白质

粗蛋白质是饲料中含氮物质的总称，饲料常规分析中测定的蛋白质的含量，是通过测定饲料中氮的含量，再乘以转换系数 6.25 后得出的，这样测出的蛋白质包括真蛋白质和非蛋白含氮物，因此称为粗蛋白质。

3. 粗脂肪

粗脂肪是用乙醚浸提法测出的，因此也叫乙醚浸出物。不同植物性饲料的粗脂肪含量不同，一般油料植物粗脂肪含量比较高。植物性饲料的粗脂肪中不饱和脂肪酸含量比较高，长期贮藏时，易氧化酸败，因此对粗脂肪含量高的植物性饲料不要长期保存。

4. 无氮浸出物

饲料常规分析得出的无氮浸出物的主要成分是单糖、双糖和淀粉，也叫可溶性碳水化合物。植物中尤其是禾本科籽实中淀粉含量比较高，是能量的主要来源。植物性饲料中的淀粉，主要为动物提供能量，过多时就会转化为脂肪沉积在体内。

5. 粗纤维

粗纤维是植物的细胞壁，主要成分为纤维素、半纤维素、木质素等，主要分布于根、茎、叶和种皮中。不同种类、不同生长期的植物，其细胞壁成分的种类和含量均不同。纤维素、半纤维素是反刍动物和草食动物的能量来源。动物体内不含纤维素、半纤维素。因此，动物性饲料中粗纤维含量为零。

6. 粗灰分

粗灰分的主要成分是矿物质，植物性饲料中粗灰分的含量变动很大，如果混入砂土等杂物，则粗灰分含量会比较高，因此植物性饲料中粗灰分的含量可用于评定饲料品质，其中粗灰分中钙、磷含量的测定更具实际意义。

（二）植物体中的抗营养物质

植物体内不仅存在营养物质，也因植物种类的不同而存在不同的抗营养物质，又称为抗营养因子。

植物性饲料可以提供动物生存、生产所需的各种营养物质，但这些饲料中可能存在一些能够破坏饲料营养物质，阻碍动物对营养物质的消化、吸收和利用，并对动物健康产生不良作用的物质，这些物质被称为抗营养因子。

1. 蛋白酶抑制因子

蛋白酶抑制因子包括胰蛋白酶抑制因子和胰凝乳蛋白酶抑制因子，这两种蛋白酶抑制因子可影响多种蛋白酶的活性，使动物对饲料中蛋白质的消化吸收率降低。

生大豆中蛋白酶抑制因子含量较高。除此之外，绿豆、扁豆、玉米、马铃薯、大麦、小麦等原料中也含有一定量的蛋白酶抑制因子。

2. 植物凝集素

植物凝集素是可以凝集动物红细胞的一种蛋白质。常见的植物凝集素有大豆凝集素、花生凝集素、刀豆凝集素等，这些植物凝集素是在种子形成过程中合成并累积的。

菜豆中植物凝集素的含量最高。大豆凝集素在饲料中较多见。

3. 单宁

单宁的主要不良作用是能与蛋白质结合，使蛋白质沉淀，从而影响动物对饲料中蛋白质的吸收；此外单宁的分解产物没食子酸有强烈的刺激性和苦涩味，影响饲料的适口性。高粱中单宁含量较高，尤其是颜色较深的红高粱单宁含量在 1% 以上。

4. 植酸

植酸广泛存在于植物体中，它有较强的螯合性，常与饲料中的钙、镁等二价离子，蛋白质，氨基酸结合形成复合体。

在植物性饲料中以植酸盐形式存在的有机磷化合物称为植酸磷。植物性饲料中的植酸磷含量平均占饲料总磷含量的 70% 左右。单胃动物猪和禽本身不能利用植酸磷，只有在饲料中添加植酸酶才能提高植酸磷的利用率，而反刍动物体内的瘤胃微生物能够较好地利用这种有机磷化合物。

5. 硫代葡萄酸苷

硫代葡萄酸苷本身无毒害作用，其水解产物噁唑烷硫酮、硫氰酸盐、异硫氰酸盐具有毒性。一般油菜籽中硫代葡萄酸苷含量较高。

6. 芥子碱和芥子酸

芥子碱是油菜籽中的另一种抗营养因子，它具有苦味，影响饲料适口性，且与禽蛋的腥味有关。动物大量食入芥子酸会引起心肌脂肪沉淀及坏死。通常油菜中的芥子碱含量较高。

7. 棉酚

游离棉酚对动物有毒害作用，当游离棉酚与蛋白质、氨基酸结合后便失去活性，很难被动物吸收。结合棉酚几乎无毒害作用。

游离棉酚存在于棉籽的腺体中。

8. 环丙烯类脂肪酸

环丙烯类脂肪酸存在于棉籽油和棉籽粕中。环丙烯类脂肪酸会影响禽蛋的品质，产生"海绵蛋"。

9. 胃肠胀气因子

胃肠胀气因子与豆类籽实中的低聚糖有关。低聚糖在动物小肠内不能分解，进入大肠后被微生物分解产生二氧化碳、氢气及少量甲烷，从而引起动物胃肠胀气，导致腹痛、腹泻等。

大豆、绿豆、豌豆可引起动物出现中等程度的胃肠胀气。

10. 香豆素

香豆素本身无毒害作用，但其在霉菌作用下能够生成双香豆素。由于双香豆素与维生素 K 具有拮抗作用，因此会影响动物对维生素 K 的利用，产生抗凝血的效果。

11. 抗维生素因子

抗维生素因子主要包括：存在于豆科植物中的能够破坏维生素 A 和胡萝卜素的脂氧合酶；存在于某些水产动物、蕨类植物、油菜及木棉种子中的能够分解硫胺素的硫胺素酶；存在于生大豆中的抗维生素 D 因子；存在于生鸡蛋中的抗生物素蛋白；存在于高粱中的抗烟酸因子；存在于亚麻籽中的抗维生素 B_6 因子。

12. 生氰糖苷

含生氰糖苷的植物体内同时含有两种酶，但它们分属不同细胞，正常情况下两者不会发生反应，当植物受压、碎裂、被咀嚼后即发生水解反应并释放剧毒的氢氰酸。通常亚麻籽粕、木薯、菜豆属、白三叶草中均含有一定量的生氰糖苷。

13. 抗原蛋白

抗原蛋白可改变动物体内的免疫功能，使动物致敏。它多存在于豆类植物及其产品中，尤其是断奶仔猪和犊牛发生的过敏主要与抗原蛋白中的大豆球蛋白、γ- 伴大豆球蛋白有关。

14. 非淀粉多糖

非淀粉多糖是植物的结构性多糖的总称。其主要包括 β- 葡聚糖（大麦、燕麦）、阿拉伯木聚糖（小麦、黑麦）、葡萄甘露聚糖、半乳甘露聚糖等。

15. 硝酸盐、亚硝酸盐

青绿饲料和树叶类饲料中含硝酸盐，其可通过多种途径变为亚硝酸盐，亚硝酸盐可导致动物出现急、慢性中毒，原因是正常的血红蛋白变为高铁血红蛋白。

16. 草酸

正常的牧草、蔬菜、发霉的饲料中均含有草酸，它能与二价、三价金属离子形成不溶性物质而无法被肠道吸收。

二、动植物体化学组成及含量的比较

由于动物体内的化学成分来源于饲料中的化学成分，因此在化学组成上，动植物体中均含有水分、蛋白质、脂肪、碳水化合物、矿物质、维生素六大基本营养物质。但由于动物从饲料中摄取各种化学物质后，在体内需要经过一系列的消化、吸收和代谢过程才能合成动物体内所需的物质，因此，动植物体所含的主要化学成分及其含量均存在一定的差异。

（1）水分。植物体含水量的变化范围很大，一般为 5%~95%。而动物体含水量较为稳定，一般动物体含水量平均为 60%~70%。随着年龄的增长，动物体含水量逐渐下降。

（2）干物质。植物体干物质的主要成分为碳水化合物；动物体干物质的主要成分为蛋白质，其次为脂肪。

（3）蛋白质。植物体内粗蛋白质含量的变化范围大。相对而言，豆科籽实粗蛋白质含量较高，一般在 30% 以上。植物体内的粗蛋白质是由真蛋白质和非蛋白含氮物构成的，生长期的植物体内含有大量的非蛋白含氮物。动物体内的干物质中主要是蛋白质，除肥育动物外，其他动物的蛋白质含量变化很小，一般占无脂干物质的 70% 左右。另外，动物体内基本不含有除游离氨基酸、激素之外的其他非蛋白含氮物。蛋白质是动物体的结构物质。

（4）碳水化合物。植物体内无氮浸出物分布比较集中。籽实类的产品粗纤维含量一般在 15% 以下，无氮浸出物的含量为 30%~70%；而一些木质化程度较高的植物中无氮浸出物含量较低，粗纤维含量较高。碳水化合物是植物体的结构物质。动物体内碳水化合物含量极少，在 1% 以下，而且主要是糖原和葡萄糖，不含有粗纤维类物质。

（5）脂类。脂类是动植物体的储备物质。植物种子中的贮存脂类主要是甘油三酯；复合脂是细胞的结构物质，平均占细胞膜干物质的 50%；此外还有色素、蜡质等。一般油料作物脂类含量较高，在 15% 以上。动物体内的脂类主要是脂肪，脂肪为能量的储备形式；构成动物体组织的脂类主要是磷脂；动物体不含有树脂和蜡质。同时动物的种类、品种、肥育程度不同，其体内的脂类含量差别较大。肥育猪脂肪含量高达 36%，而断奶仔猪只有 3% 左右。

（6）矿物质。按干物质计算，植物体内的矿物质含量远低于动物体内的矿物质含量。动物体内的矿物质含量一般为 2%~5%，特别是大量元素钙、磷含量之和占矿物质总量的 65%~75%，且钙、磷比例为 2：1，电解质钠、钾的比例约为 1：1。相对而言，植物体内钙少磷多，且磷多以动物不可利用的植酸磷形式存在。另外，植物中钾的含量很高，钠含量很低。

由此可见，采食饲料可以满足动物对基本营养的需求，但不能满足动物对特定营养的需求。例如，动物通过采食含钾较多的饲料可以保持体内的钾、钠平衡，但是由于植物体内钙、钠的含量较低，因此以植物为主的动物日粮中只有添加石粉、食盐等才能保证动物对钙、钠的需求。总之，只有了解动植物体的化学成分及其差异，才能合理地利用饲料，不断提高生产效益。

第二节　动物对饲料的消化吸收

一、动物消化系统的主要解剖学特点

（一）非反刍动物消化系统的主要解剖学特点

猪的消化系统由口腔、咽、食管、胃、小肠、大肠、肝、胆、胰腺构成。

猪的口腔由唇、颊、硬腭、软腭、口腔底和舌、齿、齿龈及唾液腺组成。猪的口裂大，口唇活动小。猪胃是单室混合胃且胃容积较大。

禽类的消化系统包括口腔、食管、嗉囊、腺胃、肌胃、小肠、大肠、肝、胆和胰腺。

禽类的口腔中没有软腭，口腔与咽直接相连，也没有唇和齿，上下颌形成特有的喙。鸡的食管在入胸腔前形成一个扩大的嗉囊；鸭、鹅没有真正的嗉囊，但其食管颈段可扩大成纺锤形。禽类的胃分前后两部，前部为腺胃，后部为肌胃。禽类消化道短，没有十二指肠腺，有两条盲肠，没有明显的结肠，大肠短。

作为食草动物的马属动物和兔子，其消化系统的组成与单胃动物猪相同，只是食草动物的肠道，尤其是大肠更为发达。另外，食草动物牙齿的咀嚼能力比猪强，咀嚼更细致。食草动物消化系统的具体特点：马的胃比较小，小肠相对较短，但盲肠和结肠十分发达，结肠呈囊状，且盲肠容积约占消化道容积的16%；而兔子的消化道比较长，小肠和大肠的总长度是兔子体长的10倍左右，兔子的结肠和盲肠较发达且有明显的蠕动与逆蠕动，以保证其内部存在的大量微生物能与食物中的粗纤维充分混合。

（二）反刍动物消化系统的主要解剖学特点

反刍动物的消化系统由口腔、咽、食管、瘤胃、网胃、瓣胃和皱胃（真胃）、小肠、大肠、肝、胆和胰腺组成。牛的瘤胃体积庞大；网胃比较小；瓣胃内没有消化腺，其主要功能是阻留食糜中的粗饲料，继续加以磨碎；皱胃能分泌消化液，故又称真胃。

反刍动物有多个胃，并具有反刍习性。常见的反刍动物有牛、羊、骆驼等。这类动物可食用大量饲草，并将其转化为肉、奶、毛等畜产品。反刍动物不与人争粮食，在当今粮食紧张的情况下，大力发展反刍动物养殖具有重要意义。

二、动物对饲料消化的方式

动物的种类不同，其消化道的结构和功能不同。但它们在对饲料的消化方式上却存在相同之处，即它们的消化均由物理消化、化学消化、微生物消化三种方式构成。在动

物的整个消化过程中，这三种方式相互联系、共同作用，至于何种消化方式占据主导地位，这要取决于消化道的部位和不同的消化阶段。

（一）物理消化

物理消化是通过咀嚼、吞咽、反刍、胃肠运动，将饲料磨碎，并将其与消化液充分混合，且不断地向消化道远端推送，最后将消化吸收后的食物残渣从消化道末端排出体外的过程。物理消化为化学消化创造了条件。

咀嚼是消化的第一步，它可将饲料磨碎，增加饲料与消化液的接触面积，并将饲料与唾液混合，有利于食物的吞咽，同时刺激消化液分泌。马在吞咽饲料前咀嚼充分。反刍动物采食时咀嚼不充分，待反刍后再咀嚼。食肉动物咀嚼不完全，边采食边吞咽。吞咽可使食物通过食管进入胃及肠道，胃和肠道的物理消化主要靠其管壁肌肉的收缩。胃和肠道对食糜进行研磨和搅拌，有利于对食糜的充分消化和吸收。物理消化的产物通常不能被动物体吸收。

因为动物的物理消化过程就是将饲料磨碎的过程，因此喂给动物的饲料不必粉碎得过细，以免影响消化液的分泌及化学消化过程。

（二）化学消化

化学消化主要是靠动物消化系统的消化腺分泌的消化液来实现的，消化液的主要成分是酶、电解质和水。

唾液腺、胃腺、胰腺、小肠腺、肝脏均能分泌大量的消化液。例如，口腔唾液里含有 α- 淀粉酶，胃液中含有盐酸（胃酸）、胃蛋白酶原、凝乳酶和胃脂肪酶，胰腺可分泌含有胰淀粉酶、胰脂肪酶、胰蛋白分解酶（胰蛋白酶、糜蛋白酶、弹性蛋白酶）的胰液，肝脏可分泌与脂肪消化和吸收密切相关的胆汁。这些酶类特异性地参与饲料中某种营养物质的代谢。饲料中蛋白质、脂肪、糖类的消化主要靠动物消化器官分泌的相应酶来实现，而粗纤维的消化主要是靠微生物分泌的酶来完成。

动物在不同的生长阶段，消化腺分泌的酶的种类、数量及活性不同，因此在动物的生产中应根据动物的年龄提供不同的饲料。

（三）微生物消化

微生物消化是指动物消化道内共生的微生物所分泌的消化酶对饲料中的营养成分进行分解的过程。

反刍动物瘤胃内存在大量的不同种类的微生物，主要分为两大类：一类是细菌，每毫升瘤胃内容物中含有 $2.5 \times 10^{10} \sim 5.0 \times 10^{10}$ 个；另一类是原生动物，主要是纤毛虫和鞭毛虫，每毫升瘤胃内容物中含原虫 $2 \times 10^{4} \sim 5.0 \times 10^{5}$ 个。瘤胃内微生物按质量计算，细菌和纤毛虫各占一半。

1. 瘤胃细菌

瘤胃细菌并不是反刍动物天生就有的，而是后天通过饲料或由外界环境进入体内的。瘤胃细菌在动物体内的存在形式有四种，一是在瘤胃内游离存在，二是黏附在饲料颗粒上，三是黏附在其他细菌或原虫体上，四是黏附在瘤胃黏膜上。瘤胃细菌主要包括以下几种。

（1）纤维分解菌。这类细菌也有不同的种类。这类细菌使反刍动物能够依靠粗饲料生存，因此是十分重要的细菌。纤维分解菌能分泌纤维分解酶，水解饲料中的粗纤维。纤维分解菌对瘤胃的酸度变化非常敏感，如果瘤胃 pH 小于 6.2，就会严重阻碍纤维分解菌的生长。在放牧饲养中，动物瘤胃 pH 一般为 6.3 ~ 7.0，这是因为动物采食饲草时花费较多时间进食和反刍，使唾液内的缓冲物质再循环增加，从而缓冲了瘤胃内的酸度。

（2）半纤维分解菌。这类细菌可降解植物细胞壁的半纤维素。

（3）淀粉分解菌。淀粉分解菌对 pH 敏感性较低，淀粉在瘤胃内的消化速度与淀粉的种类有关。饲喂含谷物较多的饲料会使动物瘤胃 pH 下降，这是因为采食含淀粉高的饲料，动物反刍的时间比采食含粗纤维高的饲料要短，从而使唾液分泌量减少，瘤胃液得不到缓冲，另外淀粉类饲料或其他精料的发酵率和消化率比粗饲料高，挥发性脂肪酸产量多，易造成瘤胃 pH 降低，因此，饲喂精饲料过多时要注意防止酸中毒。

（4）蛋白质分解菌。饲料中含有蛋白质和非蛋白含氮物，瘤胃细菌可将饲料中的蛋白质降解为氨基酸和氨，非蛋白含氮物也被降解为氨，氨基酸和氨被微生物利用合成微生物蛋白质。微生物蛋白质进入皱胃和小肠被消化为氨基酸而被吸收利用。

（5）脂肪分解菌。饲料中的脂肪在瘤胃内会被脂肪分解菌的脂肪酶分解成长链脂肪酸、半乳糖和甘油，半乳糖和甘油被脂肪分解菌进一步分解为乙酸、丙酸、丁酸等挥发性脂肪酸（volatile fatty acid，VFA）。长链脂肪酸大部分是不饱和脂肪酸，这些不饱和脂肪酸会被瘤胃微生物氢化为长链饱和脂肪酸。

2. 瘤胃纤毛虫

瘤胃纤毛虫似乎不像瘤胃细菌那样重要，因为没有瘤胃纤毛虫，反刍动物也能正常生存，瘤胃发酵也能正常进行。瘤胃纤毛虫种类较多，都属于厌氧性微生物，体积较大。

微生物消化主要发生在反刍动物的瘤胃和大肠内，以及非反刍动物的盲肠和结肠部位。非反刍动物的微生物消化也很重要，尤其是食草家畜的盲肠，在微生物的作用下可将饲料中的粗纤维进行充分的消化。

微生物消化的优势在于：第一，肠道微生物能消化宿主动物本身不能消化的饲料成分，提高动物对饲料中营养物质的消化率；第二，肠道微生物可以合成一些宿主动物所需的营养物质，如必需氨基酸、必需脂肪酸、B族维生素等。

三、动物对营养物质的吸收

饲料被消化后，营养物质从消化道黏膜上皮细胞进入血液或淋巴液，然后输送至机体各个组织用以合成畜体营养成分。在消化道的不同部位，动物对营养物质的吸收速度是不同的，这种差别主要取决于消化道不同部位的组织结构、饲料的成分及停留时间。

（一）营养物质的吸收机理

营养物质在胃肠内的吸收可分为被动转运、主动转运和胞饮吸收。

1．被动转运

被动转运主要指通过滤过、扩散、渗透使各种离子、水等被吸收。

2．主动转运

主动转运是动物吸收营养物质的主要途径，它是逆电化学势或逆浓度梯度通过细胞膜上的载体进行的转运，这种转运需要消耗能量。

3．胞饮吸收

动物在某些特定条件下，肠黏膜形态发生改变，可将食物中的蛋白质不经消化直接吸收。新生动物对初乳中免疫球蛋白的吸收即胞饮吸收，这种吸收机制对新生动物获取抗体具有重要的意义。

（二）营养物质的吸收部位

动物体内消化道的部位不同，其吸收的营养物质种类不同，吸收的程度也不一样。

消化道的各段均能不同程度地吸收无机盐和水分，但胃内吸收的水分和无机盐甚微，大部分水分在小肠和大肠被吸收，矿物质主要在小肠被吸收。成年反刍动物的前胃（瘤胃、网胃、瓣胃），尤其是瘤胃能吸收大量的挥发性脂肪酸，前胃消化产物的75%可被吸收，瘤胃对挥发性脂肪酸的吸收速度与其碳链长度有关，随着碳链的增长，吸收加快，即丁酸＞丙酸＞乙酸。小肠是吸收各种营养物质的主要部位，其原因是小肠的吸收面积大，营养物质的吸收量大，饲料中的蛋白质、脂肪、碳水化合物、矿物质、维生素在消化道消化后，大部分消化产物在此处被吸收。食草家畜的盲肠、结肠对粗纤维消化产物的吸收能力较强。

本章小结

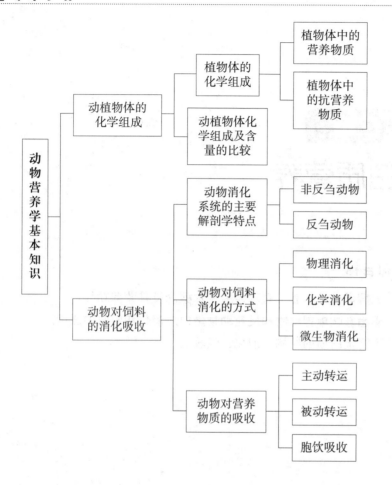

思考题

1. 根据饲料常规分析，饲料中包括哪些营养物质？与动物体比较，二者有何异同？
2. 猪、鸡等非反刍动物消化系统的主要解剖学特点是什么？
3. 反刍动物消化系统的主要解剖学特点是什么？为什么？
4. 动物的消化、吸收方式有哪些？

第二章

蛋白质营养

📖 学习目标

1. 掌握蛋白质、肽、氨基酸的基本概念及其营养功能。
2. 熟悉影响单胃动物和反刍动物蛋白质消化和吸收的原因。
3. 了解蛋白质的结构、消化、吸收。

第一节 蛋白质营养概述

蛋白质是一切生命的基础，构成蛋白质的基本单位是氨基酸，氨基酸的数量、种类和排列顺序的变化，组成了各种各样的蛋白质，不同的蛋白质具有不同的结构和功能。蛋白质是动物细胞的重要组成成分，动物代谢过程中大部分与生命有关的生化反应都与蛋白质有关。动物蛋白质不同于植物蛋白质，其差异主要是由组成蛋白质的氨基酸的种类、数量和排列顺序不同造成的，因此蛋白质营养实际上是氨基酸的营养。

一、蛋白质、肽和氨基酸的基本概念

（一）蛋白质的基本概念

蛋白质是由氨基酸组成的高分子含氮有机物。其主要组成元素是碳、氧、氮、氢，大多数蛋白质含有硫，少数含有磷、铁、铜和碘，如角蛋白中含有硫，酪蛋白中含有磷，血红蛋白中含有铁，铜蓝蛋白中含有铜，甲状腺球蛋白中含有碘。碳元素在蛋白质中所占的比例为51.0% ~ 55.0%，氢为6.5% ~ 7.3%，氧为21.5% ~ 23.5%，氮为15.5% ~ 18.0%，硫为0.5% ~ 2.0%，磷为0 ~ 1.5%。各种蛋白质的含氮量差异不大，一般平均为16%，因此蛋白质的含氮量按16%计，经过换算得到蛋白质的含量，称其为粗蛋白质含量。通常实验室测定饲料中的蛋白质含量时，先测定饲料中的氮含量，然后乘以6.25，得到蛋白质含量。饲料中的含氮物质除蛋白质外，还有非蛋白氮，如游离的氨基酸、肽、硝酸盐、氨盐、生物碱、有机碱、含氮糖苷、氨及尿素等，因此这样测得的蛋白质称为粗蛋白质。粗蛋白质是饲料中含氮物质的总称。不同饲料蛋白质的含氮量和换算系数稍有不同（见表1-1）。

表1-1　不同饲料蛋白质的含氮量和换算系数

饲料名称	蛋白质含氮量	换算系数	饲料名称	蛋白质含氮量	换算系数
玉米	16.0%	6.25	全脂大豆粉	17.5%	5.72
小麦粉	17.2%	5.83	棉籽	18.9%	5.30
麸皮	15.8%	6.31	向日葵饼	18.9%	5.30
燕麦	17.2%	5.83	花生	18.3%	5.46
大麦	17.2%	5.83	乳及乳制品	15.9%	6.28

资料来源：陈代文. 动物营养与饲料学. 北京：中国农业出版社，2005.

（二）肽的基本概念

肽是一种有机化合物，由氨基酸脱水缩合而成，含有羧基和氨基，是一种两性化合物。它是由两个或多个氨基酸通过一个氨基酸的氨基与另一个氨基酸的羧基脱水结合而成的。由两个氨基酸脱水缩合而成的以肽键相连的化合物称为二肽，由三个氨基酸脱水缩合而成的以肽键相连的化合物称为三肽，以此类推，由三十四个氨基酸脱水缩合而成的以肽键相连的化合物称为三十四肽。

（三）氨基酸的基本概念

1. 氨基酸

氨基酸是羧酸分子中 α-碳原子的一个氢原子被氨基取代而生成的化合物，故又称为 α-氨基酸。其分子组成中既含有羧基，又含有氨基，因此根据氨基酸分子中氨基和羧基的数目，可将其分为中性氨基酸、酸性氨基酸、碱性氨基酸。中性氨基酸分子中含有一个氨基和一个羧基，包括甘氨酸、丙氨酸、丝氨酸、苏氨酸、缬氨酸、亮氨酸、异亮氨酸、苯丙氨酸、酪氨酸、胱氨酸、蛋氨酸、色氨酸、脯氨酸、羟脯氨酸。酸性氨基酸分子中含有两个羧基和一个氨基，包括天冬氨酸和谷氨酸。碱性氨基酸包括赖氨酸、精氨酸、瓜氨酸和组氨酸，其分子中含有一个羧基和两个氨基。氨基酸有 L 型和 D 型两种构型。除蛋氨酸外，L 型氨基酸生物学效价均高于 D 型氨基酸，且大部分 D 型氨基酸是不能被动物利用或利用率极低的。

2. 必需氨基酸与非必需氨基酸

组成蛋白质的氨基酸共 20 种。在这些氨基酸中，在动物体内不能合成或合成量不能满足动物的需要，必须由饲料提供的称为必需氨基酸。非必需氨基酸指动物体内能够合成而不必由饲料提供的氨基酸。在生产实际中，这部分氨基酸也是动物生长发育和生命活动过程中必不可少的。

3. 半必需氨基酸

半必需氨基酸是指机体内以必需氨基酸为前体物质合成的氨基酸，该反应是不可逆的。饲料中补充半必需氨基酸可以在一定程度上节约对应的必需氨基酸。

对于猪和家禽，蛋氨酸需要量的 40%～50% 可由胱氨酸代替，苯丙氨酸需要量的 30%～50% 可由酪氨酸代替。对于家禽，甘氨酸需要量的一部分可由丝氨酸代替。因此，胱氨酸、酪氨酸、丝氨酸有时被称为半必需氨基酸。

4. 条件必需氨基酸

条件必需氨基酸是指动物在某一特定的生长阶段或特定的生理状态下，内源合成量不能满足需要，必须由饲料提供的氨基酸。例如，肥育猪能合成部分精氨酸，可满足自身需要；性成熟猪及妊娠母猪均能合成足够的精氨酸，不需由饲料提供，此时精氨酸为非必需氨基酸。在生长早期，哺乳及断奶仔猪精氨酸的合成量不能满足自身需要；妊娠母猪也必须由饲料提供一定的精氨酸；在猪的整个生命周期的多个阶段是不需由饲料提供脯氨酸的，但是幼仔猪（1～5 kg）需要由饲料提供脯氨酸。另外，在早期断奶、肠道疾病、应激等条件下动物对谷氨酰胺的需要量增加，依赖体内的转化及合成不能满足动物需要，必须通过饲料补充谷氨酰胺或其前体物质。

5. 限制性氨基酸

饲料中各种必需氨基酸的含量不同，与动物需要量相比，饲料中最为缺乏（饲料含量/动物需要量的值最小）的必需氨基酸称为第一限制性氨基酸，由于其不足，限制了动物对其他必需和非必需氨基酸的利用。以此类推，还有第二、第三、第四等限制性氨基酸。常用的玉米－豆粕型日粮中，赖氨酸一般是猪的第一限制性氨基酸，蛋氨酸一般是鸡的第一限制性氨基酸。

二、蛋白质的营养功能

1. 蛋白质是细胞的重要组成部分

机体的各种组织中都含有蛋白质，可以说没有蛋白质就没有生命。例如，毛发、韧带、角、喙、蹄、视网膜神经、脊髓、脑灰质等中主要是角蛋白，骨骼和结缔组织中主要是胶原蛋白，腱和动脉中主要是弹性蛋白，等等。

2. 蛋白质是机体内功能物质的主要成分

蛋白质不仅是动物机体的组成成分，还是机体内某些活性物质的组成成分。例如，在动物的生命和代谢活动中起催化作用的酶，起调节作用的激素，具有免疫和防御功能的抗体，具有运输功能的血红蛋白和脂蛋白等都与蛋白质有关。此外，蛋白质在维持体内的渗透压方面也有重要作用（见表1-2）。

表1-2 动物体内蛋白质的作用

作用	蛋白质
肌肉收缩	肌动蛋白、肌球蛋白和微管蛋白
酶催化反应	脱氢酶、激酶和合成酶
基因表达	DNA结合蛋白、组蛋白和拘留蛋白
激素调节	胰岛素、生长激素和催乳素
保护	凝血因子、免疫球蛋白和干扰素
机体调节	钙调蛋白、生物碱

续表

作用	蛋白质
营养成分和氧的储存	铁蛋白、肌球蛋白和金属硫蛋白
细胞结构	胶原蛋白、弹性蛋白和蛋白多糖
营养成分和氧的转运	清蛋白、血色素和血浆脂蛋白

资料来源：陈代文，王恬. 动物营养与饲料学. 北京：中国农业出版社，2011.

3. 蛋白质是组织更新和修补的主要原料

在动物的新陈代谢过程中，组织蛋白质在不断地更新，每天的更新量为 0.25% ~ 0.30%，同时组织损伤也需要蛋白质来修补。

4. 蛋白质是动物产品的主要成分

蛋白质是肉、蛋、奶、皮、毛等动物产品的主要成分。例如，猪肉、牛肉、羊肉、鸡肉、兔肉的蛋白质含量均为 16% ~ 22%，占动物肉无脂干物质的 80% 左右；鸡蛋的蛋白质含量约为 12%，占干物质的 50% 左右；牛奶的蛋白质含量为 3% 以上，占非脂固形物的 35% 左右；毛发等的蛋白质含量为 98% 左右，绝大多数是角蛋白。因此，饲料中的蛋白质供应状况直接决定了动物产品的产量。

5. 蛋白质还可供能和转化为糖和脂肪

当机体营养不足时，动物体内的蛋白质可分解供能，维持机体的生命活动，一般蛋白质分解产生的氨基酸，经脱氨基生成的酮酸可以被进一步氧化分解。每克蛋白质在体内氧化分解产生 17.18 kJ 能量。另外，蛋白质是鱼类的主要能源物质。当动物食入的蛋白质过多或食入的蛋白质氨基酸组成不佳时，蛋白质在其体内也会转化为糖、脂肪。

6. 蛋白质是遗传物质的基础

动物的遗传物质 DNA 可与组蛋白结合成为一种复合蛋白体——核蛋白，其存在于染色体上，通过自身的复制过程遗传给下一代。DNA 在复制过程中，需要 30 多种酶的参与。

7. 蛋白质不足或过量会对动物体造成危害

动物储存蛋白质的能力极低，饲料中的蛋白质不足或蛋白质品质较差会影响动物机体的健康、生长发育、繁殖性能及生产性能，其主要的表现有：消化功能紊乱，幼龄动物生长发育受阻，繁殖、生产性能下降，等等。因此，必须在日粮中供给动物适宜数量的优质蛋白。

但是当日粮中蛋白质过剩时，不仅会造成大量的浪费，而且会破坏动物体内的氮代谢平衡调控机制。虽然大量多余的氨基酸会转变为尿素或尿酸随尿液排出到体外，但是会加重肝脏和肾的负担。

三、小肽的营养功能

肽是蛋白质降解为游离氨基酸过程中的中间产物。它是一种由氨基酸残基通过肽键相连接而构成的含氮有机物质。通常将多于20个氨基酸残基构成的肽称为多肽，2~20个氨基酸残基构成的肽称为寡肽，而将仅由两个氨基酸残基构成的二肽和由三个氨基酸残基构成的三肽称为小肽。小肽的营养功能如下。

1. 促进氨基酸的吸收，提高蛋白质的沉积率

由于小肽与游离氨基酸具有相互独立的吸收机制，二者互不干扰，这有助于减轻游离氨基酸的吸收竞争作用，从而促进氨基酸的吸收，加快蛋白质的合成。研究表明，若将日粮中的蛋白质完全以小肽的形式供给鸡，则鸡对赖氨酸的吸收速度不再受精氨酸的影响。当以小肽作为氮源时，整体蛋白质沉积要高于相应的游离氨基酸日粮或完整蛋白质日粮。

2. 促进矿物质的吸收利用

在动物体内，小肽可与二价阳离子钙、铁、锌、铜等结合成为矿物质元素结合肽，提高它们的溶解性，从而促进金属离子的被动转运及在体内的储存。研究表明，在蛋鸡日粮中添加小肽制品后，其血浆中的铁离子、锌离子含量显著高于对照组，蛋壳强度提高；给母猪饲喂小肽后，母猪奶和仔猪血液中铁的含量有所增高，可防止仔猪贫血。

3. 提高动物生产性能

饲料蛋白质降解产生的某些肽，在消化酶的作用下，进一步降解为具有生理活性的小肽，直接被动物吸收利用，参与动物体生理活动和代谢调节，从而提高其生产性能。在生长猪的日粮中添加少量肽，能显著提高猪的日增重、蛋白质利用率和饲料转化率。在蛋鸡的基础日粮中添加肽制品后，其产蛋量和饲料转化率均显著提高，蛋壳强度也有提高的趋势。

4. 提高动物机体的免疫和抗氧化功能

蛋白质水解产生的某些小肽具有提高动物机体免疫和抗氧化功能的作用，如蛋白质水解物中的免疫刺激肽、脾脏转移因子、胸腺肽都具有增强机体免疫力和抗病力的作用。某些饲料中的肽具有抗氧化作用，如肌肽。肌肽是一种大量存在于动物肌肉中的天然二肽，可在动物体内抑制被铁、血红蛋白、脂质氧化酶引起的氧化。

5. 促进瘤胃微生物对营养物质的利用

瘤胃微生物的生长和繁殖速度直接关系到反刍动物对饲料蛋白质和碳水化合物的

利用。饲料蛋白质进入瘤胃后，大部分迅速分解成肽被瘤胃微生物利用。瘤胃微生物蛋白质合成所需的氮，大约有 2/3 来源于肽和氨基酸，肽是瘤胃微生物合成蛋白质的重要底物。研究证明，肽是瘤胃微生物达到最大生长效率的关键因子。尽管大多数瘤胃微生物能利用氨和氨基酸作为氮源生长，但是肽合成瘤胃微生物蛋白质的效率要高于氨基酸。据报道，以可溶性糖作为能源时，瘤胃细菌的生长速度在有肽时比有氨基酸时提高 70%。

6. 抗菌作用

某些生物活性肽具有抗菌和抗病毒的作用，可以促进肠道内有益菌的生长，提高消化吸收能力，是非常有前景的抗生素替代品。饲料蛋白质经酶解可得到有效的抗菌肽，如将乳清蛋白中的乳铁蛋白用胃蛋白酶酶解得到的抗菌肽，对大肠埃希菌具有很好的抗菌作用。目前，应用最多的一种多肽类抗生素（杆菌肽的抗菌谱）与青霉素相似，主要是对革兰阳性菌起抗菌作用。

7. 改善饲料风味，提高饲料的适口性

某些小肽可以改善饲料风味，具有不同氨基酸序列的肽能够增进酸、甜、苦、咸四种味觉，因此可以有选择地向饲料中添加活性肽，以产生所需的风味。例如，大豆蛋白的酶解物中存在多种食品感官肽，天冬酰苯丙氨酸甲酯是一种二肽，也是一种强烈的甜味剂，鸟氨酸 -B- 丙氨酸是一种碱性二肽，也是一种强烈的苦味肽。因此，在生产中可以设计出不同的肽段，通过模仿、掩盖或加强味觉来改善饲料的适口性。另外，有的小肽还具有阻碍脂肪吸收、促进能量代谢、生理调节等作用，同时还有不会对环境造成污染、安全、无药物残留等优点。

四、氨基酸的营养功能

1. 赖氨酸

赖氨酸具有增强动物食欲、提高机体抗病能力、促进生长等作用，是动物生长发育和生产所必需的营养物质。赖氨酸可促进动物的生长；可促进血液和免疫球蛋白的合成，增强动物的抗病能力；还可促进钙、磷的吸收，降低背膘厚度，增加眼肌面积和瘦肉率。

若饲料中缺乏赖氨酸，则动物食欲减退，体况消瘦，生长停滞；骨骼钙化异常，皮下脂肪减少；红细胞中血红蛋白量减少，动物出现贫血，甚至引起肝脏病变。

2. 蛋氨酸

蛋氨酸又称甲硫氨酸，是动物体代谢过程中一种极为重要的甲基供体。蛋氨酸通过其所带甲基的转移，参与肾上腺素、肌酸和胆碱的合成；在肝脏脂肪代谢过程中，参与脂蛋白的合成，将脂肪输出肝外，防止产生脂肪肝，降低胆固醇；还可利用其所带的甲基，对有毒物或药物进行甲基化而起解毒的作用，保护肝脏，缓解铅、钴、硒和铜中毒。另外，蛋氨酸是含硫必需氨基酸，与动物体内各种含硫化合物的代谢密切相关，具有促进被毛生长的作用。蛋氨酸脱掉甲基后可转变为胱氨酸和半胱氨酸，而其逆反应不能进行。因此，蛋氨酸能满足动物对总含硫必需氨基酸的需要，但是动物对蛋氨酸本身的需要不能由胱氨酸和半胱氨酸满足。

动物缺乏蛋氨酸时，表现为食欲降低，体重减轻，生长停滞，肾脏和肝脏功能受损，易产生脂肪肝，生产性能下降，禽蛋变轻，被毛变质。

3. 色氨酸

色氨酸在动物蛋白质中含量较多，主要参与血浆蛋白的更新，并与血红素及烟酸的合成有关。色氨酸能促进维生素 B_2 作用的发挥，同时具有传递神经冲动的功能，是幼龄动物生长发育和成年动物繁殖、泌乳所必需的氨基酸。

动物缺乏色氨酸时，表现为食欲减退、生长减缓、体重减轻、贫血、下痢、视力下降、皮炎等。

4. 亮氨酸、异亮氨酸与缬氨酸

亮氨酸、异亮氨酸与缬氨酸均属于支链氨基酸，同时都是必需氨基酸。亮氨酸是合成体组织蛋白质与血浆蛋白所必需的氨基酸，能促进雏鸡的食欲和体重的增加；同时亮氨酸是免疫球蛋白的组成成分，能促进骨骼肌蛋白质的合成，并对除骨骼肌蛋白质以外的体组织蛋白质的降解起抑制作用。

异亮氨酸与亮氨酸共同参与体组织中蛋白质的合成。当动物缺乏这些氨基酸时，就不能利用饲料中的氮。例如，育雏料中缺乏异亮氨酸与亮氨酸时，雏鸡体重下降，并且经一段时间后死亡。

缬氨酸具有维持神经系统正常功能的作用，同时是免疫球蛋白的成分并影响动物的免疫反应。当缬氨酸不足时，动物生长停滞，共济失调而出现四肢震颤，明显阻碍胸腺和外围淋巴组织的发育，抑制嗜中性及嗜酸性白细胞。

5. 苯丙氨酸

苯丙氨酸是动物合成甲状腺素和肾上腺素所必需的氨基酸，动物缺乏苯丙氨酸时，甲状腺和肾上腺功能受到破坏。

6. 苏氨酸

苏氨酸能平衡氨基酸营养，促进蛋白质沉积，促进动物生长、增重，提高饲料转化率，还有利于提高猪的瘦肉率。苏氨酸参与免疫球蛋白的合成，也是母猪初乳与常乳免疫球蛋白中含量最高的氨基酸。苏氨酸作为黏膜糖蛋白的组成成分，有助于形成防止细菌与病毒入侵的非特异性防御屏障。苏氨酸还能促进磷脂合成和脂肪酸氧化，具有抗脂肪肝的作用。

动物缺乏苏氨酸，表现为采食量下降，生长受阻，饲料转化率下降，易发生脂肪肝。苏氨酸缺乏还会抑制免疫球蛋白、T 细胞、B 细胞及抗体的产生，从而降低动物的抗病力。苏氨酸过量也会影响动物的采食量和日增重。

7. 精氨酸

精氨酸是生长期动物的必需氨基酸，缺乏时体重会迅速下降；精子蛋白中精氨酸约占 80%，精氨酸缺乏会抑制精子的生成，公猪极为明显；精氨酸在肝脏生成尿素的过程中起极其重要的作用；精氨酸还可以刺激胰腺、肾上腺、丘脑等部位产生激素。

第二节 单胃动物的蛋白质营养

一、单胃动物对蛋白质的消化和吸收

（一）单胃动物对蛋白质的消化

单胃动物对蛋白质的消化主要靠消化道分泌的蛋白酶完成。饲料中的蛋白质首先在胃中经盐酸的作用变性，使三维结构的蛋白质分解成单链，肽键暴露，同时胃蛋白酶在盐酸的作用下被激活，部分蛋白质在胃蛋白酶的作用下被降解为含氨基酸数量不等的多肽和少量的游离氨基酸。这些多肽、氨基酸和未被消化的蛋白质一起进入小肠，被小肠分泌的蛋白酶进一步消化为游离氨基酸和少量的肽。饲料蛋白质主要是在小肠中由胰蛋白酶消化的。未被胃和小肠消化的蛋白质进入大肠。马属动物和兔等单胃食草动物的盲肠和结肠特别发达，其内的微生物对蛋白质的消化量占消化蛋白总量的 50% 左右，这一部位的消化类似于反刍动物瘤胃的消化，进入猪、鸡等大肠内的饲料蛋白质部分被降解为吲哚、3- 甲基吲哚、酚、硫化氢、氨和氨基酸。大肠内的微生物也可利用氨基酸合成微生物蛋白质，但其最终以粪便的形式排出体外。

（二）单胃动物对蛋白质的吸收

小肠是单胃动物吸收氨基酸的主要场所，小肠黏膜中存在中性氨基酸载体、酸性氨基酸载体和碱性氨基酸载体，分别转运中性氨基酸、酸性氨基酸和碱性氨基酸；小肠也吸收少量的二肽；哺乳动物出生后 24 h 内可吸收完整蛋白质，以获得免疫功能。

图 1-2 为蛋白质消化吸收示意图。

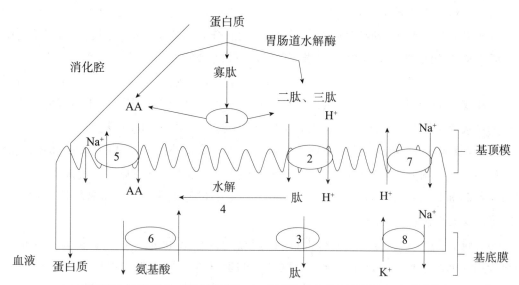

1—基顶膜上的肽酶；2—小肽转运载体；3—基底膜 H⁺ 依赖转运系统；4—细胞内肽酶；
5—Na⁺ 依赖性 / 不依赖性转运载体；6—氨基酸交换转运蛋白；7—Na⁺/H⁺ 交换；8—Na⁺/K⁺ ATP 酶。

图 1–2　蛋白质消化吸收示意图

（资料来源：陈代文. 动物营养与饲料学. 北京：中国农业出版社，2005. ）

二、提高单胃动物蛋白质利用率的措施

（一）影响蛋白质消化吸收的因素

1. 动物因素

（1）动物种类。反刍动物对植物性蛋白质的消化率明显高于单胃动物，而单胃动物对动物性蛋白质的利用率又高于反刍动物。不同种类动物对蛋白质消化吸收的特点是同其消化生理的异同相关联的。

（2）动物年龄。不同年龄的动物，其消化道分泌蛋白酶的能力不同。以仔猪为例，新生仔猪仅能分泌极微量的胃蛋白酶原，但可分泌大量的凝乳酶原。仔猪出生时，凝乳酶原浓度达到峰值，随后逐渐下降，仔猪出生后 7 d 内，胃蛋白酶分泌量极微，在 2 周龄前也较低，此后则快速上升，在 6～8 周龄时升至较高水平。仔猪胰腺分泌的胰蛋白酶的活性随着年龄的增长而升高。从出生至 3 周龄，仔猪分泌的胰蛋白酶和糜蛋白酶的活性分别增加 30 倍和 3 倍，至 6～8 周龄时达到较高水平。从消化道蛋白酶系的发育特点可以看出，仔猪消化蛋白质的能力随着日龄的增加而增强。因此，对仔猪应供给可消化性高的蛋白质饲料，以促进仔猪的生长。

2. 饲料因素

（1）饲料蛋白质水平。胰蛋白酶的活性受肠道中蛋白质含量的反馈调节。当饲料蛋白质水平升高后，肠腔中游离酶减少，胰腺中酶的合成和分泌增加。例如，当猪饲料中蛋白质水平从 10% 升至 30% 时，糜蛋白酶活性可增加 250%。

（2）饲料粗纤维水平。粗纤维可增加饲料在消化道中的排空速度，从而减少饲料蛋白质消化吸收的时间。另外，植物性饲料的细胞壁可封锁细胞内容物，使饲料蛋白质不能与蛋白水解酶接触。因此，饲料粗纤维水平与饲料蛋白质的消化率成负相关。

（3）饲料中的抗营养因子。植物性饲料含有许多抗营养因子，其中蛋白酶抑制剂和植物凝集素是影响蛋白质消化和利用的两种主要抗营养因子，其在豆科籽实中含量较高。蛋白酶抑制剂和植物凝集素对热敏感，因此，对豆类进行加热处理，可破坏这两种抗营养因子，从而促进蛋白质的消化吸收。

（4）饲料的加工处理。对饲料进行适当的热处理，既能消除抗营养因子，又能使饲料蛋白质初步变性，有助于消化。温度诱导的蛋白质变性一般发生在 40 ℃~80 ℃和 0.1 MPa 下，而高压下的蛋白质变性可在 25 ℃下发生。但在热处理中，若温度过高或处理时间过长，某些氨基酸（如赖氨酸、精氨酸、色氨酸、苏氨酸等），特别是赖氨酸的氨基很容易与还原糖的醛基发生反应，生成棕褐色的氨基糖复合物，而胰蛋白酶不能切断与还原糖结合的氨基酸的肽键，使赖氨酸不能被动物消化和利用。而且，在强烈加热过程中，赖氨酸的氨基容易与天冬氨酸或谷氨酸发生反应，形成新的酰胺键，不仅影响赖氨酸和天冬氨酸或谷氨酸的吸收和利用，还会干扰相邻肽键上氨基酸的消化和利用。

此外，利用蛋白质的化学改性（如酸、碱有限水解，磷酸化，酰基化）及酶法改性（如蛋白酶水解、胃合蛋白反应、蛋白质交联）也可提高蛋白质的消化吸收率。

合理的饲养管理措施、良好的饲养环境、科学的饲喂技术、合理的管理技术也是影响蛋白质消化吸收的重要因素。

（二）提高蛋白质消化吸收的措施

（1）配合饲料应多样化。饲料种类不同，蛋白质中所含必需氨基酸的种类、数量也不同，多种饲料搭配，能起到氨基酸的互补作用，改善饲料中氨基酸的平衡，提高蛋白质的转化效率。豆饼中赖氨酸多，芝麻饼中蛋氨酸多，将二者混合为配合饲料饲喂雏鸡，比单独喂豆饼或芝麻饼效果好。

（2）补饲氨基酸添加剂。在合理利用饲料资源的基础上，可参照饲养标准向饲料中添加所缺乏的限制性氨基酸，从而使氨基酸达到平衡。

（3）饲料中蛋白质与能量要有适当比例。正常情况下被吸收的蛋白质有 70%~80% 被动物用于合成体组织或产品，20%~30% 用于分解供能，当供给能量的糖类和脂肪不足时，必然会加大蛋白质的供能部分，减少合成体蛋白质和动物产品的部分，导致蛋白质转化效率降低。因此，必须合理确定日粮中蛋白质与能量之间的比例，以最大限度地减少蛋白质分解供能的部分。此外，饲料蛋白质品质好，则蛋白质转化效率高，喂量过多，蛋白质转化效率下降，多余蛋白质只能做能源，造成浪费。

（4）控制饲料中的粗纤维水平。单胃动物饲料中粗纤维过多，会加快饲料通过消化道的速度，不仅使其本身消化率降低，而且影响蛋白质及其他营养物质的消化，粗纤维每增加 1%，蛋白质消化率降低 1.0% ~ 1.5%，因此要严格控制猪、禽饲料中粗纤维的水平。

（5）保证与蛋白质代谢有关的维生素 A、维生素 D、维生素 B_{12} 及铁、铜、钴等的供应。

第三节 反刍动物的蛋白质营养

一、反刍动物对蛋白质的消化和吸收

（一）反刍动物对蛋白质的消化

1. 瘤胃对蛋白质的消化

瘤胃是一个大发酵罐，其内共生着大量的细菌和纤毛虫，每克瘤胃内容物含细菌 500 亿 ~ 1 000 亿个，每毫升瘤胃液含纤毛虫 20 万 ~ 200 万个。这些细菌和纤毛虫对反刍动物的消化起非常重要的作用。瘤胃自身并不分泌蛋白酶，但细菌和纤毛虫可产生大量的蛋白酶。进入瘤胃的饲料蛋白质约有 70%（40% ~ 80%）被细菌和纤毛虫产生的蛋白酶分解，约有 30%（20% ~ 60%）未经任何变化而进入消化道的下一部分。

饲料蛋白质在瘤胃微生物蛋白酶的作用下，首先被分解为肽，然后被进一步分解为游离氨基酸。部分肽和氨基酸被微生物用于合成瘤胃微生物蛋白质（ruminal microbial crude protein，RMCP），部分氨基酸也可在细菌脱氨基酶的作用下经脱氨基作用进一步降解为氨、二氧化碳和挥发性脂肪酸。饲料中的非蛋白氮也可在细菌尿素酶的作用下分解为氨和二氧化碳。

在瘤胃中被发酵而分解的蛋白质称为瘤胃降解蛋白质（rumen degradable protein，RDP），瘤胃中的细菌蛋白氮有 50% ~ 80% 来源于瘤胃中的氨气，有 20% ~ 50% 来源于食入蛋白质在瘤胃中水解产生的氨基酸。瘤胃微生物区系中，约有 80% 的细菌以氨氮为唯一氮源，部分细菌既可利用氨，又可利用氨基酸，只有少数细菌以肽为氮源。纤毛虫不能利用氨氮，只能利用细菌蛋白氮和饲料颗粒氮。饲料蛋白质在瘤胃内的降解率与饲

料的溶解度和在瘤胃内的滞留时间有关。

2. 皱胃和小肠对蛋白质的消化

未经瘤胃微生物降解的饲料蛋白质被转移至皱胃和小肠，通常将这部分饲料蛋白质称为瘤胃未降解蛋白质（undegradable protein，UDP）或过瘤胃蛋白，瘤胃未降解蛋白质和瘤胃微生物蛋白在皱胃和小肠的消化与单胃动物相似。瘤胃以下的消化道对蛋白质的消化率为 65%~70%。

（二）反刍动物对蛋白质的吸收

反刍动物对蛋白质的主要吸收部位是瘤胃和小肠。

1. 瘤胃对蛋白质的吸收

瘤胃主要吸收氨。瘤胃吸收氨的能力极强。蛋白质在瘤胃中的分解产物——氨，除用于合成瘤胃微生物蛋白质外，还可被瘤胃壁吸收进入门静脉。被吸收的氨随血液循环进入肝脏并通过鸟氨酸循环合成尿素，所生成的尿素大部分进入肾脏随尿排出，部分可进入唾液腺随唾液又返回瘤胃或通过瘤胃壁由血液扩散回瘤胃，再次被微生物利用，合成瘤胃微生物蛋白质。这个过程就称为瘤胃－肝脏的氮素循环。瘤胃除可吸收氨外，还可吸收少量的游离氨基酸。

瘤胃细菌、纤毛虫和真菌均能分解饲料蛋白质，但细菌起主导作用。瘤胃微生物通过分泌蛋白酶、肽酶和脱氨酶来降解蛋白质。蛋白质被降解释放寡肽，继而分解为二肽和氨基酸；一部分氨基酸和肽结合为瘤胃微生物蛋白质，还有一部分氨基酸由脱氨基转化为氨，氨又被微生物合成瘤胃微生物蛋白质或通过瘤胃壁被吸收（见图 1-3）。

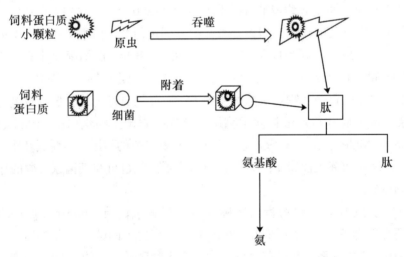

图 1-3　饲料蛋白质在瘤胃中的降解模式

（资料来源：冯仰廉. 反刍动物营养学. 北京：科学出版社，2004. ）

2. 小肠对蛋白质的吸收

部分蛋白质（20%左右）在胃内被分解为肽，与瘤胃内未被消化的蛋白质一同进入小肠继续进行消化，蛋白质和大分子肽在小肠中胰蛋白酶和糜蛋白酶的作用下，分解生成大量游离氨基酸和小分子肽（寡肽），被小肠吸收。

反刍动物摄入的饲料蛋白质，一部分在瘤胃中被微生物降解，瘤胃降解蛋白质（rumen degradable protein，RDP）被用于合成瘤胃微生物蛋白质；瘤胃未降解蛋白质（undegradable protein，UDP）和瘤胃微生物蛋白质进入小肠，组成小肠蛋白质，被消化、吸收和利用（见图1-4）。因此，近代反刍动物蛋白质营养体系均以小肠蛋白质为基础。

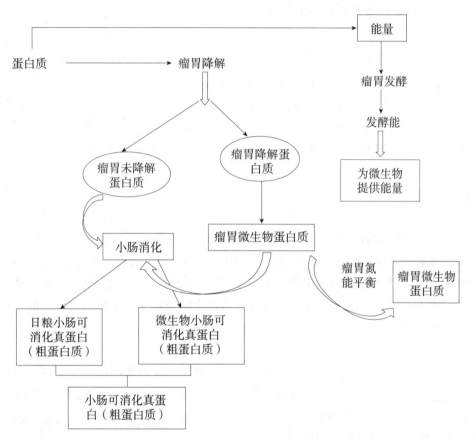

图1-4 反刍动物饲料小肠可消化蛋白质体系示意图

（资料来源：冯仰廉. 反刍动物营养学. 北京：科学出版社，2004.）

3. 大肠（结肠和盲肠）对蛋白质的吸收

进入盲肠和结肠的含氮物主要是未被消化的蛋白质和来自血液的尿素。在此降解和合成的氨基酸几乎不能被吸收，最终以粪便的形式排出体外。

二、反刍动物利用非蛋白氮的原理及非蛋白氮的应用

（一）反刍动物利用非蛋白氮的原理

反刍动物摄入的非蛋白氮进入瘤胃后，氨基酸、肽等物质可直接用于合成微生物蛋白质；尿素等非蛋白氮被摄入后，在瘤胃微生物分泌的脲酶的作用下分解成氨，少量氨可直接被瘤胃微生物利用变成菌体蛋白，大部分氨穿过瘤胃进入肝脏，并在肝脏内转化为尿素再进入瘤胃。经多次氮素循环，大部分氨变成了微生物蛋白质，少量由尿排出体外，而微生物蛋白质又可在小肠被消化吸收，最终转化为动物体蛋白。可见尿素是反刍动物营养中重要的非蛋白氮。

（二）反刍动物对非蛋白氮的利用

1. 尿素

尿素的含氮量为 46.6%，产品呈白色结晶状，易溶于水，无臭而略有苦味。1 kg 尿素相当于 2.6～2.9 kg 蛋白质，相当于 6.5 kg 豆粕。如果合理应用尿素，并辅以微生物增殖的能源——可溶性碳水化合物等营养源，尿素氮源的平均利用率可达 80%。瘤胃微生物分泌的尿素酶活性很强，尿素进入瘤胃后很快会被分解完，如不合理使用，可引起反刍动物尿素中毒。尿素由于成本低，效果好，是反刍动物生产中应用最为广泛的一种非蛋白氮饲料。

2. 尿素衍生物

这类产品主要包括磷酸脲、缩二脲、异丁叉双脲等。磷酸脲是一种有氨基结构的磷酸复合盐，由等摩尔的尿素与磷酸反应制得。磷酸脲易溶于水，水溶液呈酸性。缩二脲是两分子尿素热缩脱氨的产物，含氮量为 34.7%，相当于蛋白质含量为 217%。异丁叉双脲的含氮量为 32.2%，每 1 kg 相当于 1.73 kg 蛋白质或相当于 5 kg 豆饼。它们都具有释氨慢这一优点，但生产工艺流程多，相对于尿素来说产量少，价格昂贵。目前，尿素衍生物在养殖生产中用得较少。

3. 氨

氨是最简单的非蛋白氮。液氨和氨水由于包装、运输和使用不方便，在一定程度上限制了应用范围。另外，氨的气味和易挥发特点会造成环境污染，对人、畜健康不利，同时对非蛋白氮源也是一种浪费。饲料、饲草加入氨后，适口性降低。目前，液氨和氨水的使用仅限于秸秆处理和青贮混加方面。

4. 铵盐

铵盐主要包括碳酸氢铵、磷酸铵盐、硫酸铵和氯化铵等。碳酸氢铵是合成氨工业的主要产品之一，其纯品为白色粉状物质，含氨量为 17.7%，已用于反刍动物的饲料添加。磷酸铵盐主要是磷酸氢二铵，其除作为氮源外，还能提供动物所需的无机磷，但目前价

格较高。其他无机铵盐，如硫酸铵和氯化铵，因动物食后带入较大量的氯离子和硫酸根离子，故实践中较少使用。

5. 反刍动物利用非蛋白氮的机制

反刍动物对非蛋白氮（nonprotein nitrogen，NPN）的利用主要靠瘤胃内的细菌。瘤胃内的细菌以尿素作为氮源，以碳水化合物作为碳架和能量的来源，合成瘤胃微生物蛋白质，其与饲料蛋白质一样在动物消化酶的作用下，被动物体消化利用。

（三）反刍动物饲料中使用非蛋白氮的目的

用非蛋白氮补充或代替高价格的动植物性蛋白质饲料饲喂反刍动物，以供瘤胃微生物合成瘤胃微生物蛋白质所需的氮源，节省动植物性蛋白质饲料，降低成本，提高经济效益。

三、蛋白质的过瘤胃保护技术

高产反刍动物仅依靠瘤胃微生物蛋白质所提供的氨基酸不能满足其需要，瘤胃未降解蛋白质无疑是一项重要的补充，对高品质蛋白质饲料进行过瘤胃保护更为必要。

蛋白质过瘤胃保护技术，即经过技术处理将饲料蛋白质保护起来，避免其在瘤胃内被发酵降解，直接进入小肠被消化吸收，从而达到提高饲料蛋白质利用率的目的。在保证氨基酸利用率不受影响的前提下，降低饲料蛋白质在瘤胃中的降解度以提高瘤胃未降解蛋白质的数量，是控制瘤胃未降解蛋白质产生量的基本原则。常见的处理方法如下。

1. 物理处理法

青草干制可显著降低蛋白质的溶解度。热处理也是一种保护瘤胃未降解蛋白质的有效办法。加热处理可使饲料蛋白质变性，疏水基团更多地暴露于蛋白质分子表面，从而降低蛋白质的溶解度，使之更能抵抗瘤胃微生物酶的水解，增加瘤胃未降解蛋白质的数量。

2. 化学处理法

利用化学药品，如甲醛、单宁、戊二醛、乙二醛、氯化钠等，可对高品质蛋白质饲料进行保护处理。目前常用的化学药品有甲醛、氢氧化钠、锌盐和单宁等。

甲醛处理法的原理是甲醛可与蛋白质形成络合物，这种络合物在瘤胃 pH 为 5.5～7 的条件下非常稳定，可抵抗微生物的侵袭。但此络合物进入皱胃后会自行解体。蛋白质可被胃肠道酶消化成氨基酸被动物体吸收利用。

3. 包埋法

利用某些富含抗降解蛋白质的物质或某些脂肪酸对饲料蛋白质进行包埋处理，可抵抗瘤胃的降解。

研究认为，今后需要利用复合处理的方法，如先将饲料进行必要的加工，使其易被小肠消化酶消化，同时探索出一种更好的保护物质，这种物质既不会被瘤胃微生物降解，又能在小肠消化酶的作用下被彻底分解。

✎ 本章小结

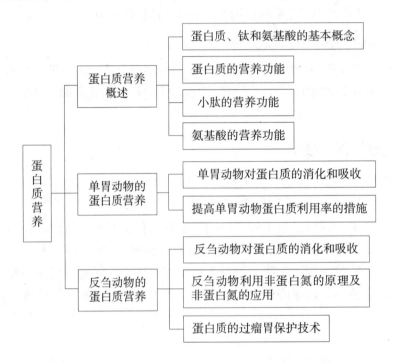

✎ 思考题

1. 什么是粗蛋白质？

2. 什么是必需氨基酸和非必需氨基酸？二者有何区别？

3. 什么是限制性氨基酸？以玉米 – 豆粕为主的日粮，猪、鸡第一限制性氨基酸分别是哪种氨基酸？

4. 影响蛋白质消化利用的因素有哪些？

5. 反刍动物在消化利用蛋白质上有什么特点？

第三章

碳水化合物营养

学习目标

1. 掌握碳水化合物的种类和功能。
2. 掌握单胃动物对碳水化合物的消化吸收。
3. 掌握反刍动物对碳水化合物的消化吸收。

第一节　碳水化合物营养概述

碳水化合物是一类多羟基的醛、酮或其衍生物，以及能水解产生这些醛和酮的化合物的总称。碳水化合物由碳、氢、氧三种元素组成，其中氢与氧原子之比为 2∶1，与水中氢、氧的比例相同，故名为碳水化合物。碳水化合物可用通式 $C_x(H_2O)_y$ 来表示。但是碳水化合物并不都遵循这一结构规律，遵循这一结构规律的物质也不一定都是碳水化合物。

碳水化合物广泛存在于植物性饲料中。例如，多糖既是能量的储备物质，也是植物结构的重要组分。碳水化合物构成植物组织 50%~75% 的干物质；在一些谷物籽实中，碳水化合物的含量高达 85%，因而是各种动物日粮的主要组成部分。

一、碳水化合物的分类

碳水化合物又称糖类，按化学结构可分为单糖、寡糖（低聚糖）和多糖（高聚糖）。在饲料学中，碳水化合物依据性质又可分为可溶性碳水化合物和粗纤维。可溶性碳水化合物主要包括单糖、双糖和多糖（淀粉），这类可溶性碳水化合物又叫无氮浸出物，是易被动物消化的碳水化合物部分。粗纤维是难以被动物消化的碳水化合物，主要包括纤维素、半纤维素和木质素等。

葡萄糖和果糖是饲料中最常见的单糖。在动物体内，果糖转变为葡萄糖后才能被机体代谢。饲料作物中其他单糖含量都很少。麦芽糖由两个单位的葡萄糖组成。蔗糖是最常见的双糖，由一分子葡萄糖和一分子果糖组成。蔗糖在植物的根、茎、叶、花、果实和种子等组织器官中广泛存在，甘蔗和甜菜等植物中蔗糖含量较高。寡糖是指由 2~10 分子单糖组成的一类糖。多糖则是由 10 个以上单糖分子以直链形式或支链形式缩合而成的大分子化合物。多糖可分为营养性多糖和结构性多糖，即非纤维性多糖和纤维性多糖或非淀粉多糖。营养性多糖主要包括淀粉和糖原；而结构性多糖主要是植物细胞壁的构成物质，包括纤维素、半纤维素、果胶。不同种类、不同生长期植物细胞壁的物质组成中，纤维素占 20%~60%，半纤维素占 10%~40%，果胶占 1%~10%。

淀粉是植物组织中最重要的营养性多糖，其在籽实和块茎中含量最多。淀粉由多个葡萄糖单位构成，分直链淀粉和支链淀粉两类。直链淀粉和支链淀粉的主要区别在于附着于由葡萄糖单位构成的主链上的支链的数量。直链淀粉完全由葡萄糖以 α-1，4- 糖苷键连接形成，而支链淀粉通常在直链上有 α-1，6- 糖苷键的分支，在每一支链内葡萄糖仍以 α-1，4- 糖苷键相连接。在植物中，淀粉呈颗粒状。块根（茎）中的淀粉颗粒呈现不溶性，难以被动物消化，只有在熟化后才能被猪、禽利用。

粗纤维并非一种纯净化合物，它是由纤维素、半纤维素、果胶和木质素所组成的混合物。纤维素、果胶及大部分半纤维素不能被动物消化道分泌的酶水解，但能被消化道中的微生物酵解，酵解后的产物才能被动物吸收与利用。木质素不是碳水化合物，而是苯的衍生物。它与纤维素或半纤维素伴随存在，共同作为植物细胞壁的结构物质。木质素主要存在于植物的木质化部分，如种子荚壳、玉米芯及根、茎、叶的纤维化部分。木质素不溶于水和常见的有机溶剂。酸碱均不能使木质素分解。动物消化道中的酶不能分解木质素，微生物中也仅有好氧菌和真菌可裂解木质素的化学键。用碱处理高纤维饲料秸秆等，可破坏半纤维素与木质素的联系，从而改善动物对半纤维素的消化。

碳水化合物种类虽然很多，但其在动物体内的主要存在形式有血液中的葡萄糖、肝脏和肌肉中的糖原及乳中的乳糖。肌糖原占肌肉鲜重的 0.5% ~ 1%，占总糖原的 80%；肝糖原占肝鲜重的 2% ~ 8%，占总糖原的 15%；其他组织中的糖原约占总糖原的 5%。另外，碳水化合物还以黏多糖、糖蛋白、糖脂等杂多糖的形式存在于组织的器官中。

二、碳水化合物的营养功能

（一）能量供应和储备作用

饲料中的碳水化合物在动物体内经水解生成葡萄糖后被吸收。葡萄糖是大脑、神经系统、肌肉、脂肪组织、胎儿生长发育、乳腺等代谢的主要能源。动物体内代谢所需能量的 70% 来自糖的氧化。其中，动物大脑神经组织无能量储备，完全依赖血糖供给能量。若葡萄糖供应不足，仔猪会出现低血糖症状，严重时出现休克。若生长期营养性多糖供应不足，牛会产生酮病，妊娠母羊会出现妊娠毒血症，严重时会死亡。

饲料中的碳水化合物除了提供动物生长和生产所需的能量外，多余的可以转变为糖原和脂肪在动物体内储存。其中，糖原以肝糖原和肌糖原的形式分别储存在肝脏和肌肉中。糖原在动物体内处于合成储备与分解消耗的动态过程中，以应对动物变化的生理状态。在动物肥育期，大量的碳水化合物转变成体脂肪储存，可以增加肌间脂肪的沉积，改善肉的品质。

（二）动物产品合成的原料

碳水化合物在分解代谢过程中形成的中间产物是合成脂类和蛋白质的原料。在哺乳期，母畜可利用葡萄糖合成乳中的乳糖。单胃动物主要利用葡萄糖来合成乳脂，而反刍动物主要利用碳水化合物在瘤胃中发酵产生的乙酸来合成脂肪酸，利用血液中的葡萄糖合成甘油，再进一步将脂肪酸和甘油合成乳脂。反刍动物产奶期体内 50% ~ 85% 的葡萄糖用于合成乳糖，高产奶牛每天大约需要消耗 1.2 kg 葡萄糖。葡萄糖也参与部分乳蛋白质非必需氨基酸的形成。牛乳中乳糖含量相对比较稳定，因此血糖进入乳腺中的量是奶产量的限制因素之一。

（三）其他营养生理作用

1. 功能性寡糖

一些寡糖不能被动物消化道中的消化酶所消化，这些寡糖可以作为底物，选择性地促进某些有益微生物的增殖。例如，果寡糖能够促进乳酸杆菌和双歧杆菌的生长，但是沙门菌、大肠埃希菌和其他革兰阴性菌则无法利用果寡糖发酵，果寡糖可以抑制这些有害菌的生长。

2. 结构性多糖

结构性多糖是植物组织中除淀粉以外所有多糖的总称，也称为非淀粉多糖。结构性多糖分为水溶性非淀粉多糖和非水溶性非淀粉多糖。植物秸秆干物质中结构性多糖含量为 70%～80%，主要包括纤维素、半纤维素、果胶和木质素等，其中半纤维素又包括木聚糖、β- 葡聚糖、甘露聚糖、半乳聚糖等。反刍动物瘤胃微生物可以利用结构性多糖发酵产生挥发性脂肪酸，然后利用挥发性脂肪酸合成葡萄糖、乳脂等营养物质。非反刍动物的盲肠和大肠微生物也可降解部分结构性多糖，产生挥发性脂肪酸，但数量较少，不是提供能量的主要途径。粗纤维是反刍动物的必需营养物质。营养性多糖在瘤胃内发酵速度太快，产生的大量挥发性脂肪酸会迅速降低瘤胃 pH，抑制瘤胃微生物的发酵活动，严重时会降低动物的产奶量、乳脂率，甚至引起瘤胃酸中毒、瘤胃不完全角质化、瘤胃黏膜溃疡等。而瘤胃微生物利用纤维素进行发酵的速度较慢。纤维素还可以吸附有机酸，减缓瘤胃酸中毒的发生。对于反刍动物，粗纤维还可以刺激咀嚼、反刍和瘤胃蠕动，促进动物消化道的正常发育。

非反刍食草动物的盲肠和大肠比较发达，具有较强的微生物发酵功能，能够降解粗纤维产生的挥发性脂肪酸。非反刍食草动物获取的能量有 30% 来自挥发性脂肪酸。非反刍杂食动物对粗纤维的消化能力很弱。对于单胃动物，粗纤维有刺激消化液分泌和促进胃肠道蠕动的功能。在饲料中适量添加粗纤维有促进肠道蠕动和轻泻的作用，而粗纤维过量则会造成便秘。粗纤维可以加快肠道食糜的排空速度，影响消化液与食糜的混合，降低淀粉、蛋白质和脂肪等有机化合物的消化率。

［第二节］单胃动物碳水化合物营养特点

一、无氮浸出物营养

单胃动物的微生物消化较弱，摄入的无氮浸出物主要依靠消化道的消化酶来进行消化。单胃动物的胃肠道只能直接吸收单糖，二糖、三糖和多糖都必须被消化酶降解成单糖后才能被利用。饲料中的无氮浸出物进入单胃动物口腔后，在口腔唾液淀粉酶的作用下，少部分淀粉被水解为麦芽糖，而未水解的淀粉进入胃。胃中不具备淀粉酶，而唾液中的淀粉酶在胃液酸性条件下会失活，因此胃不具备消化淀粉的能力。未分解的淀粉到达小肠后，在小肠中肠淀粉酶、胰淀粉酶、麦芽糖酶等各种酶的作用下，分解为麦芽糖，麦芽糖再分解为葡萄糖。无氮浸出物水解产生的单糖，大部分由小肠壁吸收，经血液输送至肝脏。在肝脏中，单糖首先都转化为葡萄糖，大部分葡萄糖经体循环输送至身体各组织，经三羧酸循环，氧化供能。一部分葡萄糖则在肝脏中形成肝糖原或在肌肉中形成肌糖原储存起来。葡萄糖在富足的情况下，一部分可用于合成体脂肪，储存在动物脂肪组织中。

二、粗纤维营养

单胃杂食动物的胃和小肠中没有消化粗纤维的酶，因此无法对粗纤维进行消化。猪盲肠和结肠中微生物种类很多，在这两个部位，饲料中的纤维素和半纤维素可经微生物分解为挥发性脂肪酸、二氧化碳和甲烷，部分挥发性脂肪酸可被肠壁吸收，经血液输送至肝脏，进而被动物利用。但是，单胃杂食动物从粗纤维中获取的挥发性脂肪酸只占其能量需要量的10%左右。单胃食草动物的盲肠和结肠更为发达，其从粗纤维中获取的挥发性脂肪酸能够提供30%的能量。虽然粗纤维只在盲肠和结肠中被发酵利用，但在日粮中添加适量的粗纤维对猪胃液、胆汁及胰液的分泌有促进作用。粗纤维发酵产生的丁酸是结肠上皮细胞必不可少的能源，其他挥发性脂肪酸也可能会促进肠壁绒毛的发育，提高肠道对营养物质的吸收能力。因此，在仔猪日粮中添加粗纤维可促进仔猪消化系统的发育，对仔猪的消化功能产生终身影响。成年猪对粗纤维的消化和吸收率较高，给妊娠母猪饲喂高纤维的饲料不仅可增加分娩仔猪和断奶仔猪的数量，而且可增加母猪的休息时间。粗纤维还可减轻粪便的气味，减少猪的异常行为。粗纤维发酵产生的挥发性脂肪酸可通过影响水的吸收来抑制病原菌的生长，从而减少腹泻。由于猪胃肠道内的微生物菌群随食入饲料类型的变化而变化，饲料中的粗纤维还会对肠道微生物的种群种类和数量产生影响。另外，饲料中粗纤维含量过高，会影响消化液与营养物质的混合，降低动物对饲料中其他营养物质的吸收率，尤其是蛋白质、氨基酸和矿物质。饲料中粗纤维含量过高还容易损伤小肠黏膜。因此，育成猪日粮中的粗纤维含量应低于10%，否则会抑制猪的生长。通常猪饲料中粗纤维的含量为4%~8%。为保证动物生长不受影响，在生产中要选用易消化的粗纤维。在肥育后期，可给动物提供粗纤维含量较高的日粮，以减少脂肪沉积，提高胴体瘦肉率。家禽对碳水化合物消化代谢的特点与猪相似，但家禽缺少乳糖酶，不能消化乳糖。鹅是食草动物，盲肠发达，可以全用青草喂鹅。鸡对粗纤维的消化能力较弱，鸡饲料中粗纤维的含量以 3% ~ 5% 为宜。单胃食草动物，如马、驴、骡等，对碳水化合物的消化代谢与猪基本相同。单胃食草动物没有瘤胃，但是盲肠和结肠较发达，对纤维素和半纤维素均具有较强的消化能力。单胃食草动物对粗纤维的消化能力比猪强，但比反刍动物弱。马属动物在使役时，需要增加含淀粉多的精料以提供充足的能量，而非使役时间能量需求小，可多饲喂富含粗纤维的秸秆类饲料。

单胃杂食动物对碳水化合物的消化代谢见图 1-5。

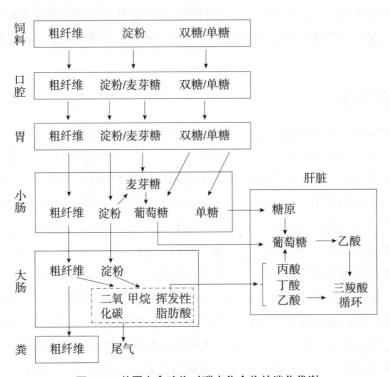

图 1-5　单胃杂食动物对碳水化合物的消化代谢

第三节　反刍动物碳水化合物营养特点

一、无氮浸出物营养

反刍动物唾液中淀粉酶含量少且活性弱，饲料中的淀粉在其口腔内几乎不被消化。无氮浸出物进入瘤胃后，大部分被细菌降解为挥发性脂肪酸及气体。挥发性脂肪酸被瘤胃壁吸收参加机体代谢，气体排出体外。与单胃杂食动物相比，反刍动物对无氮浸出物的利用效率较低。反刍动物瘤胃中未被消化的淀粉进入小肠，在淀粉酶、麦芽糖酶及蔗糖酶等的作用下，分解为葡萄糖等单糖被肠壁吸收，其消化方式与单胃杂食动物类似。少量小肠中未被消化的无氮浸出物则进入结肠与盲肠，被细菌降解为挥发性脂肪酸并产生气体。同样，挥发性脂肪酸被肠壁吸收参加代谢，气体则排出体外。对于反刍动物而言，绝大部分无氮浸出物在瘤胃中被微生物酵解生成挥发性脂肪酸。无氮浸出物酵解的速度较快。在生产中，反刍动物的饲料中精料比例过高，短时间内可造成瘤胃酸度过高，导致瘤胃酸中毒。奶牛瘤胃酸中毒表现为前胃迟缓、食欲丧失、拉稀、表情呆滞、死亡等。

二、粗纤维营养

反刍动物具有强大的瘤胃，瘤胃中的微生物能够分解粗纤维。饲料中的粗纤维在口腔中无法被消化。粗纤维进入瘤胃后，纤维素和半纤维素被瘤胃微生物分泌的纤维素酶降解为乙酸、丙酸和丁酸等挥发性脂肪酸，同时产生甲烷、氢气和二氧化碳等气体。挥发性脂肪酸大部分被瘤胃壁迅速吸收，由血液输送至肝脏。在肝脏中，丙酸转变为葡萄糖，丁酸转变为乙酸，乙酸随体循环到各组织中参与三羧酸循环，氧化释放能量供给动物体需要，同时也产生二氧化碳和水。还有部分乙酸被输送至乳腺合成乳脂肪。此过程所产生的气体以嗳气等方式排出体外。瘤胃中未被降解的粗纤维在结肠与盲肠中可以进一步被细菌降解为挥发性脂肪酸及二氧化碳等气体。同样，结肠、盲肠中产生的挥发性脂肪酸会被肠壁吸收，进入肝脏，参与动物体代谢，而气体与其他未被消化的物质被排出体外。瘤胃中粗纤维发酵形成的各种挥发性脂肪酸的比例，受日粮组成、微生物区系等因素的影响。若提高日粮中精料的比例或将粗饲料磨成粉状进行饲喂，则反刍动物瘤胃中产生丙酸增多而乙酸减少，有利于肉牛合成体脂肪，改善肉质；若增加日粮中粗饲料的比例，则乙酸产量增加，有利于奶牛形成乳脂肪，提高乳脂率。为保障反刍动物肠道健康，粗饲料一般应占整个日粮干物质的50%以上。奶牛粗饲料供给不足或粉碎过细，轻则降低产奶量和乳脂率，重则引起奶牛蹄叶炎、酸中毒、瘤胃不完全角化症、皱胃移位等。

动物的胃肠结构要求日粮有适当的体积。对于反刍动物，日粮的体积宜大，粗纤维的比例宜适当提高；对于高产及幼龄动物，单位质量日粮的体积宜小，粗纤维的比例不应过高。

反刍动物对碳水化合物的消化代谢见图1-6。

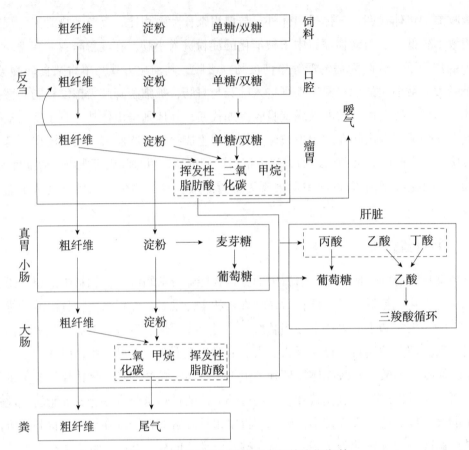

图1-6　反刍动物对碳水化合物的消化代谢

三、提高粗饲料利用率的方法

植物细胞壁的致密结构导致微生物和酶制剂难以接触到纤维素，难以对其进行降解、消化。因此，需要通过一定的物理和化学方法改变饲料的物理、化学性质，以提高粗饲料的利用率。

1. 切短和粉碎

将粗饲料切短、粉碎能够增加其与瘤胃微生物的接触面积，提高其通过瘤胃的速度，增加动物的采食量，而且能够减少动物在采食过程中的能量损耗。但是，粗饲料切得过短则不利于咀嚼，稻草、谷草等质地柔软的秸秆以 3～4 cm 为宜，质地坚硬的玉米秆、豆秆、高粱秆等则以 1.5～3 cm 为宜。

2. 揉碎

对玉米秆进行揉碎处理，可以破坏秸秆粗硬的外皮和硬质茎节，提高饲料的适口性和利用率，增加动物采食量。揉碎后打捆密度加大，还可以节省仓储空间，便于运输。

3. 软化

用食盐将秸秆浸湿软化，并用添加少量精料，可以提高家畜的采食量。例如，向粗饲料中加入尿素或玉米面，可使瘤胃微生物的营养条件得到改善，降解纤维的能力增强，将纤维素消化率提高 10%。

4. 热加工

蒸煮、膨化、热喷等都能够提高粗饲料的适口性和消化率。膨化后的秸秆蓬松柔软，并伴有籽实的糊香味。膨化后的秸秆细胞壁被破坏，变为絮状纤维，在瘤胃中与微生物的接触面积加大。热喷技术是指，先将秸秆置于高温高压的压力罐中，使秸秆的部分木质素熔化，纤维素分子断裂、降解；随后将秸秆放置于大气中，造成压力的突然下降，产生内摩擦力喷爆，使纤维素细胞撕裂，改变秸秆中粗纤维的结构和分子链构造。经热喷处理的秸秆具有芳香气味，质地柔软，适口性好且营养价值高。

5. 制粒处理

可将秸秆等粗饲料粉碎揉搓后，根据饲料配方，搭配其他饲料原料混匀，用颗粒机械制成颗粒饲料。制粒处理可以改善农作物秸秆等粗饲料的理化性质，破坏植物细胞壁结构，使其释放出香味和甜味，同时有利于瘤胃微生物进入植物细胞进行降解。因此，制粒能够明显提高粗纤维在瘤胃中的降解速度，提高粗饲料的利用率。此外，在制粒过程中可以补充能量、氮素、维生素、矿物质等其他营养强化剂，使营养更加均衡、全面。

6. 盐化

将秸秆等粗饲料粉碎后加入等质量的 1% 食盐水，在容器中或水泥地板堆放软化后饲喂动物，可明显提高适口性和采食量。

7. 碾青

先在地面铺上一层 30～40 cm 的秸秆，然后在上面铺上同样厚度的青饲料，最上层再铺秸秆，用碌碾碎。如此，青饲料中的汁液被上下层秸秆吸收，同时破坏了秸秆的结构，可提高秸秆的适口性和营养价值。

8. 碱化

在秸秆中加入一定比例的氢氧化钾、氢氧化钠或氢氧化钙等碱性溶液，可使秸秆细胞壁中的木质素软化，硅酸盐溶解，纤维素膨胀，木质素与纤维素、半纤维素彼此分离，增加其与微生物、消化酶的接触面积，提高粗饲料的消化率。首先，将秸秆铡成 2～3 cm 后，每千克喷洒 5% 的氢氧化钠溶液 1 kg，搅拌均匀，24 h 后即可饲喂；也可在每吨铡碎的秸秆上喷洒 25%～45% 的氢氧化钠溶液 30～50 kg，混合均匀。然后将 3～4 t 的秸秆堆积起来，氢氧化钠会与秸秆发生化学反应释放热量产生高温，15 d 左右处理完成。生石灰碱化处理较为经济。每 100 kg 秸秆加入 3～6 kg 生石灰，加水使秸秆浸透，在潮湿状态下堆积 3～4 d，可使秸秆软化。秸秆晒干后即可饲喂动物。

9. 氨化

秸秆经氨化处理后，木质素与纤维素、半纤维素之间的酯键被破坏，形成铵盐，可为瘤胃微生物提供氮源，提高微生物活性。氨溶于水形成氢氧化铵，可对秸秆产生碱化作用。因此，氨化处理能够提高粗饲料的营养价值。氨化处理可以使用液氨、氨水、尿素、碳酸氢铵等，根据实际情况可以采取窖氨化、塑料袋氨化、缸氨化等方式。以尿素为例，将秸秆等粗饲料粉碎后，将尿素制成5%的水溶液，按质量的40%加入秸秆，窖藏时间依据环境温度来定，30 ℃ ~ 40 ℃需7 ~ 15 d，15 ℃ ~ 30 ℃需15 ~ 30 d，5 ℃ ~ 15 ℃需30 ~ 60 d，当温度低于5 ℃时需60 d以上。

📝 本章小结

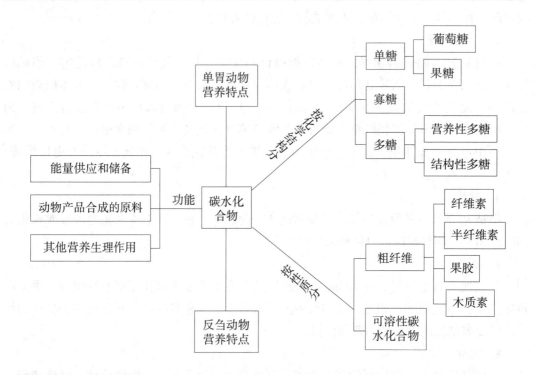

📝 思考题

1. 简述碳水化合物的概念和分类。
2. 单胃动物如何消化吸收碳水化合物？反刍动物如何消化吸收碳水化合物？
3. 碳水化合物在动物体内有何营养作用？
4. 单胃动物与反刍动物的碳水化合物营养特点有何异同？

第四章

脂类营养

学习目标

1. 熟悉脂类的组成、理化特性和营养生理功能。
2. 熟悉饲料脂肪对动物生产和产品品质的影响。
3. 掌握必需脂肪酸的营养生理功能。

第一节　脂类营养概述 ⊙

脂类是脂肪和类脂的总称，是一类不溶于水而溶于有机溶剂（如苯、乙醚和氯仿等）的物质。脂类是动植物体的组成成分，是一类高能物质。脂肪不仅能为动物提供能量，而且能为动物提供必需脂肪酸和作为脂溶性维生素的溶剂，具有重要的营养作用。

一、脂类的组成和理化特性

（一）脂类的组成

根据结构不同，脂类可分为脂肪（真脂）和类脂两大类，两者统称为粗脂肪。脂肪是由 1 分子甘油和 3 分子脂肪酸缩合而成的，故又称甘油三酯或三酸甘油酯，一般存在于植物油、动物油中；类脂则包括磷脂、糖脂、固醇和固醇酯等。脂肪在体内脂肪酶的作用下，可分解为甘油和脂肪酸。类脂分解后除产生甘油和脂肪酸外，还产生磷酸、糖和其他含氮物。脂肪酸是脂类的组成成分，其结构多为线性的碳氢链，而分支或环状结构的脂肪酸很少。脂肪酸可分为结构中不含双键的饱和脂肪酸与含有双键的不饱和脂肪酸两大类。脂肪酸的饱和程度不同，则脂肪酸和脂类的熔点和硬度不同。脂肪中含不饱和脂肪酸越多，其硬度越小，熔点也越低。常见的不饱和脂肪酸有油酸、亚油酸和亚麻酸等。不饱和脂肪酸中的不饱和键能够与碘发生加成反应，因此脂肪酸的饱和程度可以用碘价来测定。每 100 g 脂肪或脂肪酸所能吸收的碘的质量（单位为克），叫作碘价。脂肪酸不饱和程度越大，碘价越高。脂肪酸分子量的大小可用皂化价来测定。一定质量的脂肪酸分子量越小，则分子数越多，皂化所能化合的金属元素越多，其皂化价越高。

（二）脂类的理化特性

脂肪的不饱和程度越高，熔点越低。通常，植物油脂中的不饱和脂肪酸含量高于动物油脂。通常把常温下呈液体状态的脂肪称为油，而常温下呈固体状态的则称为脂肪。常温下，植物油脂呈液体状态，而动物油脂呈固体状态。脂肪具有水解、氧化及氢化等化学性质，这些性质对脂类饲料的营养价值具有较大的影响。脂类饲料在保藏、加工过程中发生的水解和氧化反应均会使部分脂肪酸游离出来，并逐渐产生不良的气体，造成脂肪的酸败。

1. 水解

脂肪在高温、高湿、通风不良或酸、碱、酶的作用下发生水解，产生甘油和脂肪酸的过程称为脂肪水解。脂肪水解所产生的游离脂肪酸大多是无臭无味的，但碳原子较少的低级脂肪酸，特别是含 4～6 个碳原子的脂肪酸，如丁酸和乙酸，具有强烈的气味。

2. 氧化

脂类氧化酸败包括自动氧化和微生物氧化。其中，脂类的自动氧化是一种由自由基激发的氧化。脂肪暴露在空气中，其中不饱和键被空气中的氧所氧化，分解生成分子量较小的醛、酮和酸等复杂的混合物，而光和热可以加快这一氧化过程。脂类氧化的产物具有更强烈的令人厌恶的气味，如常见的"蛤味"或"回生味"。氧化的脂肪通过聚合作用会变成黏稠、胶状甚至固态的物质。因氧化而导致的酸败是脂肪败坏并产生不良气味的主要原因，酸败会影响饲料的适口性，氧化过程中所生成的过氧化物，还会破坏一些脂溶性维生素，降低脂类和饲料的营养价值。

脂肪的酸败程度可用酸价表示，酸价是指中和 1 g 脂肪中的游离脂肪酸所需的氢氧化钾的质量（单位为毫克），通常酸价大于 6 的脂肪会对动物健康造成不良影响。

3. 氢化

在催化剂或酶的作用下，不饱和脂肪酸的双键可与氢发生反应，而使不饱和键消失，使脂肪的饱和程度增高，从而使脂肪的熔点增高、硬度增加，不易酸败，有利于储存，但也损失了必需脂肪酸。反刍动物进食的饲料脂肪，可在瘤胃中发生氢化作用。因此其体脂肪中饱和脂肪酸含量较高。

二、脂类的营养生理功能

（一）脂类是构成动物体组织的重要成分

脂类是动物体各种器官和组织细胞的组成成分，如神经、肌肉、骨骼、皮肤及血液中均含有脂类，主要为磷脂和固醇等。细胞膜由蛋白质和脂类按一定比例组成，膜中脂类以磷脂和糖脂为主。神经磷脂参与脑和外周神经组织的构成。磷脂对动物的生长发育有重要作用，固醇是动物体内合成固醇类激素的重要物质。动物体内的脂肪组织属于储备脂类，由甘油三酯组成，是体内能量供应的主要"仓库"。

（二）脂类是动物体能量的重要原料

1. 脂类是动物体内重要的能源物质

脂肪为高能营养物质，其分子结构中碳和氢的百分含量比碳水化合物高，而氧的含量比碳水化合物低，其热能值是碳水化合物的 2.25 倍，是动物体内储备能量的重要物质。从饲料中摄入的和由体内代谢产生的游离脂肪酸、甘油酯等都是动物维持生命活动和生产的重要能量来源。由于脂肪适口性好、能量含量高，生产中常用添加了脂肪的高能饲料提高生产效率。动物采食量的大小主要取决于饲料有效能值的高低。饲料有效能值高时，动物采食量减小；饲料有效能值低时，动物采食量增大。脂肪热能值高，通过调节饲料中脂肪的含量，既能够改变饲料有效能值，也可以达到调整动物采食量大小的目的。例如，幼龄动物的生长强度很大，要求饲料有效能值相应很高，而采食量又很小，那么，为幼龄动物提供充足能量的理想方式是增加其饲料中脂肪的含量。

2. 脂类的额外能量效应

在饲料中添加脂肪还能产生额外的能量效应。饱和脂肪酸和不饱和脂肪酸间存在协同效应，不饱和脂肪酸能够促进饱和脂肪酸分解代谢；从饲料中摄入的脂肪酸可直接沉积在动物的体脂内，减少由饲料碳水化合物转化成体脂的过程中能量的消耗；脂肪还能延长食糜在消化道中停留的时间，有利于营养物质的吸收。因此，在饲料中用油脂替代部分等能值的碳水化合物和蛋白质后，能够提高饲料的代谢能，减少消化过程中的能量消耗，降低热增耗，增加饲料的净能。这种效应称为脂肪的额外能量效应或脂肪的增效作用。

（三）脂类提供幼龄动物正常生长和健康需要的必需脂肪酸

脂类可为动物提供三种必需脂肪酸，它们是亚油酸（十八碳二烯酸）、亚麻酸（十八碳三烯酸）和花生油酸（二十碳四烯酸）。这三种必需脂肪酸对幼龄动物的健康和生长发育具有重要作用，缺乏这三种必需脂肪酸时，幼龄动物生长停滞，甚至死亡。

（四）脂类是脂溶性维生素的溶剂

饲料中的维生素 A、维生素 D、维生素 E、维生素 K 和类胡萝卜素在有油脂存在的情况下，才能被动物体充分吸收和利用。例如，给母鸡饲喂含 4% 脂肪的日粮，其胡萝卜素的吸收率为 60%，如果将日粮中的脂肪含量降至 0.07%，则胡萝卜素的吸收率降至20%。可见，饲料中含有一定量的脂肪可促进脂溶性维生素的吸收。如果饲料中脂肪不足，可导致脂溶性维生素的缺乏。

（五）脂类是动物产品的组成成分

动物产品，如肉、奶、蛋等均含有一定量的脂肪。肉品中的脂肪含量为 16%～29%，乳汁中的脂肪含量为 16%～68%，一个鸡蛋中约含脂肪 5 g。饲料中缺乏脂肪时，动物产品的形成会受到很大影响，其营养价值降低，风味变差。

（六）脂肪对动物具有保护作用

脂肪不易传热，具有良好的绝热保温性能，因此，动物体内的脂肪组织，特别是皮下脂肪层能够防止体内热能的散失，对动物的御寒越冬具有重要作用，这对于生活在水中的哺乳动物尤为重要。另外，大部分真兽类动物体内都存在高度特化的褐色脂肪组织，在寒冷的刺激下能够主动消耗能量产热。褐色脂肪组织对小型动物适应寒冷环境和初生动物适应子宫外环境是至关重要的。此外，脂肪还有保护动物器官的作用。动物内脏器官，如心脏、肾脏、消化道等周围均填充有脂肪，脂肪组织柔软富弹性，可将这些器官固定于特定位置，并能防止因剧烈运动而导致的内脏器官大幅度摆动和撞击损伤。

第二节 饲料脂肪对动物生产和产品品质的影响

一、饲料脂肪对动物生产的影响

饲料中添加油脂，可以改善饲料的适口性，增加饲料在肠道的停留时间，有利于其他营养物质的消化、吸收和利用。饲料中添加油脂能显著提高动物的生产性能并降低饲养成本，对生长发育快、生产周期短或生产性能高的动物效果更为明显。饲料中添加油脂，可以提高奶牛产量，促进肉仔鸡、仔猪的增重，提高蛋鸡产蛋率，而且可使单位产品的饲料消耗量减少。在妊娠和泌乳母猪的饲料中添加油脂，可增加经产母猪的产奶量，提高仔猪成活率和生长速度。此外，夏季在饲料中添加油脂还能防止动物繁殖能力下降。饲料中脂类物质不足则影响动物生产。例如，仔猪饲料中含 0.12% 的亚油酸可保证仔猪正常发育，而亚油酸含量低于 0.06% 则仔猪出现皮肤损伤、消化不良、甲状腺肿大等缺乏症状；蛋鸡饲料中缺乏亚油酸会使蛋鸡产蛋量和孵化率下降，鸡蛋质量下降，并且影响雏鸡的生长。

过量的不饱和脂肪酸和甘油三酯会抑制瘤胃中的甲烷细菌，使瘤胃中丙酸的产量升高。反刍动物饲料中脂肪含量过高时，饲料纤维颗粒被脂肪包被后，会阻碍细菌对纤维素的消化，从而降低纤维素的消化率。反刍动物饲料的脂肪含量应低于 4%，最好不超过5%。饲料中脂肪含量超过 6%，会影响营养物质的消化利用。另外，用脂肪能量代替糖类能量可增加纤维进食量。对于泌乳母牛来说，饲料中一定数量的脂肪是必需的，日粮中脂肪低于 100 g 会严重影响母牛的产乳量；给高产乳牛饲喂脂肪，能够降低饲料成本，保证乳牛营养需求；在日粮中添加非保护性脂肪直到脂肪占日粮能量的 15% 时，能够增加奶牛泌乳量，但是乳脂量保持不变。

饲料中的脂肪可能会对其他营养物质的吸收产生干扰作用。脂肪酸可能同钙离子、镁离子结合形成不溶解的肥皂，随粪便排出，造成这些矿物质元素和能量的浪费。因此，在饲料中添加油脂时，应提高饲料的钙、镁水平。由于添加脂肪后饲料能量物质的浓度增高，应相应提高其他营养物质的浓度。为防止油脂氧化变质，饲料在储存时应添加抗氧化剂。另外，在饲喂添加油脂的饲料前，应将油脂混合均匀，保证家畜在短时间内采食完毕。

二、饲料脂肪对肉类脂肪的影响

（一）单胃动物

单胃杂食动物消化吸收脂类物质的主要部位是小肠。脂类进入十二指肠后，与大量胆酸盐混合、乳化，大颗粒脂类变成小的乳化颗粒，在胆汁、膜脂肪酶和肠脂肪酶的作用下，水解为甘油和脂肪酸。脂肪酸经肠道吸收，通过血液循环进入单胃动物肝脏和脂肪组织中再合成体脂肪。单胃动物的饲料中脂肪的性质直接影响其体脂肪的品质。在猪的催肥期，饲喂不饱和脂肪含量高的饲料，可使猪体内不饱和脂肪酸的含量升高，脂肪变软，屠宰后容易酸败变质，影响胴体保存，也不适于制作腌肉和火腿等肉制品。而淀粉类能量饲料在动物体内多转换成饱和脂肪酸，因此，为了提高猪体饱和脂肪酸的含量，猪肥育期应少喂脂肪含量高的饲料，多喂富含淀粉的饲料，这样既保证了猪肉的优良品质，又可降低饲养成本。马属动物盲肠中的微生物可以将不饱和脂肪酸氢化成饱和脂肪酸，但是饲料中的大部分不饱和脂肪酸在小肠中会直接被吸收用于合成体脂肪。因此，与单胃杂食动物类似，饲料中不饱和脂肪酸的含量会影响马属动物体脂肪的组成。

（二）反刍动物

反刍动物瘤胃中的微生物会氢化饲料中的不饱和脂肪酸，同时也会合成微生物体脂肪。虽然鲜草中不饱和脂肪酸占总脂肪的 4/5，但在瘤胃微生物的氢化作用下大量的不饱和脂肪酸会转变为饱和脂肪酸，再由小肠吸收后合成体脂肪。因此，反刍动物体脂肪的组成受饲料中脂肪组成的影响较小，其体脂肪中饱和脂肪酸含量很高，肉质较为坚硬。

三、饲料脂肪对乳脂品质的影响

饲料脂肪的性质与乳脂品质密切相关。饲料中的长链脂肪酸在一定程度上可直接进入乳腺，一些饲料脂肪的成分可以不经转变直接形成乳脂。饲料缺乏脂肪时，动物产奶量下降。低熔点植物油食入过多，可导致牛奶中不饱和脂肪酸增多，短链脂肪酸减少，乳脂熔点降低，影响乳脂品质。饲料中添加豆油，脂肪在瘤胃内会水解，长链脂肪酸被释放，降低纤维素酶活性，改变乙酸和丙酸比率，导致乳脂成分降低而产奶量增加。而以油料籽实作为脂肪源时，则可以同时提高产奶量和乳脂量。另外，给奶牛饲喂大豆时黄油质地较软，饲喂大豆饼时黄油质地较为坚实，饲喂大麦粉、豌豆粉时黄油质地则更坚实。

四、饲料脂肪对蛋黄脂肪的影响

蛋黄脂肪的质和量受饲料脂肪影响较大，将近一半的蛋黄脂肪是在卵黄发育过程中，摄取血液脂肪来合成的。一些特殊饲料成分可能会对蛋黄造成不良影响，如硬脂酸进入蛋黄中会产生不适宜的气味。添加植物油可促进蛋黄的形成，继而增加蛋重，也可以在鸡蛋中富集必需氨基酸（如亚油酸等）。

第三节 必需脂肪酸

一、必需脂肪酸的概念

在不饱和脂肪酸中，有几种不饱和脂肪酸，在动物体内不能合成，必须由饲料供给，这些不饱和脂肪酸称为必需脂肪酸。亚油酸（十八碳二烯酸）、亚麻酸（十八碳三烯酸）和花生油酸（二十碳四烯酸）是动物的必需脂肪酸。亚麻酸和花生油酸可通过饲料直接供给，也可通过供给足量的亚油酸在体内转化合成，而亚油酸则只能由饲料供给。因此，动物营养需要中通常只考虑亚油酸。

成年反刍动物的瘤胃微生物能合成上述必需脂肪酸，无须依赖饲料供给，因此反刍动物不存在必需脂肪酸的概念。

二、必需脂肪酸的营养生理功能与缺乏症

必需脂肪酸是动物细胞的组成成分，它参与磷脂合成，并以磷脂形式出现在细胞中。当动物缺乏必需脂肪酸时，会影响磷脂代谢，造成膜结构异常，皮肤细胞对水的通透性增强，体内水分经皮肤损失增加；膜中脂蛋白的形成和脂肪的转运受阻；毛细血管变得脆弱和通透性增高，引起皮肤病变，出现水肿和皮下出血，以及角质鳞片。

必需脂肪酸是合成类二十烷的前体物质。类二十烷的作用与激素类似，但又无特殊的分泌腺，不能储存于组织中，也不随血液循环转移，而是绝大多数的组织都可产生，仅在局部作用以调控细胞代谢，因此是类激素。类二十烷包括前列腺素、凝血恶烷、环前列腺素和白三烯等，它们都是必需脂肪酸的衍生物。必需脂肪酸是动物体内合成前列腺素的原料。前列腺素是一组与必需脂肪酸有关的化合物，是由亚油酸合成的，它可控制脂肪组织中甘油三酯的水解过程。必需脂肪酸缺乏会影响前列腺素的合成，导致脂肪组织中脂解作用的速度加快。

必需脂肪酸与类脂肪代谢密切相关。胆固醇必须与必需脂肪酸结合，才能在动物体内正常转运和代谢。如果缺乏必需脂肪酸，则胆固醇将与一些饱和脂肪酸结合，不能在体内正常转运，从而影响动物体的代谢过程，使动物免疫力下降、生长受阻。

必需脂肪酸还与动物的繁殖功能有关。日粮中长期缺乏必需脂肪酸，公猪精子形成受到影响，母猪出现不孕症；公鸡睾丸变小，第二性征发育迟缓；产蛋鸡所产的蛋变小；种鸡产蛋率降低，受精率和孵化率下降，胚胎死亡率上升；奶牛产奶减少，甚至死亡。

三、动物必需脂肪酸的来源和供给

非反刍动物和幼龄反刍动物，可从饲料中获取所需要的必需脂肪酸。日粮中亚油酸

含量达 1.0%，即能满足禽类的需要。种鸡和肉鸡亚油酸的需要量可能更高，各阶段猪的
亚油酸需要量为 0.1%。亚油酸的主要来源是植物油。玉米、大豆、花生、菜籽、棉籽等
饲料中富含亚油酸。以玉米、燕麦为主要能源或以谷类籽实及其副产品为主的饲料都能
满足动物对亚油酸的需要。需要注意的是，猪、鸡采食不饱和脂肪酸含量较高的饲料后
会形成软脂，胴体不易保存。因此，猪日粮中的玉米量不应超过 50%，而幼龄动物、生
长快的动物和妊娠动物需另外补饲。

　　成年反刍动物瘤胃中的微生物所合成的脂肪中，亚油酸含量丰富，在正常饲养条件
下，能满足动物需要而不会产生必需脂肪酸的缺乏。幼年反刍动物因瘤胃功能尚不完善，
需从饲料中摄取必需脂肪酸。

本章小结

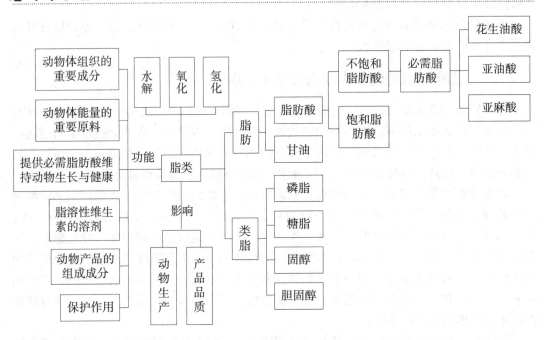

思考题

1. 简述脂类的营养生理功能。
2. 什么是必需脂肪酸，有哪几种？其主要营养生理功能有哪些？
3. 饲料脂肪在反刍动物与单胃动物体内的转化有何异同？
4. 举例说明在动物饲料中添加油脂有何作用。

第五章

能量与动物营养

学习目标

1. 掌握能量的概念与衡量单位、来源，能量在动物体内的转化过程。
2. 熟悉能量的饲料利用效率和动物的能量评定体系。
3. 了解能量的测定方法、能量在动物生产中的作用和提高饲料能量利用效率的措施。

动物利用的能量是储存于饲料营养物质分子化学键中的化学能。饲料中的化学能是由太阳能转化而来的，即植物通过光合作用合成碳水化合物、脂肪、蛋白质等有机物，使光能转变成化学能储存起来。动物维持生命及生产产品所需的能量主要来源于饲料中的碳水化合物、脂肪和蛋白质。

第一节　能量概述

一、能量的概念与衡量单位

动物利用的能量是储存于饲料营养物质分子化学键中的化学能。能量的衡量单位用焦耳（J）、千焦耳（kJ）、兆焦耳（MJ）表示。在营养学研究中，一般用千焦耳、兆焦耳作为能量的衡量单位。

二、能量的来源

饲料能量主要来源于碳水化合物、脂肪和蛋白质。哺乳动物饲料和禽饲料能量的最主要来源是碳水化合物，这是因为碳水化合物在常用植物性饲料中含量最高，来源丰富。脂肪的有效能值约为碳水化合物的 2.25 倍，但在饲料中的含量较少，不是饲料能量的主要来源；蛋白质用作能量的利用效率比较低，并且蛋白质在动物体内不能完全氧化，氨基酸脱氨产生的氨过多，对动物机体有害，不宜作为能源物质使用。此外，当动物处于绝食、饥饿、产奶、产蛋等状态，来源于饲料的能量难以满足机体需要时，也可依次动用体内储存的糖原、脂肪和蛋白质来供能。但是，这种由体组织先合成后降解的供能方式，效率低于直接用饲料供能的效率。

三、能量的测定方法

饲料能量是用氧弹式测热计来测定的（见图 1-7 和图 1-8）。饲料或营养物质在氧弹式测热计中完全燃烧释放出的能量叫作总能，单位饲料或营养物质完全燃烧所释放出的能量称为能值。动物所需的能量来源于碳水化合物、脂肪、蛋白质，经测定这三种有机物的能值（kJ/g）分别为碳水化合物 17.35 kJ/g、蛋白质 23.64 kJ/g、脂肪 39.54 kJ/g。这些是体外燃烧测定的能值，这些能值能否代表三大有机物在动物体内彻底氧化所释放的能量呢？根据热力学的观点，经任何氧化作用释放出的能量只取决于反应物及其终产物，而与环境或反应进行的中间步骤无关。在测定碳水化合物、脂肪时，无论是体外燃烧还是体内氧化，其反应物与终产物是一样的，因此脂肪和碳水化合物用体外燃烧法测定的能值可以代表体内氧化所释放的能量。而蛋白质体外燃烧和体内氧化的终产物不同，其体外燃烧的终产物为二氧化碳、水、氨气、氮气，而体内氧化的终产物为二氧化碳、水、尿素（尿酸）、肌酸酐等。尿素（尿酸）、肌酸酐中含有能量，因此体外燃烧法测出的能值高于体内氧化法，即体内氧化比体外燃烧测得的能值少 5.44 kJ/g，所以蛋白质的能值应为 18.2 kJ/g。

图 1-7　氧弹式测热计

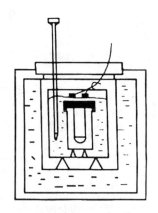

图 1-8　氧弹内部构造

第二节 能量在动物体内的转化和利用

一、能量在动物体内的转化过程

饲料中的能量经过消化代谢，部分以粪、尿、气体及体增热形式排出体外，剩余的部分用于维持正常的生命活动和生产。根据物质和能量守恒定律，饲料能量在动物体内的转化过程见图 1-9。

（一）总能

总能（gross energy，GE）也叫粗能，是指饲料样品在氧弹式测热计中完全燃烧释放出的能量。饲料总能的大小受饲料中脂肪含量影响比较大，脂肪含量高，总能也比较高。

（二）消化能

动物采食饲料的总能减去粪能（feces energy，FE）即消化能（digestible energy，DE），用公式表示为 DE = GE − FE。

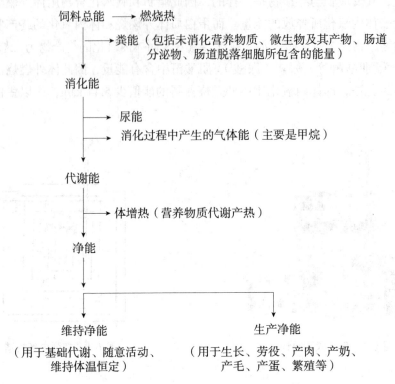

图 1-9　饲料能量在动物体内的转化过程

饲料被动物采食后，其中一部分营养物质未被动物消化吸收，而随粪便排出体外，这部分营养物质所含的能量称为粪能。动物粪便中除了含有饲料中未被消化的营养物质外，还混有微生物及其产物、肠道分泌物和肠道脱落细胞等。这些物质也含有能量，称为代谢粪能（fecal energy from metabolic origin product，FmE）。由于粪能没有将代谢粪能减去，由此得出的消化能又叫作表观消化能（apparent digestible energy，ADE），饲料营养价值和饲养标准中列出的消化能一般为表观消化能。从粪能中扣除代谢粪能而得出的消化能叫作真消化能（true digestible energy，TDE）。测定消化能必须进行消化试验，禽类一般粪尿难以分开，因此不进行消化能的测定。饲料中消化能的含量一般用每千克饲料干物质中所含的消化能来表示，计算公式如下：

$$ADE（千克/千克干物质）= \frac{GE（kJ）- FE（kJ）}{饲料干物质进食量（kg）}$$

$$TDE（千克/千克干物质）= \frac{GE（kJ）-（FE-FME）（kJ）}{饲料干物质进食量（kg）}$$

（三）代谢能

代谢能（metabolizable energy，ME）是指总能减去粪能、尿能（urinary energy，UE）、消化道气体能（energy in gaseous products of digtstion，Eg）后的剩余能量，即可被动物体利用的营养物质中所含的能量。尿能是指被吸收的饲料营养成分在代谢过程中所产生的不能被机体利用的副产物，主要是尿素、尿酸等含氮物质所含的能量。因为这些物质随尿排出体外，所以所含能量称为尿能，但尿中还含有体蛋白代谢所产生含氮化合物，这部分物质中所含的能量称为尿代谢能（urinary metabolizable energy，UME），通常所测的尿能中包括这部分能量。因此，代谢能同消化能一样分为表观代谢能和真代谢能，一般采用表观代谢能。消化道气体主要为甲烷，甲烷燃烧后所释放出的能量称为甲烷气体能。单胃动物消化道产生的甲烷气体比较少，因此一般忽略不计。反刍动物消化道产生的甲烷气体多少与所采食饲料的性质及饲养水平有关，日粮中碳水化合物含量高时，甲烷气体产生比较多。

（四）净能

净能（net energy，NE）是指饲料中用于维持动物生命和生产产品的能量。它等于饲料中代谢能减去食后的体增热（heat increment，HI）。体增热又称为食后增热，是指绝食动物给饲日粮后短时间内，体内产热高于绝食代谢产热的那部分热能。产生体增热的原因：第一，动物采食饲料后，消化道消化吸收营养物质产热，如咀嚼饲料、消化道肌肉活动、营养物质吸收、未被消化部分排出、内分泌系统和循环系统功能增加等都会产热；第二，消化道微生物发酵产热。一般反刍动物体增热大于非反刍动物，饲料中蛋白质含量高，动物的体增热也高。

饲料中的净能又分为维持净能（net energy for maintenance，NEm）和生产净能（net energy for production，NEp）。维持净能是用于基础代谢、维持体温和随意活动的能量；生产净能是指用于形成各种动物产品，如增重、产奶、产毛、产蛋、繁殖后代、劳役等的能量。

二、能量在动物生产中的作用

能量对动物非常重要，只有满足了动物的能量需要，蛋白质、维生素、矿物质元素等营养物质才能在动物体内发挥正常生理作用，否则会影响动物的生产和健康。动物有为能而食的本能，尤其是单胃动物，特别是禽类，在一定能量范围内，当日粮能量含量高时采食量减少，日粮能量含量低时采食量增加。当然这种调节能力是有限的，因为单胃动物，特别是禽类的消化道容积是有限的，不可能无限制地采食饲料。因此，当日粮能量低于一定水平时，动物食入的能量就会减少；日粮能量过高对生产和动物健康也会有不利影响。因此，确定适当的能量水平对动物的健康和生产是十分重要的。能量又是限制其他营养物质的因素，因此日粮中的营养物质应随能量含量高与低而降低或增加。

三、饲料能量的利用

（一）饲料能量的利用效率

一般用产品中所含能量与食入饲料中所含能量的比率关系表示饲料能量的利用效率。由于用于维持和生产时的效率不一样，饲料能量的利用效率常用能量总效率和能量净效率表示。

能量总效率是指产品中所含的能量与进食饲料的有效能（消化能或代谢能）之比。能量净效率是指产品中所含的能量与用于形成产品的饲料有效能之比。能量总效率和能量净效率的计算公式如下：

$$能量总效率 = \frac{产品能值}{食入有效能值} \times 100\%$$

$$能量净效率 = \frac{产品能值}{食入有效能值 - 维持用有效能值} \times 100\%$$

（二）动物的能量评定体系

消化能、代谢能、净能称为饲料中的有效能，有效能转化为产品净能的效率不同。不同种类、品种、性别、年龄的动物对同一饲料的有效能的利用率不一样。例如，猪、禽代谢能用于生长肥育的效率高于反刍动物，公畜对能量的利用效率高于母畜。另外，饲料有效能用于维持需要时的效率最高，用于生产产品的效率从大到小排列为产奶、生长肥育、妊娠和产毛。同时大量试验证明随着饲养水平的提高，用于维持需要的有效能相对减少，而用于生产的有效能相对增加。

我国在生产实践中，对于日粮中的能量含量，一般猪用消化能来表示，鸡用代谢能来表示，而反刍动物用净能来表示。

（三）提高饲料能量利用效率的措施

1. 确切满足动物需要

给动物配置全价日粮，即根据动物具体情况，参照饲养标准，满足其对能量、蛋白质、矿物质元素和维生素等各种营养物质的需要，尤其应供给氨基酸平衡的蛋白质及适宜水平的粗纤维。

2. 减少维持需要

维持需要是指动物在维持生命活动而不产生任何动物产品的情况下，对各种营养物质的需要，属于无效生产需要。一般情况下，动物处于等热区或在生产状态下，能量维持需要少。其前提是尽量减少不必要的运动；冬季防寒，夏季防暑，创造温度适宜的饲养水平；合理组群，防止疾病发生。

本章小结

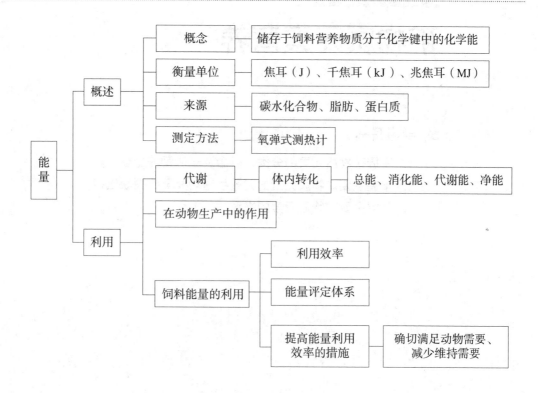

思考题

1. 总能、消化能、代谢能、净能、能量总效率、能量净效率的概念是什么？
2. 能量在动物体内是如何转化的？
3. 净能包括哪些方面？各有何用途？
4. 为什么能量对动物生产有重要作用？

第六章

矿物质元素营养

📖 **学习目标**

1. 掌握矿物质元素的分类、概念及一般营养生理功能。
2. 掌握主要矿物质元素的营养生理功能及典型缺乏症。
3. 了解主要矿物质元素的来源。

矿物质因最初源于矿物而得名，多以化合物的形式存在，有些是天然物，如石粉等；有些是人类采用一定的化学工艺制得的产品，如一水硫酸亚铁、五水硫酸铜、一水硫酸锌、一水硫酸锰、亚硒酸钠、碘化钾、甘氨酸铁等；还有些是人类用动物的某些组织制得的产品，如贝壳粉、骨粉等。矿物质元素包括钙（Ca）、磷（P）、钾（K）、钠（Na）、镁（Mg）、碳（C）、硫（S）、铁（Fe）、锌（Zn）、锰（Mn）、铜（Cu）、钴（Co）、碘（I）、硒（Se）、钼（Mo）、氟（F）、硅（Si）、铬（Cr）、砷（As）、镍（Ni）、矾（V）、镉（Cd）、锡（Sn）、铅（Pb）、锂（Li）、硼（B）、溴（Br）等。饲料经燃烧后，即得灰分或称为矿物质。由于用燃烧法测得的灰分不仅源于饲料，而且源于饲料杂质，如砂石等，故又将其称为饲料粗灰分。矿物质元素在动物体内的含量与类别见表1-3。

表1-3　矿物质元素在动物体内的含量与类别

矿物质元素	在动物体内含量	类别
Ca	1% ~ 9%	常量元素
P、K、Na、S、Cl	0.1% ~ 0.9%	常量元素
Mg	0.01% ~ 0.09%	常量元素
Fe、Zn、F、Mo、C	0.001% ~ 0.009%	微量元素
Br、Si、Cs、I、Mn、Pb 等	0.000 1% ~ 0.000 9%	微量元素
Cd、B 等	0.000 01% ~ 0.000 09%	微量元素
Se、Co、Cr、As、Ni、Li、Ge 等	0.000 001% ~ 0.000 009%	微量元素

资料来源：周明. 动物营养学教程. 北京：化学工业出版社，2014.

在动物营养范畴内，矿物质元素是指饲料和动物机体中有机成分以外的全部无机元素的总和。矿物质元素存在于动物体的各种组织中，广泛参与体内各种代谢过程，如参与调节细胞的渗透压，维持机体的正常生理功能，是生命必需的物质。矿物质元素不能在动物体内合成，不能相互转化或代替，也不能在体内代谢过程中消失，每天均有一定量矿物质元素经各种途径排出体外，故必须从饲料和水中供给。日粮中矿物质元素不足或过量，都会影响动物健康，严重时会发生中毒、疾病，甚至死亡。

[第一节] 矿物质元素营养概述　⏷

一、动物体内矿物质元素的分类

在动物营养学范畴内，根据矿物质元素在动物体内的含量，可将其分为两类：常量元素和微量元素。

（1）在动物体内含量为 0.01% 以上的各种矿物质元素称为常量元素或宏量元素。这类元素包括钙、磷、钾、钠、镁、硫、氯。

（2）在动物体内含量低于 0.01% 的矿物质元素称为微量元素。微量元素一般是酶系统的激活剂或有机化合物的成分，因此其需要量很少。微量元素包括铁、铜、钼、钴、锰、硒、碘、锌、钒、硅、氟、镉、锡、砷、铅等。

也有文献认为，在动物体内低于 50 毫克 / 千克体重的矿物质元素为微量元素，其他矿物质元素为常量元素。

根据生物学功能可将矿物质元素分为三类：必需元素、非必需元素、有毒元素。

（1）必需元素。必需元素主要是指动物缺乏时会引起生理功能和组织结构异常，从而导致各种疾病和病变的矿物质元素。动物缺乏必需元素时，在生产方面可表现为生长缓慢、生产和繁殖能力下降、经济效益降低等。

现今已知，动物的必需常量元素有钙、磷、钾、钠、镁、硫、氯 7 种。动物的必需微量元素有铁、铜、钴、锌、锰、硒、碘、钼、氟、铬、镉、硅、钒、镍、锡、砷、铅、锂、硼、溴 20 种。后 10 种是已知必需元素中动物需要量的较低者，生产上基本不会出现这些元素的缺乏症。

（2）非必需元素。动物体内还有一些矿物质元素，不完全符合必需元素的要求，且在体内还未表现出明显的毒害作用，现在对它们的生理功能还未完全了解，因此将它们暂时列为非必需元素之列，如铝、银、锗、铷、金、铌、钡、锆等。

（3）有毒元素。有些元素对机体有明显的毒害作用，它们在体内的储存量虽少，但可使动物发生慢性中毒，如锑、铋、铍等。

事实上，这样的划分也反映了某一时期的知识状态。现已证明过去分为"必需的"和"有毒的"元素并不正确，因为所有元素的毒性是固有的，与其同生物物质接触的浓度有关。例如，早先认为硒是有毒元素，而在 1957 年确定了它的营养作用。

二、矿物质元素的一般营养生理功能

矿物质元素虽然在动物机体中所占比例小，却是动物体不可缺少的成分，并有极为

重要的营养作用。虽然各元素的功能不同，但从总体功能上可归纳如下。

（1）矿物质元素是构成动物体组织的重要成分。

钙、磷、镁等是构成骨髓和牙齿的主要成分。磷和硫是组成体蛋白的重要成分。有些矿物质元素存在于毛、蹄、角、肌肉、体液及组织器官中。

（2）矿物质元素参与酶组成及其活性的调节。

含铜的酪氨酸酶在催化酪氨酸转化为黑色素的过程中起重要作用。磷是辅酶Ⅰ、辅酶Ⅱ和焦磷酸硫胺素酶的成分，铁是细胞色素酶等的成分，氯是胃蛋白酶的激活剂，钙是凝血酶的激活剂等。矿物质元素借此参与调节和催化动物体内的多种生化反应。

（3）矿物质元素在维持体液渗透压恒定和酸碱平衡上起重要作用。

动物的体液中，1/3是细胞外液，2/3是细胞内液，细胞内液与细胞外液间的物质交换，必须在等渗情况下才能进行。维持细胞内液渗透压的恒定主要靠钾，而维持细胞外液渗透压的恒定则主要靠钠和氯。动物体内各种酸性离子（如 Cl^-）与碱性离子（如 K^+、Na^+）之间保持适宜的比例，配合重碳酸盐和蛋白质的缓冲作用，即可维持体液的酸碱平衡，从而保证动物体的组织细胞进行正常的生命活动。

（4）矿物质元素是维持神经和肌肉正常功能所必需的物质。

钾和钠能促进神经和肌肉的兴奋性，而钙和镁能抑制神经肌肉的兴奋性，各种矿物质元素，尤其是钾、钠、钙、镁离子保持适宜的比例，即可维持神经和肌肉的正常功能。

（5）矿物质元素是乳蛋产品的成分。

牛奶干物质中含有 58% 的矿物质元素。钙是蛋壳的主要成分，蛋白和蛋黄中也含有丰富的矿物质元素。

三、动物对矿物质元素的需要与矿物质元素的供给

（一）动物对矿物质元素的需要

动物对矿物质元素的需要量受动物的性别、年龄、生理状况及矿物质元素的存在状态、各种矿物质元素间的相互作用等多种因素的影响。因此，在确定矿物质元素的需要与供给量时，除应准确掌握动物体的需要量外，还要考虑其他影响因素。

（二）供给常用饲料可提供动物需要的矿物质元素营养

由于不同饲料所含矿物质元素不同，而且不同动物对矿物质元素的需要也不同，因此常用饲料不一定都能满足动物需要。非反刍动物常是钙、磷、钠、氯不足，铁、锌、铜、锰、碘处于临界缺乏或缺乏状态，硒、氟、钼缺与不缺具有地区性。反刍动物常是钙、磷、钾、镁、硫不足，铁、铜、碘、钴、锰处于临界缺乏或缺乏状态，锌有时可能不足，硒、氟、钼缺与不缺同样具有地区性。

现代动物生产中，由天然饲料配制成的日粮不能满足需要的部分，一般都用矿物质

饲料或微量元素添加剂来补足。

由于矿物质元素具有不稳定性和易结合的特点，发生相互作用的可能性比其他营养物质大。这种相互作用包括协同作用和拮抗作用，生产中应注意其相互间的抑制，如磷、镁、锌、铜相互抑制，钾对锌、锰有抑制作用，钠、钴、铜抑制铁等，因此，配制饲料时必须保证矿物质元素之间的平衡。

第二节　常量元素营养

一、钙和磷

钙和磷是机体内含量最多的常量元素，占动物平均体重的 1%~2%。动物体内 98%~99% 的钙和 80% 的磷存在于骨髓和牙齿中，其余存在于软组织和体液中。

（一）钙、磷的营养生理功能

1. 钙对动物的营养作用

（1）钙为结构物质，如钙是骨和牙的主要组分，主要以结晶形式存在，对动物起支持保护作用。

（2）钙能控制神经递质的释放，调节神经细胞的兴奋性。

（3）钙可通过神经－体液调节，改变细胞膜通透性；钙进入细胞内可触发肌肉收缩。

（4）钙是血凝过程中一系列酶的激活剂。

（5）钙能促进胰岛素、儿茶酚胺、肾上腺皮质醇的分泌。

（6）钙具有自身营养调节功能。在外源钙不足时，沉积钙特别是骨钙可被大量动员，维持代谢需要。此功能对产蛋、泌乳、妊娠动物十分重要。

（7）钙是补体的激活剂，对免疫系统有积极作用。

（8）钙离子能促进精子细胞的糖酵解，从而增强精子的活动。钙离子还能促进精子和卵子的结合，以及精子穿过卵细胞透明带。但是，钙离子浓度过高会对精子活动产生不良影响。

（9）钙作为信号物质参与多种生命活动的调控，如钙参与基因表达的调控过程。

2. 磷对动物的营养作用

（1）磷为骨骼和牙的组分，也是体液的重要组分。

（2）磷为三磷酸腺苷（adenosine triphosphate，ATP）和磷酸肌酸（creatine phosphate，CP）等的组分，参与能量代谢，也是底磷酸化的重要参与者。

（3）在脂类吸收转运过程中，磷是构成磷酸酯的重要物质。

（4）磷为生命遗传物质 DNA、RNA 和一些酶的组分。

（5）磷为磷脂（如卵磷脂、脑磷脂和丝氨酸磷脂等）的组分，而磷脂是生物膜的结构物质。

（6）磷参与维持体内酸、碱平衡，如磷酸氢二钠、磷酸二氢钠缓冲体系具有酸、碱缓冲作用。

（二）钙、磷缺乏症与过量的危害

1. 钙、磷缺乏症

动物体内钙和磷不足时会出现相应的缺乏症，尤其是猪、禽最易出现缺乏。钙、磷缺乏症主要表现为食欲缺乏或废食，生产力下降，缺磷时更为明显；消瘦、生长停滞；母畜不发情或屡配不孕，并可导致永久性不育，或产畸胎、死胎，产后泌乳量减少；公畜性功能降低，精子发育不良、活力差；母鸡产软壳蛋或蛋壳破损率高，产蛋率和孵化率下降。

动物缺乏钙、磷易患异嗜癖，表现为喜欢啃食泥土、砖、石等异物，互相舔食被毛或咬耳朵，母猪吃仔猪，母鸡啄食鸡蛋壳，等等。动物缺磷时异嗜癖表现更为明显。

幼年动物缺乏钙、磷易患佝偻症，表现为正在生长的骨端软骨不能钙化，骨端变粗，四肢关节肿大，骨骼弯曲变形；幼猪多呈犬坐姿势，严重时后肢瘫痪；犊牛四肢畸形、弓背。幼年动物在冬季舍饲期，喂以钙少磷多的精料，又很少接触阳光时最易出现这种症状。

成年动物缺乏钙、磷易患软骨症。当饲料中缺少钙、磷或比例不当时，为供给胎儿生长或满足产奶、产蛋的需要，动物不得不动用骨髓中的储备而出现骨骼病变。此症常发生于妊娠后期与产后母畜、高产奶牛和产蛋鸡。哺乳母猪缺钙或缺磷易瘫痪，高产乳牛缺钙容易发生产后瘫痪。役牛缺钙越冬后春天表现腰硬，掉头时腰不敢弯曲，春耕时使役一天即疲劳。家禽缺钙蛋壳变薄、粗糙、脆弱，甚至产软壳蛋，产蛋量明显下降。幼猪缺钙多呈犬坐姿势，高产乳牛缺钙发生产后瘫痪。

2. 钙、磷过量的危害

一般情况下，由于钙、磷过量直接造成动物中毒的情况少见，但超过一定限度，则可造成有害的影响。高钙与磷、镁、铁、碘、锌等相互作用可导致这些元素缺乏而出现缺乏症。生产中进行钙、磷比例调整时，钙过高可使磷的吸收量下降而导致幼畜出现佝偻病；过量钙还可引起内脏结石、关节腔结石等钙沉积，从而引起一系列病变。磷过多，可使血钙降低。为了调节血钙，机体会刺激甲状旁腺，使激素分泌增多而引起甲状旁腺功能亢进，致使骨中磷大量分解，易产生跛行或长骨骨折。

（三）钙、磷的吸收及影响因素

饲料中的钙和无机磷可以直接被吸收，而有机磷则需经过酶水解成为无机磷后才能被吸收。钙、磷的吸收须在溶解状态下进行，因此，凡是能促进钙、磷溶解的因素都能促进钙、磷的吸收。

（1）在酸性环境中，饲料中的钙可与某些酸性物质（如胃液中的盐酸、一些氨基酸）形成可溶性钙盐，有利于动物对钙的吸收。小肠前段为弱酸性环境，是饲料中钙和无机磷吸收的主要场所。小肠后段偏碱性，不利于钙、磷的吸收。因此，增强小肠酸性有利于钙、磷的吸收。蛋白质在小肠内水解为氨基酸，乳糖、葡萄糖在小肠内发酵生成乳酸，均可增强小肠酸性，促进钙、磷吸收。胃液分泌不足，则影响钙、磷吸收。

（2）饲料中的钙、磷比例在 1∶1~2∶1 范围内有利于钙、磷的吸收。如果钙过多，将与饲料中的磷更多地结合形成磷酸钙沉淀；如果磷过多，同样也与更多的钙结合形成磷酸钙沉淀。形成的磷酸钙沉淀随粪便排出体外。因此，饲料中钙过多易造成磷的不足，磷过多又造成了钙的缺乏。实践证明，即便饲料中钙、磷含量充足，但若比例不当，同样会使动物产生软骨症。不同动物对不适宜的钙、磷比例的忍受力不同，非反刍动物不能忍受大于 3∶1 的钙、磷比例，却能忍受小于 1∶1 的钙、磷比例；反刍动物能忍受 7∶1 的钙磷比例，但当钙、磷比例小于 1∶1 时，会产生生长减慢的现象。

（3）饲料中的维生素 D 可促进肠道对钙的吸收，其机制是维生素 D 作用于肠道黏膜刷状缘而分泌一种钙结合蛋白，通过该蛋白对钙的高亲和力来增加对钙的吸收作用。

（4）饲料中的植酸、草酸与钙结合形成不溶解的钙盐，过多的脂肪与钙结合形成钙皂，都会阻碍机体对钙的吸收。反刍动物瘤胃微生物可分解草酸，因此，当草酸盐含量不高时，不会影响其对钙的吸收。谷实类及加工副产品中的磷，大多以植酸（肌醇六磷酸）或植酸钙镁磷复盐的有机磷形式存在，单胃动物对它的水解能力较弱，很难将它吸收。以谷实类、麸皮类饲料为主的单胃动物日粮中，应适当补加无机磷。反刍动物瘤胃中的微生物水解植酸磷的能力很强，不影响其对钙、磷的吸收。

单胃动物对植酸磷的利用率低，因此对猪和家禽又提出有效磷的供应问题。有效磷又称为可利用磷。一般认为，矿物质饲料和动物性饲料中的磷 100% 为有效磷，而植物性饲料中的磷 30% 为有效磷。为满足单胃动物对磷的需要，最好使无机磷的比例占总磷需要量的 30% 以上。

（四）钙、磷的来源与供应

植物性饲料中钙的含量均较低，且其含量与植物的成熟期、土壤的 pH、土壤中钙的绝对浓度有关。在植物性饲料中，豆科植物（如大豆、苜蓿草、花生秧等）含钙最为丰富，禾谷类籽实和糠麸类中缺钙但含磷较多；而动物性饲料，如鱼粉、肉骨粉等钙、磷含量均高。

在畜禽饲料的配制过程中，尤其是泌乳牛与产蛋母鸡的饲料，必需另外给予钙剂（如石粉、磷酸氢钙、骨粉、贝壳粉等）以满足其生产需要，发挥其生产潜力。但同时要调整钙、磷的比例为 1：1～2：1，以提高动物对钙的利用率。另外，还要加强动物的舍外运动，多晒太阳，使动物被毛、皮肤、血液等中的 7-脱氢胆固醇大量转变为维生素 D_3，或在饲料中添加维生素 D_3。对于优良珍贵的种用动物可采用注射维生素 D_3 和钙制剂或口服鱼肝油的办法，起预防和治疗作用。

植物性饲料中以谷实副产品含磷最为丰富，如小麦麸可达 1%，米糠为 1.04%～1.5%，然而其中的 75% 为很难为单胃动物所利用的植酸磷，其他植物性饲料中含磷更低。动物性饲料中含磷较丰富。饲料中有效磷不足时可以骨粉、脱氟磷酸钙作为补充，单纯缺磷时添加植酸酶以弥补单胃动物植酸酶的缺乏，可使植酸磷的利用率大大提高。

二、钠和氯

钠和氯主要分布于动物体液和软组织中。

（一）钠、氯的营养生理功能

钠、氯的主要营养生理功能是维持体液的渗透压和调节酸碱平衡，控制水的代谢。钠与其他离子一起参与维持正常肌肉神经的兴奋性，并参与神经冲动的传递；以重碳酸盐形式存在的钠，可抑制反刍动物瘤胃中产生过多的酸，为瘤胃微生物活动创造适宜环境；氯为胃液盐酸的成分，能激活胃蛋白酶，活化唾液淀粉酶，有助于消化。盐酸可保持胃液呈酸性，具有杀菌作用。

（二）钠、氯缺乏症与过量的危害

动物缺乏钠、氯时常表现为食欲和消化功能减退，生长迟缓，生产力下降；并有掘土毁圈、喝尿、舔脏物、猪相互咬尾巴等异嗜癖。役畜在重役或炎热情况下，由于出汗排出了大量的钠和氯，可发生急性食盐缺乏症，表现为神经肌肉活动失常，心脏功能紊乱，甚至死亡。产蛋鸡缺钠，产蛋率下降，体重减轻，易形成啄食癖等现象。

对于钠、氯过量问题，一般情况下动物自身能调节钠摄入，食盐任食也不会有害。各种动物耐受食盐的能力都比较强，供水充足时耐受力更强。动物在竞争饲料条件下或缺盐动物在食盐任食情况下易产生食盐中毒。食盐中毒的表现是拉稀，极度口渴，产生类似脑膜炎样的神经症状。

在仔猪饲料中加入 0.3 kg 食盐，任其自由饮水，未见中毒；如限制饮水，则立即发生中毒，表现为全身颤抖、运动不协调、兴奋时在地上转圈、口吐白沫等神经症状，严重者虚弱、失明，最后麻痹、昏迷而死。鸡食盐中毒表现为气管分泌物增多，呼吸时发出呼噜声，心率加快，神经质，肝、肾、脾、肾上腺、心、肺及中枢神经系统产生变性，并发生胃肠炎症等。因此，饲喂动物时要控制食盐供给量。一般猪的食盐供给量为混合精料的 0.25%~0.5%，鸡的食盐供给量为 0.35%~0.37%（但必须把含食盐量高的饲料中的含盐量计算在内）。将食盐压碎后，均匀地混拌在饲料中饲喂。由于动物性饲料及盐酸赖氨酸用量的增加，猪禽饲料中食盐用量降低，而用小苏打可补充钠离子的不足。

食草动物不易发生食盐中毒，可自由舔食。通常乳牛的食盐致死剂量为 1.5~3.0 kg，猪的食盐致死剂量为 0.13~0.25 kg。成年家畜对食盐的耐受力高于幼龄家畜。干乳期牛羊能耐受含盐量为 1~2 kg 的水，猪能耐受含盐量为 1 kg 的水，马饮水中含盐量不应超过 6 kg，雏禽仅能耐受含盐量为 0~4 kg 的水。食盐量为 5 kg 时，可造成雏鸡大批死亡及母鸡产蛋量下降。

含盐量高的水，若同时存在高浓度的镁离子，则提高了钠离子对家畜的毒性。高温、缺水、采食干料均能降低家畜对过量钠的耐受力。

（三）钠、氯的来源与供应

除鱼粉和肉骨粉等动物性饲料外，大多数饲料中钠和氯的含量较少。植物中除盐生植物和藜科植物外，一般青饲料干物质平均含钠量为 0.4~0.7 mg/kg；禾谷籽实饲料和油饼、粕中含钠量更少。因此，补饲食盐能同时为动物补充钠和氯两种元素。

三、钾

钾主要分布于动物体液、肌肉和软组织中。

（一）钾的营养生理功能

钾与钠、氯协同发挥营养作用，共同调节渗透压和保持酸碱平衡。另外，钾参与蛋白质和糖类的代谢，可维持神经和肌肉兴奋性。

（二）钾缺乏症与过量的危害

植物性饲料，尤其是幼嫩植物中含钾丰富，因此，常食草的动物不会缺钾。大量饲喂酒糟、甜菜渣的反刍动物，由于酒糟、甜菜渣中的钾含量十分有限，有可能会发生缺钾症状。动物缺钾时表现为肌肉虚弱、厌食、痉挛或麻痹。钾过量会影响钠、镁的吸收，甚至引起"缺镁痉挛"。

四、镁

镁主要存在于骨骼中，其余的多分布于软组织细胞中。

（一）镁的营养生理功能

镁的主要营养生理功能是构成骨髓和牙齿。此外，镁还具有抑制神经和肌肉兴奋性及维持心脏正常功能的作用；镁为体内多种酶的激活剂，如焦磷酸酶、胆碱酯酶、三磷酸腺苷酶和肽酶等；镁还参与遗传物质 DNA 和 RNA 的合成。

（二）镁缺乏症与过量的危害

动物体内缺镁，以牛、羊最为敏感，其次为猪等。反刍动物需镁量高，故镁缺乏症主要见于反刍动物。非反刍动物需镁量低，约占日粮的 0.05%，一般饲料均能满足需要，故猪、禽等不需要另外补饲。

反刍动物缺镁症可分为两种类型。一种类型是长期饲喂缺镁饲料，以致体内储存的镁消耗殆尽而发生的缺镁症，其主要症状为痉挛，故也称为"缺镁痉挛症"。这种类型的缺镁症主要发生于土壤中缺镁的地区的犊牛和羔羊。另一种类型是早春放牧的反刍动物由于采食含镁量低、吸收率又低的青牧草而发生的缺镁症，称为"青草痉挛"，其主要表现为神经过敏，肌肉痉挛，呼吸弱，抽搐，甚至死亡。幼龄犊牛在食用低镁代乳料时，会出现低血镁，其临床症状与"青草痉挛"相似。

镁过量可使动物中毒。动物发生镁中毒的主要表现有：采食量减少，生长速度下降，腹泻，昏睡，甚至死亡。另外，镁过量易导致动物产生肾结石、胆结石及动脉硬化等。鸡日粮含镁过高时，表现为生长缓慢，产蛋率下降，蛋壳变薄。在生产实践中，含镁添加剂混合不均时也可导致中毒。猪对镁的需要量为 0.04%；肉用仔鸡、鸭在生长前、中、后期对镁的需要量均为 0.057 5% ~ 0.06%；蛋鸡在 0 至 8 周龄、9 至 18 周龄、19 周龄至开产、开产至高峰期（产蛋率 ≥ 85%）、高峰期后（产蛋率 <85%）、种用期对镁的需要量分别为 0.06%、0.05%、0.04%、0.05%、0.045%、0.055%；蛋鸭在各生理阶段对镁的需要量均为 0.05%；火鸡对镁的需要量为 0.05%；日本鹌鹑在生长期对镁的需要量为 0.03%，在种用期对镁的需要量为 0.05%。

犬在幼年时每天每千克体重需要镁 8.8 mg，而在成年时对镁的需要量减半。生长猫每采食 1 MJ 代谢能需要镁 19 mg。

研究认为，犊牛代乳料、开食料、生长料中适宜的含镁量分别为 0.07%、0.10%、0.10%。奶牛（公、母）在育成期对镁的需要量为 0.16%，在产奶期对镁的需要量为 0.20%。种公牛对镁的需要量为 0.16%。肉牛在各生理阶段对镁的需要量均为 0.10%。生长兔（4 到 12 周龄）、育肥兔、孕兔、泌乳兔对镁的需要量均为 0.04%。

（三）镁的来源与供应

青饲料的含镁量受多种因素的影响。饲料幼嫩时含镁丰富，多雨年份则含镁量降低，干旱年份含镁量高；含钙量高的饲料含镁亦高。按干物质计算，禾谷类籽实的含镁量约为 15 mg/kg，青饲料、糠麸和油饼粕类饲料的含镁量是禾本科籽实的 2 ~ 6 倍，而块根茎饲料的含镁量与谷实饲料相近。

动物缺镁时可在其饲料中补加氧化镁（成牛每日每头 50 mg，犊牛每日每头 15 mg，或按同样镁量补加硫酸镁、碳酸镁）。患"青草痉挛"的反刍动物，早期注射硫酸镁或将两份硫酸镁混合一份食盐让其自由舔食均可治愈。

五、硫

硫在动物体内主要以有机形式存在于蛋氨酸、胱氨酸和半胱氨酸三种含硫氨基酸中，维生素中的硫胺素、生物素也含硫元素。毛、羽中含硫量为 4% 左右。在有硫元素供给时，牛羊的瘤胃可合成含硫氨基酸。

（一）硫的营养生理功能

硫的营养生理功能主要是通过含硫有机物实现的，如硫以含硫氨基酸形式参与被毛、羽毛、蹄爪等角蛋白合成；硫是硫胺素、生物素和胰岛素的成分，参与碳水化合物代谢；硫以黏多糖的形式参与胶原和结缔组织的代谢；硫在血液凝集及某些含巯基镁的合成中也起重要作用。

关于无机硫对动物的营养意义，近年来雏鸡试验表明，适当增加日粮中无机硫的含量，可减少雏鸡对含硫氨基酸的需要，有利于其合成生命活动所必需的牛磺酸，从而促进雏鸡生长。反刍动物瘤胃中的微生物也能有效利用无机的含硫化合物，如硫酸钾、硫酸钠、硫酸钙等，合成含硫氨基酸和维生素。

（二）硫缺乏症与过量的危害

实践中，动物缺乏蛋白质时才可能发生硫缺乏症。动物缺硫表现为采食量下降、消瘦，角、蹄、爪、毛、羽生长缓慢，泪溢，流涎，等等。通常，反刍动物不易出现缺硫症状，因为反刍动物具有循环利用饲料中硫的能力。蛋白质硫在中间代谢中氧化为硫酸盐，随唾液一起重新进入瘤胃内，供微生物再次合成含硫氨基酸。产毛绵羊的饲料中需较高的硫和氮比例。用尿素代替绵羊部分蛋白质饲料而不同补充硫源时，因瘤胃中含硫氨基酸的合成受到限制会使活重和产毛量下降。

自然条件下硫过量中毒的现象少见。无机硫作为添加剂时，用量超过 0.5%，可能使动物产生厌食、失重、抑郁等症状。

（三）硫的来源与供应

动物性蛋白质饲料中含硫丰富，如鱼粉、肉粉和血粉等的含硫量为 0.35% ~ 0.85%，饼粕的含硫量为 0.25% ~ 0.4%，而谷实、糠麸的含硫量为 0.15% ~ 0.25%，块根的含硫量为 0.05% ~ 0.1%。因此，各种蛋白质饲料为动物摄取硫的重要来源。一般情况下，动物日粮中的硫都能满足需要，不需要另外补饲。但对于饲喂非蛋白氮的反刍动物或在动物脱毛、换羽期间，则应补充富含硫的添加剂饲料，以尽早地恢复正常生产，加速脱毛、换羽的进行。自然界中硫的分布见表 1-4.

表 1-4　自然界中硫的分布

来源	数量 /t	来源	数量 / t
大气中的氧化态硫	1.1×10^6	海洋动物中的硫	1×10^4
大气中的还原态硫	0.6×10^6	陆地植物中的硫	3.3×10^9
气溶胶中的硫酸盐	3.2×10^6	海洋植物中的硫	4×10^7
火成岩中的硫	3×10^{15}	陆地动物中的硫	2×10^7
沉积岩中的硫	2.6×10^{15}	海洋中的无机硫	1.3×10^{15}
土壤中的有机硫（无生命）	3×10^{10}		

资料来源：周明. 动物营养学教程. 北京：化学工业出版社，2014.

第三节　微量元素营养

微量元素在动物体内的含量虽然很少，但对动物的生长、健康、繁殖和生产均有重要的作用，且含量应适中，不足或过量都会不同程度地危害动物。

一、铁

铁是动物体内含量最多的微量元素。其在动物体内有两种存在形式，即铁蛋白和含铁血黄素，它们都是非血红素形式。

（一）铁的营养生理功能

铁的主要营养生理功能可归纳为三个方面。第一，铁在动物体内主要参与载体的组成，转运和储存营养素，如铁为合成血红蛋白和肌红蛋白的原料，血红蛋白是体内运载氧和二氧化碳的载体，肌红蛋白是肌肉在缺氧条件下做功的供氧源。第二，铁参与体内物质代谢，如铁作为细胞色素氧化酶、过氧化物酶、过氧化氢酶、黄嘌呤氧化酶的成分及碳水化合物代谢酶类的激活剂，催化各种生化反应。第三，铁在动物体内很多氧化还原反应中充当电子传递者。第四，铁参与形成转铁蛋白，该蛋白除了运载铁以外，还有预防机体感染疾病的作用。

（二）铁缺乏症与过量的危害

通常，各种饲料中均含丰富的铁，且机体内红细胞破坏分解释放的铁有 90% 可被机体再利用，故成年动物不易缺铁。铁供应不足会使幼年动物出现缺铁症，最常见的症状为低色素小红细胞性贫血，其中以仔猪缺铁性贫血最常见。初生仔猪体内的贮铁量为30～50 mg，其正常生长每天需铁7～8 mg，而每天从母乳中仅得到约1 mg的铁，如不及时补铁，3～5日龄即出现贫血症状，主要表现为食欲降低，体弱，皮肤发皱和可视黏膜苍白，精神萎靡，严重者3～4周龄时死亡。雏鸡严重缺铁时心肌肥大，铁不足直接损伤淋巴细胞的生成，影响机体内含铁球蛋白类的免疫性能。

铁过量也会引起中毒。铁中毒主要表现为腹泻、生长速度下降，饲料的利用率低，重者死亡。各种动物对过量铁的耐受力均较强，猪对日粮中铁的耐受量为3 000 mg/kg，牛和禽对日粮中铁的耐受量为1 000 mg/kg，绵羊对日粮中铁的耐受量为500 mg/kg。

（三）铁的来源与供应

各种天然植物性饲料中均含有较多的铁。除乳和乳制品中铁较贫乏外，动物性饲料都含有丰富的铁。幼畜发生缺铁性贫血时，常用硫酸亚铁或右旋糖酐铁钴合剂补铁。实践证明，仔猪出生后2～3 d及时注射右旋糖酐铁钴合剂，对预防仔猪贫血非常有效。

二、铜

铜在畜禽体内主要存在于肝、脑、肾、心脏、眼、皮、毛中。其中，肝中铜的储备量占畜禽体内铜总量的一半。

（一）铜的营养生理功能

铜能催化血红素及红细胞的生成，以维持铁的正常代谢。铜能促进骨骼的正常发育。铜以金属酶的成分，直接参与体内代谢。这些酶包括细胞色素酶、细胞色素氧化酶、尿酸氧化酶、抗坏血酸酶、氨基酸氧化酶等。铜还是过氧化物歧化酶和单胺氧化酶系统的组成部分。这些酶主要催化弹性蛋白肽链中的赖氨酸残基转变为醛基，使弹性纤维变为不溶性，以维持组织的韧性及弹性。此外，铜能促进被毛中双硫基的形成及双硫基的多叉结合，从而影响被毛的生长。铜作为酪氨酸酶的成分参与被毛中黑色素的形成过程。铜在维持动物中枢神经系统功能，以及在繁殖上也起重要作用。

（二）铜缺乏症与过量中毒

动物体内缺铜时：影响铁的吸收与利用，从而导致贫血；使血清中的钙、磷不易在软骨基质上沉积，从而出现骨骼弯曲、关节畸形、背部凹陷、腰脊僵硬、起立困难等类似软骨病的症状，部分牛羊患骨质疏松症，犊牛发生佝偻病；血管弹性降低、蛋白合成受阻，从而导致动物因血管破裂而死亡；羔羊中枢神经髓鞘脱失，表现为"摆腰症"；羊毛中含硫氨基酸代谢遭破坏、角蛋白双硫基的合成受阻，羊毛生长缓慢，失去正常弯曲度，毛质脆弱，产毛量降低；参与色素形成的含铜酶活性降低，引起家畜有色被毛的褪色，黑色毛变为灰白色；机体免疫系统受损，免疫力下降，繁殖力降低。

铜过量可危害动物健康甚至导致动物中毒。家畜中绵羊和小牛更易发生铜中毒。当过量铜在肝脏中蓄积到一定水平时，就会进入血液，使红细胞溶解，导致动物出现血尿和黄疸症状，组织坏死，甚至死亡。正常饲喂情况下，不同动物对铜的耐受量不同：绵羊对日粮中铜的耐受量为 50 mg/kg，牛对日粮中铜的耐受量为 100 mg/kg，猪对日粮中铜的耐受量为 250 mg/kg，雏鸡对日粮中铜的耐受量为 300 mg/kg。

（三）铜的来源和供应

饲料中铜分布广泛，尤其是豆科牧草、大豆饼、禾本科籽实及副产品中含铜较为丰富，仅玉米含铜量较低。动物一般不易缺铜，但缺铜地区或饲料中锌、钼、硫过多时，会影响铜的吸收，可导致缺铜症。缺铜地区可对牧地施用硫酸铜化肥或直接给动物补饲硫酸铜，以满足动物对铜的需要。

三、钴

钴在动物体内主要储存于肝脏，其次是肾、肾上腺、脾、胰腺，其他器官组织较少。

（一）钴的营养生理功能

钴在合成维生素 B_{12} 后，才发挥其营养生理功能。维生素 B_{12} 能促进血红素的形成，在蛋白质、蛋氨酸和叶酸等代谢中起重要作用。

（二）钴的缺乏症与过量危害

反刍动物瘤胃中的微生物能利用钴合成维生素 B_{12}。如果钴供应不足，会导致维生素 B_{12} 缺乏，严重缺乏钴的动物表现为食欲缺乏，生长停滞，体弱消瘦，可视黏膜和皮肤苍白等贫血症状。

一般来说，钴是低毒性的，自然发生钴中毒的病例很少。各种动物对钴的耐受力均较强，日粮中钴的含量超过动物需要量的 300 倍才会产生中毒反应。多数动物慢性钴中毒表现为采食量和体重下降、贫血、血色素过高、乏力、肝内钴含量增高等症状。

（三）钴的来源与供应

大多数植物性饲料中均含微量的钴，其含量与土壤中的钴含量有密切关系；动物性饲料含钴丰富。一般饲料都能满足动物对钴的需要。缺钴地区可将小剂量的钴盐喷洒于大面积草地，以提高牧草中的钴含量；也可给动物补饲硫酸钴、碳酸钴或氯化钴。

上述铁、铜、钴三种元素均参与或影响动物的造血功能，含量不足时可导致动物贫血，尤其对幼龄动物影响最大。因此，需采取综合措施进行预防。

（1）补给铁、铜、钴。使用矿物质饲料对日粮进行补给，如添加少量贝粉、氯化钠或硫酸亚铁、硫酸铜、氯化钴等盐类，供动物自由舔食。

（2）对仔猪应尽量早开食。通过早开食、早补料，以及放牧时舔食土壤、采食青饲料或牧草，使仔猪从中获取铁、铜、钴等微量元素。

（3）幼龄动物特供饲料。对于幼龄动物应饲喂富含蛋白质、维生素 B_6、维生素 B_{12} 和叶酸的饲料。

四、硒

硒存在于动物体的组织细胞中，但总的含量不高。动物肝、肾中硒浓度较高，脂肪中硒含量最低。

（一）硒的营养生理功能

硒主要参与构成谷胱甘肽过氧化酶，并以此形式发挥其生物抗氧化功能。此酶能使有害的过氧化氢等过氧化物还原为无害的羟基化物，从而使红细胞、血红蛋白、精子原生质膜等免受过氧化氢及其他过氧化物的破坏。硒与维生素 E 在抗氧化作用中起协调作用，维生素 E 主要是阻止不饱和脂肪酸被氧化成氢过氧化物，而谷胱甘肽过氧化酶是将产生的氢过氧化物迅速分解为醇和水。硒影响动物对脂类和维生素 A、维生素 D、维生素 K 的消化吸收，对促进蛋白质、DNA 与 RNA 的合成并对动物的生长有刺激作用，还与肌肉的生长发育和动物的繁殖密切相关。此外，硒在机体内具有拮抗和降低汞、镉、砷等元素毒性的作用，并可减轻维生素 D 中毒引起的病变。

（二）硒缺乏症与硒中毒

我国东北、西北、西南及华东等地区为缺硒地区。缺硒可导致动物生长受阻，心肌和骨骼肌萎缩，肝细胞坏死，脾脏纤维化，以及出血、水肿、贫血、腹泻等一系列病理变化。幼年动物缺硒可患"白肌病"，因肌球蛋白合成受阻，骨骼肌和心肌退化萎缩，肌肉表面有白色条纹；猪和兔缺硒时多因发生营养性肝坏死而突然死亡；3～6 周龄雏鸡缺硒时患"渗出性素质病"，症状为胸腹部皮下有蓝绿色的体液聚集，皮下脂肪变黄，心包积水。此外，缺硒还明显影响动物的繁殖性能：母鸡缺硒时，产蛋率下降，种蛋孵化率下降；母羊缺硒时，几乎有 30% 的母羊不能繁殖；母牛缺硒时出现空怀或胚胎死亡。缺硒还会加重缺碘症状，并降低机体免疫力。

动物摄入过量的硒可引起慢性硒中毒或急性硒中毒。慢性硒中毒表现为消瘦、贫血、关节僵直、脱毛、脱蹄、心脏、肝脏功能损伤，并影响繁殖等。急性硒中毒主要发生于牛羊，表现为瞎眼、痉挛瘫痪、肺部充血，因窒息而死亡。饲料中含有 0.1～0.15 mg/kg 的硒，就不会出现缺硒症。饲料中含有 5～8 mg/kg 的硒时，可发生慢性硒中毒，故一般饲料中的硒浓度不应超过 5 mg/kg。

（三）硒的来源与供应

植物的含硒量与植物生长的土壤有关，不同地区土壤和水分的含硒量相差很大，因而植物的含硒量也有很大差异。通常，碱性土壤有利于硒溶解于水，易于被植物吸收；而酸性土壤使硒形成不溶性化合物，虽然硒含量高，但不易被植物吸收。植物性饲料中的有效硒含量比动物产品高得多。预防或治疗动物缺硒，可用亚硒酸钠和维生素 E 制剂，进行皮下或深度肌肉注射，或将亚硒酸钠稀释后，拌入饲料中补饲。

五、锌

锌分布于动物体内所有的组织器官中，但主要分布于软组织中。某些腺体中锌含量很高。

（一）锌的营养生理功能

锌是目前发现的营养生理功能最多的微量元素之一。锌是动物体内多种酶的组成成分，其中重要的含锌酶有碳酸酐酶、DNA 聚合酶、RNA 聚合酶、胸腺嘧啶核苷酸酶、碱性磷酸酶等，这些酶在组织呼吸及蛋白质、脂肪、糖类、维生素及微量元素等营养物质的代谢中起重要作用；锌参与胱氨酸和黏多糖代谢，以维持上皮组织细胞与被毛的正常形态；锌能维持生物膜的正常结构和功能，使生物膜免遭氧化损害和结构变形；锌可维持激素的正常作用，而且与胰岛素、前列腺素、促性腺激素等的功能和活性有关。因此，锌对动物的生长、发育、繁殖、免疫等都有极其重要的作用。此外，锌参与肝脏和视网膜内维生素 A 还原酶的组成，与视力有关；锌还参与骨骼和角质的生长并能增强机体免疫和抗感染力，促进创伤的愈合。

（二）锌缺乏症与过量危害

动物缺锌时采食量下降，生长受阻，随之发生皮肤不全角化症。幼龄动物，尤其是 2~3 周龄的仔猪发病最多，其症状表现为：初时皮肤出现红斑，上覆有容易剥离的鳞屑；继之皮肤变得干燥粗厚，并逐步形成污垢状痂块，尤其头、颈、背、腹侧、臀和腿部最为明显；有的仔猪有痒感，常因擦拭而致皮肤溃破；少数仔猪可出现腹泻。绵羊缺锌时羊角和羊毛易脱落，家禽缺锌时羽毛末端磨损。缺锌还会影响动物的繁殖能力，导致种公畜睾丸、附睾及前列腺发育受阻，影响精子生成，母畜性周期紊乱，不易受孕或流产。鸡缺锌时孵化率下降，死胚率增高。缺锌还会导致免疫反应显著降低，影响机体免疫力。

过量锌对铁、铜的吸收不利，而导致动物贫血。动物种类不同，对锌的耐受力也不同。猪、禽对过量锌的耐受力强，反刍动物对过量锌的耐受力弱。采食自然日粮，猪对锌的耐受量为 1 000 mg/kg、绵羊对锌的耐受量为 300 mg/kg、牛对锌的耐受量在 500 mg/kg 以下。

（三）锌的来源与供应

锌的来源广泛。植物性饲料普遍含有锌，玉米和高粱含锌量较低，块根、茎类饲料中锌最缺乏。动物性饲料含锌均丰富。猪、鸡易缺锌，常用硫酸锌、碳酸锌和氧化锌补饲。若采用蛋氨酸螯合物，效果更好。

六、锰

锰在动物体内含量较低，骨中的锰含量占总锰含量的 25%，锰主要沉积于骨的无机物中。

（一）锰的营养生理功能

锰是某些酶的组成成分或激活剂，参与蛋白质、碳水化合物、脂肪及核酸代谢；锰参与骨骼基质中硫酸软骨素的生成并影响骨骼中磷酸酶的活性，因而与骨骼的生长和矿化作用有关；锰有预防运动失调和初生动物平衡不良的作用；锰对性激素的前体胆固醇的生物合成有促进作用，与动物繁殖有关；此外，锰还与动物的造血功能密切相关。

（二）锰缺乏症与过量的危害

饲养中难得发现反刍动物的缺锰现象，而猪、鸡日粮以玉米为主时则有可能出现缺锰。动物缺锰时，采食量下降；生长发育受阻；骨骼畸形，关节肿大，骨质疏松。缺锰雏鸡易患"滑腱症"，症状为胫骨粗短，胫、跗关节肿胀，因跟腱脱出而不能站立，难以觅食和饮水，严重时死亡。缺锰母畜不发情或性周期失常，不易受孕，受胎后易造成流产，仔畜活力下降。缺锰母鸡体重减轻，产蛋减少，蛋孵化时鸡胚软骨退化、死胎多、孵化率降低等。

动物摄入过量的锰，会损伤胃肠道，出现生长受阻、贫血，并使钙、磷的利用率降低，导致"佝偻症""软骨症"。动物对过量锰具有耐受力：禽的耐受力最强，对日粮中锰的耐受量可高达 2 000 mg/kg；牛、羊次之，对日粮中锰的耐受量为 1 000 mg/kg；猪对过量锰敏感，对日粮中锰的耐受量为 400 mg/kg。生产中锰中毒现象非常少见。

（三）锰的来源与供应

植物性饲料均含有锰，尤其糠麸类、青绿饲料含锰较丰富。动物性饲料中锰含量极微，以动物性饲料为主的日粮需补充锰。生产中采用硫酸锰、氧化锰等补饲，补饲蛋氨酸锰效果更好。

七、碘

动物体内碘的平均浓度为 50～200 μg/kg，主要存在于甲状腺中。

（一）碘的营养生理功能

碘的营养生理功能在于它是甲状腺素的组成成分。甲状腺素几乎参与机体所有的物质代谢过程，调节基础代谢率，其生理功能极为广泛，并具有促进动物生长发育、繁殖和红细胞生长等作用。

（二）碘缺乏症与过量的危害

缺碘的动物甲状腺增生肥大，基础代谢率下降。碘缺乏症多见于幼龄动物，表现为生长缓慢，骨架小，出现呆小症；成畜缺碘则出现黏液性水肿；母畜缺碘表现为发情无规律或不发情，甚至不孕；雄性动物缺碘，会出现精子品质不良，影响繁殖；妊娠动物缺碘，可使胎儿发育受阻，易流产，产弱胎、死胎，或胎儿成活率低。甲状腺肿是缺碘地区人畜共患的一种常见病。当然，缺碘并不是导致甲状腺肿的唯一因素，有些植物本身含有抗甲状腺素物质，如十字花科植物中的含硫糖苷、白苜蓿中含有氰的糖苷等，均有致甲状腺肿的作用。

除马外，其他动物都能忍受较大剂量的碘，自然产生碘中毒者并不多见。过量碘可引起碘中毒，猪的症状是厌食，偶有呕吐，有时血红蛋白浓度下降；奶牛产奶量减少；鸡产蛋量降低。生长猪对日粮中碘的耐受量为 400 mg/kg，禽对日粮中碘的耐受量为 300 mg/kg，马对日粮中碘的耐受量为 5 mg/kg，泌乳牛对日粮中碘的耐受量为 200 mg/kg，犊牛对日粮中碘的耐受量为 25 mg/kg。为了防止碘中毒，饲料干物质含碘量以不超过 4.8 mg/kg 为宜。

（三）碘的来源与供应

动物所需的碘，主要是从饲料和饮水中摄取的。而饲料和饮水中的含碘量与地质环境有关。一般情况下，远离海洋的内陆山区的土壤、空气中含碘较少，该地区的饲料和饮水中亦缺碘，成为缺碘地区。我国缺碘地区面积较大，这些地区的动物尤其要注意补碘。

植物性饲料为家畜碘的主要来源。青饲料的含碘量高于谷实饲料，豆科的含碘量高于禾本科，植物根叶的含碘量高于茎部，沿海地区植物的含碘量高于内陆地区植物。海洋植物含碘丰富，某些海藻含碘量可达 0.6%。

缺碘动物常用碘化食盐（含 0.01%～0.02% 碘化钾的食盐）补饲。海盐含碘也较丰富，故给动物饲喂粗盐也是补碘的有效办法。据报道，蛋鸡补饲碘酸钙有利于高碘蛋的开发，补碘可促进奶牛泌乳。

本章小结

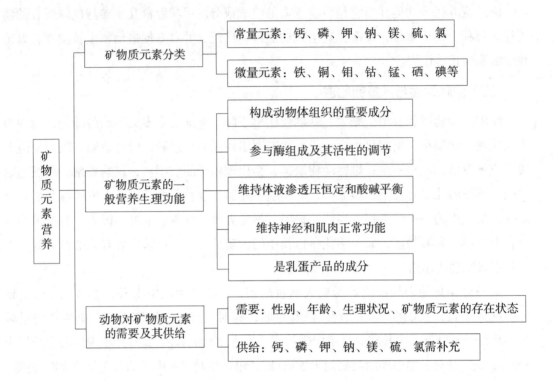

思考题

1. 矿物质元素是如何分类的？其共同的营养生理功能有哪些？

2. 试说明钙、磷、钠、氯、铁、铜的营养生理功能。

3. 简述哪些天然饲料含钙、磷、铁、锌、碘和硒元素较丰富。

第七章

维生素营养

📖 学习目标

1. 掌握维生素种类的划分及所含维生素的种类。
2. 熟悉脂溶性维生素与水溶性维生素两大类维生素的区别。
3. 掌握维生素 A、维生素 D、维生素 E 的生理功能及主要缺乏症。
4. 熟悉主要 B 族维生素在畜禽中的典型缺乏症。

维生素是动物维持正常生理功能所必需的低分子有机化合物。与其他营养物质相比，动物对维生素的需要量极微（通常以毫克计），但其生理作用很大。维生素以辅酶和催化剂的形式广泛参与体内的代谢反应，以维持动物的正常生产和繁殖活动。维生素的作用是特定的，既不能相互替代，也不能被其他营养物质所替代。动物缺乏或摄入过量维生素均对动物体不利。因此，在动物生产中维生素的合理供给显得尤为重要。

第一节 维生素营养概述

一、维生素的概念

维生素是维持动物正常生理功能所必需的低分子有机化合物。维生素与蛋白质、碳水化合物、脂肪及水不同，它既不是动物体内能量的来源，也不是动物体组织的构成成分，而是动物体新陈代谢过程中起调节作用的必需营养物质。

二、维生素的基本特征

根据各种维生素的研究结果，可将维生素的基本特性归结如下。

（1）存在于天然食物及饲料中，但其含量很少。

（2）动物体内含量极少，除少数维生素在动物体内可以自行合成外，其他维生素必须由饲料提供。

（3）是生物活性物质，容易受光照、酸、碱、氧化剂及热的破坏而失活。

（4）是维持动物生命活动、保证动物正常生长发育和生产水平所必需的营养物质。

（5）动物体内维生素的含量，在一定程度上取决于饲料中维生素的含量。

（6）饲料中缺乏或动物吸收利用能力下降时，可导致维生素缺乏症。

（7）许多维生素以酶的辅酶、辅基的形式或催化剂的形式参与代谢过程。

三、维生素缺乏的原因

（1）饲料供应严重不足，摄入不足。例如，饲料种类单一、储存不当、加热破坏等。

（2）吸收利用率降低。例如，消化系统疾病或摄入脂肪量过少从而影响脂溶性维生素的吸收。

（3）维生素需要量相对增高。例如，妊娠和哺乳期母畜、特殊环境下的动物对维生素的需要量相对增高。

（4）不合理使用抗生素会导致动物对维生素的需要量增加。

四、维生素的分类与特点

（一）维生素的分类

维生素分为两大类：脂溶性维生素（包括维生素 A、维生素 D、维生素 E、维生素 K）、水溶性维生素（包括 B 族维生素、维生素 C）。

（二）两类维生素的特点对比

脂溶性维生素和水溶性维生素的特点对比见表 1–5。

表 1–5　脂溶性维生素和水溶性维生素的特点对比

名称	脂溶性维生素	水溶性维生素
特点	1. 分子中含有 C、H、O 三种元素。 2. 不溶于水，只溶于有机溶剂。 3. 其存在、吸收与脂肪的分布有关，任何增加脂肪吸收的措施均可使脂溶性维生素的吸收增加。 4. 动物体内的脂肪中可以储存相当数量的脂溶性维生素。 5. 未被利用的脂溶性维生素可通过粪便排出，但排泄速度慢，过多摄入可导致中毒或代谢紊乱。 6. 动物缺乏脂溶性维生素可出现特异缺乏症。 7. 容易受到酸、碱、光、热、水及氧化剂的破坏而失活。 8. 维生素 K 可在动物肠道中由微生物合成，维生素 D_3 可在动物皮肤内经紫外线照射合成，而动物体内不能合成维生素 A 和维生素 E	1. 分子中除含有 C、H、O 三种元素外，多数含有 N，个别还含有 S、Co。 2. 可溶于水，并可随水由肠道吸收。 3. 一般体内不存留，未被利用的水溶性维生素随尿排出。 4. 多数情况下，缺乏症无特异性，采食量降低、生长及生产受阻是水溶性维生素的共同缺乏症状。 5. 成年反刍动物瘤胃微生物可以合成 B 族维生素，一般不需额外添加。 6. 动物体内可以合成维生素 C，但特殊情况下需要额外添加

五、维生素的利用率

天然饲料中很多维生素是以结合形式存在的，这种形式的维生素对动物来说，利用率是很低的；而非结合形式的维生素在不同饲料中的利用率也是不同的，如维生素 B_6 在豆粕中的生物学利用价值为 65%，而玉米为 45% ~ 50%。

六、影响维生素需要量的原因

1. 动物因素

动物对维生素的需要量在很大程度上取决于其种类、年龄、生理时期、健康与营养状况及生产水平等。

2. 维生素拮抗物

在有相应拮抗物存在的情况下，动物对相应的维生素的需要量增大。

3. 应激因素

各种应激因素可增加动物对维生素的需要量，尤其是维生素 C。例如，动物患传染病和寄生虫病时，对维生素的需要量增加。

4. 集约化饲养

在集约化饲养条件下，维生素易供应不足，致使动物对维生素的需要量增加。

5. 日粮营养成分

当日粮中脂肪含量不足时，脂溶性维生素的吸收受到影响，动物对其的需要量增加；当蛋白质的供给量增加时，动物对维生素 B_6 的需要量随之增加。

七、日粮中需要添加的维生素种类

1. 反刍动物

一般成年反刍动物日粮中需添加维生素 A、维生素 D、维生素 E。应激及高产反刍动物日粮中需添加维生素 A、维生素 D、维生素 E、维生素 B_1、烟酸。幼龄及舍饲肥育反刍动物日粮中需添加维生素 A、维生素 D、维生素 E、B 族维生素。

2. 猪

所有猪日粮中需添加维生素 A、维生素 D、维生素 B_2、泛酸、胆碱、烟酸、维生素 B_{12}。应激及其他条件下，还应考虑添加维生素 E、维生素 K、维生素 B_6、生物素。

3. 家禽

家禽的玉米 – 豆粕型日粮中需添加维生素 A、维生素 D、维生素 E、维生素 K、维生素 B_2、泛酸、胆碱、烟酸、维生素 B_{12}。

第二节　脂溶性维生素

一、维生素 A

1. 维生素 A 的存在形式及理化性质

维生素 A 只存在于动物性饲料中，它在动物的肝脏及其产品（如鱼肝油、乳脂、卵黄）中含量丰富。植物性饲料中不含有维生素 A，但含有维生素 A 的前体物质——α- 胡萝卜素、β- 胡萝卜素、γ- 胡萝卜素。维生素 A 为黄色结晶体，有视黄醇、视黄醛、视黄酸等多种存在形式。维生素 A 为多不饱和结构，因此其化学性质活泼，在空气中容易被氧化，同时易被紫外线破坏。另外，维生素 A 在与微量元素、酸败脂肪接触的条件下，也极易被氧化而失去生物活性。当日粮中含有丰富的维生素 E 和维生素 C 时，维生素 A

的稳定性有所增强。

2. 维生素 A 的生理功能

（1）维持视觉细胞的感光功能。视网膜上有杆状细胞和锥状细胞，前者因细胞中含有视紫红质而可以感受弱光或暗光，后者感受强光。视紫红质是由维生素 A 经氧化生成的视黄醛与蛋白质结合而成的，因此需要不断补充维生素 A。

（2）维持上皮细胞的完整性。维生素 A 能够促进硫酸化酶和硫酸转移酶活化，促进硫酸黏多糖合成，进而促进上皮组织完整和机体生长。

（3）维持正常的繁殖功能。维生素 A 参与类固醇激素的合成。缺乏维生素 A 会使动物肾上腺皮质激素、性激素和胎盘激素合成减少。

（4）维持骨骼正常发育。维生素 A 与成骨细胞活性有关，可影响骨骼的合成和软骨骨化过程。

（5）促进幼畜的生长发育。维生素 A 可以调节蛋白质、脂肪、碳水化合物及矿物质的代谢，从而增加各种营养物质在幼畜体内的沉积。

（6）增强动物免疫功能。维生素 A 通过以下途径增强动物机体的免疫功能。

① 维持上皮细胞的完整性，使继发性细菌感染的机会减少。

② 对脊髓中脊髓性细胞和淋巴细胞的分化起功能性作用。

③ 增强机体黏膜免疫系统的功能及对抗体抗原的反应。

④ 影响机体非抗原系统的免疫机制，其中包括吞噬作用、外周淋巴细胞定位、杀伤细胞溶解、白细胞溶菌酶活性等。

（7）具有抗癌作用。

3. 维生素 A 缺乏症

维生素 A 缺乏时各种动物均会出现食欲减退、生长受阻、体重下降，甚至死亡的现象。

（1）在暗视野情况下，动物视力减退或完全丧失，患夜盲症。

（2）上皮组织干燥或过分角质化，易引起多种疾病。例如，牛、鸡、兔出现流泪、角膜、结膜溃疡，甚至失明；泌尿系统上皮组织过分角质化，易产生肾结石、尿道结石；呼吸系统或消化道上皮组织过分角质化，可导致动物出现肺炎、下痢。

（3）出现繁殖功能障碍。例如，种公畜性欲低，精子数及精子活力下降，异态精子数增加，睾丸及副性腺萎缩；种母畜阴道、子宫颈、子宫黏膜变性及上皮组织过分角质化，卵巢萎缩，排卵减少，繁殖力下降，发情周期紊乱，出现胚胎畸形、产死胎、早产、死产、产弱仔、胎衣不下、泌乳障碍及孵化率下降。

（4）骨骼、神经系统出现异常。牛、鸡、狗等出现骨组织变形及形成海绵状骨组织；骨灰分变形后压迫中枢神经，出现运动失调、惊厥、轻瘫，脑部出现点状退化区、脑积水及神经退化；视神经乳头水肿，视神经变细。

4. 维生素 A 的毒性

维生素 A 一般不具有毒性，长期超量摄入时，可出现慢性中毒，表现为精神萎靡不振，食欲下降或拒食，体重减轻，关节肿胀，被毛粗糙，触觉敏感，粪便带血，发抖，严重时死亡。

新生动物维生素 A 急性中毒可引起呕吐、脑积水，典型症状为囟门突出。

维生素 A 的中毒剂量：单胃动物一般为需要量的 4~10 倍，反刍动物通常为需要量的 30 倍。

5. 维生素 A 的天然来源及补充

为了满足各种动物对维生素 A 的需要，通常有以下两种补充维生素 A 的途径。

（1）天然来源。饲喂富含维生素 A 的动物性产品，如鱼肝油、肝、乳、蛋黄及鱼粉等；或饲喂富含维生素 A 原的青绿多汁饲料，如胡萝卜素、甘薯、南瓜、黄玉米等；冬季为动物补充适量的优质干草或青贮饲料。

（2）饲喂饲料添加剂。以饲料添加剂的形式为动物补充稳定性好、生物活性高的人工合成维生素 A。

二、维生素 D

1. 维生素 D 的存在形式及理化性质

维生素 D 的存在形式很多，其中以天然形式存在且对动物营养具有重要作用的为维生素 D_2（麦角钙化醇）和维生素 D_3（胆钙化醇），它们分别来源于植物体和动物体（见图 1-10）。

植物体中的麦角固醇 $\xrightarrow{\text{紫外线}}$ 维生素 D_2

动物体中的7-脱氢胆固醇 $\xrightarrow{\text{紫外线}}$ 维生素 D_3

图 1-10　维生素 D 的转换

维生素 D 为无色结晶物质，它具有耐热，不溶于水，不易受酸、碱、氧化剂的影响的特点，因此其理化特性相对稳定。

2. 维生素 D 的生理功能

（1）维生素 D 可促进钙、磷的吸收。维生素 D 的一般生理功能为提高血浆中钙、磷的水平，从而维持骨骼的正常矿物质化和机体的其他功能。维生素 D 促进钙、磷的吸收的主要途径如下。

① 在肠道中，$1,25-(OH)_2D_3$（活性维生素 D）可以促进钙结合蛋白的合成，并可以使肠细胞膜通透性升高，钙的转运速度加快，加之维生素 D 可促进肠黏膜分化、增长，使肠道对钙、磷的吸收量提高。

② 维生素 D 可直接作用于成骨细胞，促进钙、磷在骨骼、牙齿中的沉积，有利于骨钙化。

③ 维生素 D 可调节肾脏对钙、磷的排泄，控制骨骼中钙、磷的储备量，维持骨骼中钙、磷的正常动态平衡。

（2）维生素 D 具有免疫功能。近年来的研究表明，维生素 D 的靶细胞是淋巴细胞和单核细胞，因此维生素 D 可调控这两种细胞的增殖、分化、免疫反应，使单核细胞、白细胞变成巨噬细胞。

3. 维生素 D 缺乏症

一般动物缺乏维生素 D 表现为食欲缺乏、生长受阻、体重下降、精神萎靡不振。维生素 D 缺乏症的典型症状如下。

（1）幼畜的佝偻症。通常情况下，维生素 D 缺乏的临床症状仅见于幼畜，表现为骨骼因变弱而弯曲，肘关节、附关节肿大，步态僵直，后腿拖拉，肋骨有念珠状突起，胸骨、脊柱弯曲，其原因为幼畜生长的骨骼中钙盐的沉积减少。

（2）成年动物的骨质疏松症。成年动物，尤其是妊娠和泌乳的母畜，由于生产过程中大量消耗维生素 D 和钙、磷，如果维生素 D 摄取量不足，即可患骨质疏松症，表现为骨密度下降，骨骼脆弱易折断，四肢肢势异常，泌乳动物产奶量下降，泌乳期缩短。家禽缺乏维生素 D 还可出现喙变软，产蛋减少，蛋壳变薄，种蛋孵化率下降，笼养鸡尤为明显。若妊娠动物缺乏维生素 D，还可造成死胎，新生动物畸形、体弱，以及胚胎畸形。

4. 维生素 D 的毒性

短期饲喂维生素 D，大多数动物可以耐受需要量的 100 倍的剂量。由于中毒剂量很大，生产中较少见维生素 D 中毒。长期大剂量摄入维生素 D 引起的毒性反应为：骨中磷酸钙脱落，血钙、血磷增高，使软骨组织普遍钙化，并干扰软骨的生长，钙化组织发生炎症，细胞退化。试验条件下的维生素 D 急性中毒，可引起动物腹泻、厌食、口渴、多尿、虚脱。

5. 维生素 D 的天然来源及补充

（1）可以选择维生素 D 含量较高的晒制干草补充部分维生素 D，在晒制干草中以苜蓿干草、红三叶草、可可粉效果较好；也可以选择动物性饲料补充维生素 D，其中以鱼肝油、肝粉、血粉、酵母含维生素 D 丰富。

（2）在集约化生产的条件下，猪、禽根本不能或者很少接触日光，因此必须在日粮中补充维生素 D，但应注意添加剂的正确加工方法、适宜保存条件及日粮中其他营养物质的水平。

（3）加强动物的舍外运动，通过紫外线照射促进动物体内维生素 D 的合成，在密闭式鸡舍也可以安装 290～320 nm 波长的紫外灯进行适当照射。

三、维生素 E

1. 维生素 E 的存在形式及理化性质

天然存在的具有生物活性的化合物共有两大类，一类为 α- 生育酚、β- 生育酚、γ- 生育酚、δ- 生育酚，另一类为 α- 生育三烯酚、β- 生育三烯酚、γ- 生育三烯酚、δ- 生育三烯酚。维生素 E 是具有相当于 d-α- 生育酚活性的所有生育酚及生育三烯酚的总称，其中以 d-α- 生育酚活性最高。d-α- 生育酚是略带黏性的浅黄色油状物质，不溶于水，只溶于有机溶剂，不易被酸、碱及热所破坏，但极易被氧化。

2. 维生素 E 的生理功能

（1）抗氧化功能。机体在代谢过程中，会产生大量的有毒产物，这些产物称为氧化自由基，当其产生量超过一定限度后，就会对组织细胞产生损害。细胞膜含有多种不饱和脂肪酸磷脂，容易被自由基氧化而失去细胞膜的正常功能。维生素 E 作为营养性防御系统的第一道防线，可以终止脂类链反应，避免继续进行氧化反应。因此，维生素 E 是细胞内的抗氧化剂，可以保护细胞膜免受氧化破坏，维持细胞膜的完整性，改善细胞膜的通透性，同时保护毛细血管，改善微循环及皮肤、黏膜弹性。

（2）免疫功能。维生素 E 的免疫功能主要是通过吞噬细胞生成氧基、降低血液中免疫抑制剂的含量的途径实现的。当维生素 E 缺乏时，吞噬细胞的吞噬能力下降，动物体 B 细胞和 T 细胞的免疫反应下降。给动物提供大量的维生素 E，能够显著提高雏鸡的原发性免疫反应，提高猪对大肠埃希菌的血清学反应，增加动物对传染病及肿瘤的抵抗能力。

（3）参与机体能量及物质代谢。维生素 E 在动物肝脏内及其他组织器官内，可以促进泛醌的形成，泛醌在线粒体内可实现组织呼吸作用。此外维生素 E 还参与核酸代谢、维生素 C 合成，调节血红素合成，维持正常的甲状腺功能。

（4）提高繁殖功能、促进生长发育。维生素 E 能促进垂体前叶激素的释放，调节性腺功能活动，还可以促进垂体促甲状腺激素和促性腺激素的释放，因而能直接或间接调节机体基础代谢、蛋白质合成、水盐代谢。

（5）改善肉质品质。维生素 E 作为脂溶性抗氧化剂，可以储存于细胞膜内，维持细胞膜的完整性，同时维生素 E 还能有效地抑制鲜猪肉中高铁血红蛋白的形成，增强氧合血红蛋白的稳定性，从而延长鲜肉的货架寿命，加之维生素 E 能显著降低脂类的过氧化反应，因此还可以延长肉色的保存时间，减少滴汁损失。

3. 维生素 E 缺乏症

生产中可见维生素 E 缺乏症，这些症状往往突然发生。维生素 E 缺乏症的症状各式各样。饲料中缺乏维生素 E 最易引发幼畜发生肌营养不良——白肌病，表现为肌纤维和心肌细胞萎缩，肌纤维上有明显的白色条纹，幼畜肌肉发育不良且无活力，甚至可引发突然性心力衰竭，如果进行解剖，可见内脏脂肪组织被大量氧化，出现黄脂病。仔猪缺乏维生素 E 时常因肝坏死而死亡。

家禽缺乏维生素 E，可出现渗出性素质，在鸡的胸腹部皮下可见蓝绿色液体，出现水肿；另外还可出现小脑软化症，解剖可见小脑增生出血或水肿，雏鸡出现头颈后仰，严重时伏地不起甚至麻痹死亡。

对于种用家畜，维生素 E 的缺乏可以引发生殖系统病变：雄性动物睾丸萎缩，精子形态异常甚至精子产生停止；雌性动物卵巢功能下降，不孕、流产或产死胎、弱胎，产后无奶；母鸡的产蛋率、种蛋孵化率降低；多胎动物产活仔数下降，出生重、断奶重、育成率也会受到不同程度的影响。

4. 维生素 E 的天然来源及补充

（1）维生素 E 最丰富的来源是谷物籽实的胚芽和大多数油料籽实，但谷物籽实的维生素 E 在一般条件下储存半年后，有 30% ~ 50% 被损失；动物器官及产品中也存在一定量的维生素 E，如肾上腺、脑垂体、胰、脾、奶等；另外一些青绿多汁饲料中也含有较多的维生素 E。

（2）维生素 E 是目前集约化养殖中必须添加的维生素之一，使用时应考虑预混料加工调制和储存等过程中的损失量。

四、维生素 K

1. 维生素 K 的存在形式及理化性质

维生素 K 是一类萘醌衍生物，包括从 K_1 ~ K_7 多种形式，其中最重要的是维生素 K_1、维生素 K_2 和维生素 K_3。天然存在的维生素 K_1 最初来源于植物，维生素 K_2 最初来源于微生物，而维生素 K_3 是人工合成产物，前两者只溶于有机溶剂，而后者可溶于水。天然的维生素 K_1 为金黄色黏稠的油状物，天然的维生素 K_2 为黄色结晶物质，它们均对热稳定，但在碱性、强酸、氧化、光照及辐射的条件下易被破坏，维生素 K_1 在空气中氧化较慢，若遇光则很快被破坏。

维生素 K_3 是水溶性化合物，具有较好的吸收利用率，因而其活性最高。在生物活性方面：维生素 K_3：维生素 K_1：维生素 K_2 = 4：2：1，但从治疗维生素 K 拮抗物引起的急性血凝固失调效果看，维生素 K_1 远比维生素 K_3 好。维生素 K_1、维生素 K_2 超量使用不会产生毒副作用。

2. 维生素 K 的生理功能

维生素 K 是维持血液凝固系统功能必不可少的营养物质。它可以催化肝脏中凝血酶原和凝血活素的合成。凝血酶原通过凝血活素的作用转变为具有活性的凝血酶，将血液中的可溶性纤维蛋白原转变为不溶性的纤维蛋白，使血液凝固。维生素 K 还参与蛋白质、多肽的代谢，且具有利尿、强化肝脏解毒、降低血压的功能。

3. 维生素 K 缺乏症

维生素 K 可因饲料中供给不足引起缺乏症，也可因吸收代谢障碍造成缺乏。虽然微生物可以合成部分维生素 K，但当动物肠道细菌合成维生素 K 的数量不能满足动物的需要时，也可产生缺乏症。维生素 K 缺乏时，动物会出现血中凝血酶原含量下降，从而在多种组织器官中引发出血倾向或出血，如皮下组织、肌肉组织、脑、胃肠道、腹腔、泌尿生殖器官等；当动物因外伤出血时，维生素 K 缺乏会导致凝血时间延长，最终导致动物贫血甚至死亡。

维生素 K 缺乏症在家禽中多见。雏鸡缺乏维生素 K，其皮下、肌肉间隙呈现出血现象，断喙或受伤时流血不止；母鸡缺乏维生素 K，所产种蛋蛋壳有血斑，孵化时，鸡胚常因出血而死亡。动物在采食牧草时，应避免引起维生素 K 缺乏症。

4. 维生素 K 的毒性

维生素 K 的毒性主要表现为对血液、循环系统的干扰。不同的维生素 K 引起的毒性反应有很大区别，天然的维生素 K 即使高剂量使用也是无毒的，而合成的维生素 K 对家畜具有毒性作用。

5. 维生素 K 的天然来源及补充

（1）维生素 K_1 广泛存在于青绿多汁饲料、块根、块茎及饼粕、鱼粉中；维生素 K_2 由于可在动物消化道中由微生物合成，正常情况下不需要补充。

（2）家禽体内合成维生素 K 的能力很差，尤其是笼养鸡不能从粪便中获得一定量的维生素 K 或平养鸡感染球虫病后，鸡肠道严重受损，均极易产生维生素 K 缺乏症，因此在实际生产中常采用补充维生素 K 添加剂的形式，为家禽提供充足的维生素 K。

第三节 水溶性维生素

一、硫胺素（维生素 B_1）

1. 维生素 B_1 的存在形式及理化性质

维生素 B_1 在动物体内的存在形式有四种：游离的硫胺素、硫胺素一磷酸、硫胺素二磷酸、硫胺素三磷酸。硫胺素二磷酸又称硫胺素焦磷酸或辅羧酶，参与代谢。

商品维生素 B_1 多为硫胺素盐酸盐或硝酸盐，为白色至微黄色结晶或结晶性粉末，无臭或稍有特异臭，不吸湿；极易溶于水，微溶于乙醇，不溶于其他溶剂；对碱极其敏感，pH 在 7 以上时，室温下即被破坏；对干热稳定，但湿热环境中对热不稳定；在黑暗、干燥条件下，即使温度较高，对空气中的氧也较为稳定；味微苦，具有特殊香气。

2. 维生素 B_1 的生理功能

（1）参与糖的中间代谢。维生素 B_1 通过辅酶形式参与由 α- 酮酸氧化脱羧酶、丙酮酸脱氢酶等催化的糖代谢和三羧酸代谢反应。

（2）与神经系统的关系。维生素 B_1 可通过神经系统的能量代谢，为大脑提供能量，维持大脑的正常功能；可提高神经胶质细胞合成脂肪酸的能力；还可维持神经组织及心肌的正常功能。

（3）调节胆碱酯酶的活性。维生素 B_1 可以减少动物体内乙酰胆碱的分解，维持胃肠的正常蠕动。

（4）参与氨基酸代谢。维生素 B_1 可促进氨基酸的氨基转移，使体内的氨与谷氨酸合成无毒的谷氨酰胺，消除或减轻肝、脑症状，改善神经系统的功能。

3. 维生素 B_1 缺乏症

动物在一般情况下不易发生维生素 B_1 缺乏症，幼畜及家禽饲料中维生素 B_1 不足，或饲料中存在硫胺酶而破坏维生素 B_1 时才会发生。此外，成年动物在患消化道功能障碍、胃肠炎或大量服用抗菌剂时，才会产生维生素 B_1 缺乏症。

维生素 B_1 缺乏症的一般症状为食欲减退、消化不良、生长受阻、体重下降，身体虚弱、体温下降、呼吸困难，神经系统出现多发性神经炎，运动失调，后期表现为痉挛、抽搐、角弓反张；猪、鸡皮肤发绀，犊牛流泪；特别是猪还可在消化道出现病变，如肠道弛缓、缺乏胃酸、呕吐下痢、继发性脱水，甚至出现胃肠道出血；种用母猪易早产、新生仔猪死亡率高、成猪突然死亡，其典型症状是心肌坏死；还可导致公鸡发育受阻，母鸡卵巢萎缩。

在各种动物中，以雏鸡和鸽子对维生素 B_1 的缺乏最敏感，饲喂缺乏维生素 B_1 的日粮 10 日后，即可出现头后仰、肌胃变性、羽毛无光泽等现象。成年反刍动物由于瘤胃中可以合成维生素 B_1，故一般不会出现缺乏症；而幼龄反刍动物由于瘤胃功能不健全，加之饲料供给不足，可出现缺乏症，如体弱、运动失调、不能站立、头向后仰、心律失常、迟钝、肌颤、转圈，严重时可导致死亡，其典型症状为脑灰质软化。

4. 维生素 B_1 的天然来源及补充

（1）维生素 B_1 广泛存在于大量的动物和植物性饲料中，如禾本科谷物籽实及其副产品、干酵母、优质干草（尤其是苜蓿），除奶以外的动物性产品中也含有较多的维生素 B_1。天然饲料中所含的维生素 B_1 通常是动物需要量的 3~4 倍，饲喂典型的猪、鸡日粮不易出现维生素 B_1 缺乏症，因此玉米-豆粕型日粮中不需要添加维生素 B_1。

（2）成年反刍动物出现应激或高产时需要补充维生素 B_1，通常以硫胺素硝酸盐或硫胺素盐酸盐的形式为动物添加维生素 B_1。

二、核黄素（维生素 B_2）

1. 维生素 B_2 的存在形式及理化性质

维生素 B_2 有三种存在形式：游离的核黄素、黄素单核苷酸、黄素腺嘌呤二核苷酸。

维生素 B_2 为橘黄色结晶，味苦，微溶于水，极易溶于稀酸、强碱溶液，易受光、碱、重金属的破坏，在酸性环境中稳定，耐热，在空气中稳定。

2. 维生素 B_2 的生理功能

（1）以辅酶形式参与物质代谢。维生素 B_2 以辅酶形式与特定的蛋白质结合形成多种黄素酶，参与氧化还原反应，产生能量，黄素酶是体内糖、氨基酸转化利用所必需的物质，同时也是脂肪酸氧化和不饱和脂肪酸代谢所必需的成分。

（2）以辅基的形式组成谷胱甘肽还原酶。此酶在细胞膜脂质过氧化反应中可阻止过氧化的过程。

（3）增强黄素酶的活性。维生素 B_2 可增强黄素酶的活性以及增加组织中维生素 B_6 的含量，同时还可以促进色氨酸的代谢，因为维生素 B_6 是色氨酸代谢所必需的物质。

（4）催化维生素 C 的生物合成。维生素 B_2 可催化维生素 C 的生物合成，增加动物对铁的吸收和利用，强化肝脏的解毒功能，延长红细胞的生命周期。

3. 维生素 B_2 缺乏症

维生素 B_2 缺乏症主要表现为皮肤、黏膜、神经系统的变化。各种动物的表现如下。

（1）反刍动物。成年反刍动物由于瘤胃能合成维生素 B_2，通常情况下不需要补充。但幼龄反刍动物的瘤胃微生物区系还没有形成，需要从饲料中摄取维生素 B_2，否则会出现口腔黏膜充血、口角损伤、腹部脱毛、流涎流泪，以及厌食、腹泻等症状。

（2）鸡。鸡缺乏维生素 B_2 出现曲爪麻痹症，表现为鸡跗关节着地，爪内曲，且低头、垂尾垂羽；严重缺乏时，臂及坐骨神经肿大，神经髓鞘退化；种蛋孵化率低，胚胎发育不全，水肿，羽毛发育受阻。

（3）猪。猪缺乏维生素 B_2 表现为：母猪不发情，出现繁殖障碍；幼猪生长缓慢、白内障、步态僵硬、呕吐脱毛；严重缺乏时，嗜中性粒细胞增加，免疫反应降低，脂肪肝，卵泡萎缩，臂及坐骨神经髓鞘退化。

4. 维生素 B_2 的天然来源及补充

（1）维生素 B_2 广泛存在于酵母，麦麸，豆饼，青绿多汁饲料，谷物胚芽，动物的乳、蛋中，尤其以苜蓿叶片中含量丰富。

（2）由于猪、鸡典型日粮中维生素 B_2 含量不足以及幼龄反刍动物瘤胃功能不健全，因此猪、鸡、幼龄反刍动物，尤其是笼养鸡和种鸡日粮中必须补充维生素 B_2。

三、泛酸（维生素 B_5）

1. 泛酸的存在形式及理化性质

泛酸是一类酰胺类物质。游离的泛酸是一种黏稠的、淡黄色的油状物，易溶于水及乙酸乙酯，具有高度的吸水性，易受酸、碱、热的破坏。当 pH 为 5.5～7.0 时，泛酸的热稳定性最高，同时泛酸对氧化剂、还原剂均稳定。泛酸钙是泛酸的商品形式，为白色针状物，对光、空气稳定。泛酸是一种旋光性物质，只有在右旋形式下，才具有维生素的效用。

2. 泛酸的生理功能

泛酸是辅酶 A 及酰基载体蛋白的组成成分，其生理功能如下。

（1）参与物质代谢。泛酸作为辅酶 A 的组成部分，以辅酶 A 的形式参与代谢。辅酶 A 是羧基的载体，它与脂肪、碳水化合物、氨基酸分子上的二碳结构相结合形成乙酰辅酶 A，参与碳水化合物、脂肪、蛋白质的代谢。

（2）参与某些物质的酰基化。泛酸以酰基载体蛋白的形式参与脂肪酸的合成并催化胆碱等物质的酰基化。

（3）提高抵抗力。泛酸通过促进氨基酸与血液中白蛋白的结合来刺激动物体内的抗体形成，从而提高动物对病原体的抵抗力。

3. 泛酸缺乏症

泛酸是 B 族维生素中最易缺乏的一种维生素。猪、鸡、犬等对泛酸的缺乏较为敏感，其一般缺乏症表现为生长缓慢、饲料转化率低、皮肤及黏膜损伤、神经系统紊乱、胃肠道功能障碍、抗体形成受阻、肾上腺功能减退。

（1）反刍动物。实验性泛酸缺乏症：犊牛表现为厌食、生长缓慢、皮毛粗糙、皮炎、腹泻甚至死亡；成年牛最典型的症状为口、眼部鳞状皮炎。

（2）猪。其典型症状为运动失调：缺乏症前期猪的后腿僵直、痉挛、站立时后躯发抖，如长期缺乏，上述症状可继续发展为"鹅步"，最终后肢瘫痪。另外，猪还可表现为皮肤粗糙、有皮屑，眼周围有黄色分泌物，肩部、耳后有皮炎，以及患坏死性肠炎。种用母猪缺乏泛酸，可导致不孕、卵巢萎缩、子宫发育不良。

（3）家禽。家禽缺乏泛酸时：种蛋鸡产蛋量、种蛋孵化率下降，胚胎皮下出血、水肿；雏鸡可出现全身羽毛粗糙卷曲、质地脆弱易脱落，喙部出现皮炎，趾部外皮脱落出现裂口或者皮变厚、角质化；日粮中缺乏时还可发现肝脏肿大。

4. 泛酸的天然来源及补充

（1）泛酸广泛存在于动物和植物性饲料中，苜蓿干草、酵母、米糠、花生饼、青绿饲料、麦麸、鱼膏等是动物良好的泛酸来源。

（2）以谷物籽实尤其是玉米为主的单胃动物日粮中缺乏泛酸，特别是雏鸡和种鸡由于对日粮中结合型泛酸的利用率很低，因此其喂给量应提高 60%～80%。以添加剂的形式补充泛酸时，应注意商品的旋光性及混合条件的 pH，以确保补充效果。

四、烟酸（尼克酸、维生素 B$_3$ 或维生素 PP）

1. 烟酸的存在形式及理化性质

烟酸是吡啶 -3- 羧酸及其衍生物的总称。而烟酰胺是它在动物体内的主要存在形式。

烟酸外观为白色结晶粉末，易溶于碱性溶液，微溶于水，是结构最简单、理化性质最稳定的一种维生素，不易受酸、碱、水、金属离子、热、光、氧化剂及加工储存等因素的影响。而烟酰胺在强酸、强碱中加热可分解为酸。

2. 烟酸的生理功能

（1）烟酸以辅酶Ⅰ和辅酶Ⅱ的形式参与碳水化合物、脂肪、蛋白质的代谢。

（2）烟酸是多种脱氢酶的辅酶，在生物氧化过程中起传递氢离子的作用。

（3）烟酸作为辅酶Ⅰ的组成部分，直接影响其在体内的含量，而体内辅酶Ⅰ的含量又可影响视黄醛向维生素A的转化。另外，烟酸又是辅酶Ⅱ的组成部分，而辅酶Ⅱ可使谷氨酸和抗坏血酸保持还原状态。

3. 烟酸缺乏症

烟酸缺乏症主要表现在三个方面：皮肤病变、消化道及其黏膜损伤、神经系统的变化。

（1）猪。猪缺乏烟酸时表现为食欲减退、生长缓慢、饲料转化率低，耳、背部出现鳞状皮炎且皮肤粗糙，正常红细胞型贫血，呕吐、常有出血性下痢，严重者发生大肠、盲肠坏死性炎症。

（2）鸡。鸡缺乏烟酸的典型症状为胫骨短粗，还可出现口腔、食管及其黏膜发炎，黏膜呈深红色，食欲缺乏，呕吐及出血性下痢。

4. 烟酸的毒性

烟酸摄取量过多，可产生一系列不良反应，如心率增加、呼吸加快、呼吸麻痹、脂肪肝、生长受阻，严重时出现死亡。不过烟酸中毒在正常情况下很少发生，仅在特定的实验条件下发生。

5. 烟酸的天然来源及补充

（1）烟酸广泛分布于各种饲料中，糠麸、干草、蛋白质饲料中均含有丰富的烟酸，而禾本科籽实及乳品加工副产品中烟酸含量较少且呈结合状态，利用率较低。

（2）一般需要添加烟酸的动物有猪、家禽、幼龄反刍动物以及处于热应激条件下的高产奶牛，烟酸的添加可以提高动物的生产性能，特别是可预防奶牛的酮血症。

五、吡哆醇、吡哆醛、吡哆胺（维生素 B_6）

1. 维生素 B_6 的存在形式及理化性质

维生素 B_6 是吡啶衍生物，其存在形式为吡哆醇、吡哆醛、吡哆胺，在动物体内三者的生物活性是相同的。维生素 B_6 是无色晶体，易溶于水和醇，对酸、空气、热稳定。在碱性或中性溶液中，维生素 B_6 遇光则分解；而在酸性条件下，维生素 B_6 分解较少。

2. 维生素 B_6 的生理功能

（1）参与代谢功能。维生素 B_6 以磷酸吡哆醛的形式构成转氨酶和脱羧酶系统的辅酶，参与动物体内碳水化合物、脂肪、氨基酸、维生素、矿物质的代谢，如丝氨酸、甘氨酸、谷氨酸、含硫氨基酸、鸟氨酸、色氨酸代谢，烟酸、泛酸、维生素C、胆碱、维生素 B_{12} 代谢，镁、硒、锌代谢，以及糖原和脂肪代谢。

（2）与神经系统的关系。磷酸吡哆醛脱羧酶可以促进多种神经递质的合成，同时磷酸吡哆醛又是合成神经鞘醇胺的辅助因子，可以维持下丘脑－垂体－甲状腺系统的正常功能。

（3）免疫功能。维生素 B_6 通过以下三种途径起免疫作用。

① 淋巴器官：可增加雏鸡法氏囊的质量，促进胸腺T淋巴细胞的成熟。

② 细胞介导免疫：可增加外周血白细胞和淋巴细胞的数量，提高T淋巴细胞的细胞毒性作用和动物对植物血凝素的反应。

③ 体液免疫：由抗原刺激的抗体产生量增加。

3. 维生素 B_6 缺乏症

（1）反刍动物。犊牛维生素 B_6 缺乏症表现为食欲下降，腹泻，抽搐，外周神经脱髓鞘。

（2）鸡。鸡维生素 B_6 缺乏症表现为食欲减退，生长迟缓，产蛋率、孵化率下降，羽毛发育不全，痉挛，跛行。

（3）猪。猪维生素 B_6 缺乏症表现为小红细胞低色素性贫血，抽搐，呕吐，腹泻，眼周有渗出液，皮肤结痂、皮下水肿，共济失调及神经功能下降。

4. 维生素 B_6 的天然来源及补充

（1）动物性饲料、青绿饲料、谷物及其加工副产品中均含有丰富的维生素 B_6，植物性饲料中主要是磷酸吡哆醇和磷酸吡哆胺，动物性饲料中主要是磷酸吡哆醛。

（2）通常情况下，典型的猪、鸡日粮中不易出现维生素 B_6 缺乏，但当日粮中能量、蛋白质水平提高时，维生素 B_6 的需要量就要增加，尤其是生长畜禽及处于应激状态下的猪应补充维生素 B_6。

六、生物素（维生素 B_7）

1. 生物素的存在形式及理化性质

生物素分子结构中含有三个不对称碳原子，因此可能有8个异构体，其中只有d-生物素存在于自然界且具有维生素的活性。天然的生物素一部分以游离的状态存在，一部分与蛋白质结合。游离的生物素是白色结晶粉末，溶于稀碱，微溶于水和乙醇，不溶于大多数有机溶剂。干燥、结晶的d-生物素对空气、光线、热稳定，并在弱酸、弱碱环境中稳定；但能被紫外线破坏，在强酸、强碱条件下加热不稳定。

2. 生物素的生理功能

生物素的主要生理功能是以辅酶的形式参与碳水化合物、脂肪、蛋白质代谢过程中的脱羧反应、羧化反应、脱氢反应，完成碳水化合物向蛋白质的转化及碳水化合物、蛋白质向脂肪的转化。另外，生物素还可转移一碳集团，固定组织中的二氧化碳，参与溶菌酶活化，并与皮脂腺功能有关。

3. 生物素的缺乏症

生物素缺乏时，生物素酶活性降低，但对一系列羧化酶的影响不一样，对动物的影响也不一样，雏鸡肝中的丙酮酸羧化酶活性下降更明显。生物素缺乏时，家禽表现为脱腱症，腓关节肿大，侧向扭曲，肌腱从踝槽脱出，羽毛粗糙，皮肤干燥结痂、角质化、裂口，喙变形，新生小鸡肌肉萎缩，运动失调，种蛋孵化率下降，胚胎骨骼畸形；猪表现为被毛粗糙、脱毛、皮肤干燥结痂、角质化、蹄开裂，出现"毛刺舌"。

4. 生物素的天然来源及补充

（1）绝大多数饲料中的生物素以结合形式存在。一般而言，动物蛋白中生物素含量变化比植物性饲料大。油粕、苜蓿粉、干酵母中生物素的利用率最高，肉粉、鱼粉次之，谷物中的生物素一般利用率均较差，其中小麦和大麦最差。

（2）一般情况下，日粮中所含的生物素可以满足动物的营养需要，不需要补加，但猪在应激条件下，应该加以补充。

七、叶酸（维生素 B_{11}、维生素 M）

1. 叶酸的存在形式及理化性质

叶酸是维生素中已知生物学活性形式最多的一种，动物组织中叶酸化合物就达 100 种。叶酸是黄色至橙黄色的结晶粉末状物质，易溶于稀酸、稀碱溶液，微溶于水，不溶于乙醇等有机溶剂。结晶的叶酸对空气和热均稳定，但易被光和紫外线辐射降解；叶酸在中性溶液中较稳定，但易被酸、碱、氧化剂、还原剂破坏。

2. 叶酸的生理功能

（1）叶酸以 5, 6, 7, 8- 四氢叶酸的形式通过一碳集团的转移，为嘌呤碱、胸腺嘧啶、甲基烟酰胺的形成提供条件，而嘌呤碱、胸腺嘧啶是核酸的重要组成成分，因此叶酸是细胞形成、核酸的生物合成所必需的营养物质。

（2）叶酸辅酶是红细胞、白细胞合成，中枢神经功能整合，维持胃肠道正常功能及幼畜生长发育所必需的营养物质。

（3）叶酸是维持免疫系统正常功能的必需物质。叶酸缺乏，嘌呤、胸腺嘧啶的合成减少，导致 DNA 合成受阻，从而影响免疫细胞的分裂和增殖。

3. 叶酸缺乏症

（1）家禽。在各种畜禽中以家禽对叶酸的缺乏最为敏感。家禽缺乏叶酸时表现为食欲减退、生长受阻、巨红细胞性贫血、白细胞减少、血小板减少，羽毛粗糙，皮炎，甚至羽毛褪色，有时会出现水样白痢，种蛋孵化率低，喙畸形，胚胎股骨扭曲。

（2）猪。猪缺乏叶酸时生长受阻、食欲减退，正常红细胞性贫血，种用母猪繁殖及泌乳功能紊乱。

4. 叶酸的天然来源及补充

（1）叶酸广泛存在于自然界的动物体、植物体及微生物中。天然存在的叶酸绝大部分以结合形式存在，以极低浓度几乎分布于一切细胞中。例如，动物的肝、肾、奶是叶酸的良好来源，深绿色多叶植物、豆科植物、小麦胚芽中也含有丰富的叶酸，但谷物中叶酸含量较低。

（2）在生产中，家禽日粮添加叶酸的可能性更大。有人建议在肉仔鸡和肉种鸡日粮中添加叶酸；也有人认为所有幼龄动物和种用动物日粮中都需要添加叶酸。另外，长期饲喂抗生素和磺胺类药物的动物或长期患消化道慢性病的动物的日粮中，可能需要补充叶酸。

八、氰钴胺素（维生素 B_{12}）

1. 维生素 B_{12} 的存在形式及理化性质

动物对维生素 B_{12} 的需要量是所有维生素中最低的，但其作用很大。维生素 B_{12} 是自然界中仅能靠微生物合成的一种维生素，植物性饲料中通常不含有维生素 B_{12}；同时维生素 B_{12} 又是维生素中唯一含有金属元素的维生素。维生素 B_{12} 是深红色的结晶粉末状物质，微溶于水，溶于乙醇，不溶于乙醚、氯仿。

2. 维生素 B_{12} 的生理功能

（1）维生素 B_{12} 是不稳定甲基代谢所必需的物质，它可以作为甲基的载体参与蛋氨酸、胸腺嘧啶等的生物合成，间接参与核酸、蛋白质和多种磷脂的合成。

（2）维生素 B_{12} 辅酶帮助叶酸辅酶发挥作用，同时对叶酸在肝内存在是必需的。

（3）维生素 B_{12} 能使酶促反应中的处于还原状态的酶系具有活性，其中还原性谷胱甘肽对红细胞、肝细胞的代谢具有重要作用。

（4）维生素 B_{12} 能使机体造血功能处于正常状态，促进红细胞的发育、成熟，因此可促进 DNA 及蛋白质的生物合成。

（5）维生素 B_{12} 也能促进一些氨基酸的合成，主要是蛋氨酸和谷氨酸的合成。

3. 维生素 B_{12} 缺乏症

由于植物性饲料中不含有维生素 B_{12}，如果日粮中提供的维生素 B_{12} 不足，则单胃动物及幼龄反刍动物就会出现缺乏症。成年反刍动物体内虽可合成维生素 B_{12}，但当日粮中微量元素钴缺乏时，也会出现维生素 B_{12} 缺乏症。

（1）鸡。缺乏维生素 B_{12} 时，雏鸡表现为生长停止，贫血，脂肪肝，死亡率增高；产蛋鸡表现为产蛋率下降，种蛋孵化率下降，胚胎中途因畸形而死亡。

（2）猪。猪缺乏维生素 B_{12} 时表现为食欲丧失、消瘦、对应激敏感，运动失调、后肢软弱，皮肤粗糙、偶发皮炎；出现小细胞性贫血。母猪缺乏维生素 B_{12} 可见产仔数明显减少，仔猪活力减弱。

（3）反刍动物。反刍动物缺乏维生素 B_{12} 时表现为厌食、营养不良、生长缓慢、肌肉软弱、饲料转化率低。

4. 维生素 B_{12} 的天然来源及补充

（1）天然维生素 B_{12} 只有微生物可以合成，植物性饲料中不含有维生素 B_{12}，动物性饲料中或多或少含有维生素 B_{12}，其中以肝中含量最丰富，因此维生素 B_{12} 的主要天然来源是动物性饲料。

（2）由于植物性饲料中不含有维生素 B_{12}，因此集约化饲养的猪、鸡，尤其是饲喂全植物性饲料时，日粮中必须以添加剂的形式补充维生素 B_{12}。

九、胆碱（维生素 B_4）

胆碱本不符合维生素的经典概念，也不同于其他 B 族维生素，因为胆碱可以在动物肝脏内合成，机体对胆碱的需要量较高，同时它又是动物机体的构成成分，故将其视为 B 族维生素是否合适，尚值得商榷。

1. 胆碱的存在形式及理化性质

胆碱是类脂肪成分，分子中含有羟基和甲基。自然界存在的胆碱有游离胆碱、乙酰胆碱、磷脂及其中间代谢产物。

纯胆碱是无色、黏稠、略带鱼腥味的液体，具有强碱性，能与酸反应形成稳定的结晶盐。胆碱溶于水、乙醇、甲醛，难溶于氯仿、丙酮，对热、储存稳定，但在强酸条件下不稳定。氯化胆碱是胆碱的商品形式，它为吸湿性很强的白色结晶粉末，易溶于水和乙醇，其水溶液的 pH 为 6.5 ~ 8。

2. 胆碱的生理功能

（1）构成和维持细胞结构。胆碱是磷脂的组成成分，而磷脂是细胞膜的主要成分，因此胆碱对细胞的构成及维持细胞的结构是非常重要的。

（2）传导神经冲动。由胆碱构成的乙酰胆碱是神经终端释放的神经递质，它使神经刺激得以传递。

（3）防止脂肪肝。胆碱通过促进肝中脂肪以磷脂形式被运输和提高脂肪酸在肝内的氧化利用两个途径，避免脂肪在肝中异常聚集。

（4）提供不稳定甲基。机体活性甲基的来源主要是胆碱、蛋氨酸、叶酸、维生素 B_{12}。

3. 胆碱缺乏症

胆碱的缺乏多发于家禽和生长发育猪，通常表现为生长缓慢，肝、肾脂肪浸润，脂肪肝，骨软化，组织出血，高血压。仔猪缺乏胆碱时多表现为生长不良、被毛粗糙、步态不稳、关节松弛，母猪缺乏胆碱时表现为受胎率、产仔率低下，鸡缺乏胆碱时多表现为胫骨短粗、溜腱性行走困难、产蛋率下降。

4. 胆碱的天然来源及补充

胆碱广泛存在于自然界，只要含有脂肪的饲料就可以提供一定数量的胆碱。其中，动物性饲料中主要来源有蛋黄、鱼、腺体组织粉等，植物性饲料中主要来源为青绿饲料、酵母、豆科籽实、饼粕等。玉米胆碱含量少，麦类胆碱含量高于玉米，常用植物性饲料一般不需要补充胆碱。

5. 胆碱的毒性

进食过量的胆碱可出现中毒症状：流涎、颤抖、痉挛、发绀、呼吸麻痹。鸡对胆碱的耐受力较低，但按需要量的一倍添加胆碱对成年鸡也是安全的。

十、抗坏血酸（维生素 C）

1. 维生素 C 的存在形式及理化性质

维生素 C 为己糖的衍生物，其天然存在形式为还原性抗坏血酸和氧化性抗坏血酸，二者的 L 型异构体均具有生物活性。维生素 C 是一种白色或微黄色的粉状结晶，微溶于丙酮和乙醇，0.5% 的维生素 C 水溶液为强酸性（pH = 3）。维生素 C 有很强的还原性，极易被氧化剂氧化而失活，尤其是在碱性或中性水溶液中易失效；维生素 C 在微量重金属离子存在时，易被氧化分解，易被热、潮、光破坏。抗坏血酸钠盐外观为黄色，极易溶于水。

2. 维生素 C 的生理功能

（1）参与结缔组织的生成。骨胶原和黏多糖是皮肤、牙齿、骨骼及细胞间质的基本有机组成部分，维生素 C 参与骨胶原和黏多糖的合成，其主要作用是保护参加羟化作用的酶类免受氧化，从而维持酶系统的活性，催化羟脯氨酸的形成，促进骨胶原蛋白的合成。

（2）促进体内物质的氧化还原。由于维生素 C 极易被氧化还原，因此它在动物体内的氧化还原反应中起传递氢离子的作用，从而保证铁的吸收、降低血中胆固醇的浓度、促进神经递质的合成及叶酸转变为具有活性的四氢叶酸。

（3）增强机体解毒及抗病能力。维生素 C 可增加药酶的活性，促进药物或毒物的羟化作用，从而降低毒性，促进毒物、药物的排出，以达到解毒的目的；维生素 C 还可以提高机体的免疫力，它可以促进免疫球蛋白的产生，刺激白细胞的吞噬活性，降低感冒的发病率，且具有一定的抗癌作用。

（4）保护精子免受氧化作用的损害。

3. 维生素 C 缺乏症

正常进食条件下，动物可以利用葡萄糖在脾、肾合成维生素 C，通常不会出现缺乏症。但当日粮营养成分不平衡时，可能导致缺乏症。维生素 C 缺乏症表现为毛细血管通透性增加而引起皮下、肌肉、肠道黏膜出血，骨质疏松易折，牙龈出血，牙齿脱落，创伤溃疡不愈合，导致"坏血病"；生长受阻，活动力丧失，被毛无光泽，抗病力及抗应激力下降；母鸡产蛋量减小，蛋壳质量降低。

4. 维生素 C 的天然来源及补充

（1）维生素 C 广泛存在于新鲜的青绿多汁饲料中，尤以新鲜的水果、蔬菜中维生素 C 含量最丰富；另外，某些动物性食品中也含有一定量的维生素 C。

（2）在一般情况下，畜禽的日粮中不需要补充维生素 C，但猪在转群前后、鸡在患有球虫病和热应激的条件下，在其日粮中添加一定量的维生素 C 是有效的。

5. 维生素 C 的毒性

维生素 C 本身毒性很小，但长期大剂量食用维生素 C 也会产生不良反应：增加尿中草酸盐的排出，有可能发生尿路结石；抑制胚胎发育和幼畜的骨骼生长；导致肠炎、腹泻、腹痛的产生。

总之，维生素对畜禽的正常代谢及发挥最大的生产潜力具有重要的作用，缺乏任何一种维生素都会给畜禽生产带来不利影响。因此，了解动物不同性能所需维生素的种类（见表 1-6），对于指导生产是十分必要的。

表 1-6 动物不同性能所需维生素种类

性能	维生素种类
免疫功能	维生素 A、维生素 E、维生素 B_6、叶酸、维生素 B_{12}、维生素 C
抗应激	维生素 A、维生素 E、维生素 B_1、维生素 C
生产性能	维生素 A、维生素 D、维生素 E、维生素 B_1、维生素 B_2、泛酸、烟酸、维生素 B_6、生物素、叶酸、维生素 B_{12}、维生素 C
繁殖性能	维生素 A、维生素 D、维生素 E、维生素 B_2、泛酸、烟酸、维生素 B_6、生物素、叶酸、维生素 B_{12}
骨骼发育	维生素 A、维生素 D、烟酸、生物素、维生素 B_{12}、维生素 C
抗病力	维生素 A、维生素 E、维生素 K、叶酸、维生素 C
蛋壳强度	维生素 A、维生素 D、维生素 C
消化道功能	维生素 A、维生素 E、维生素 B_1、维生素 B_2、泛酸、烟酸、维生素 B_6、叶酸
皮肤	维生素 E、维生素 B_2、泛酸、烟酸、生物素、维生素 B_{12}
食欲	维生素 B_1、维生素 B_2、维生素 B_6、维生素 C
羽毛	维生素 A、维生素 D、维生素 B_2、泛酸、烟酸、维生素 B_6、生物素、维生素 B_{12}
蛋壳颜色	维生素 K、胆碱、叶酸

资料来源：（部分摘自）姚军虎. 动物营养与饲料. 北京：中国农业出版社，2001.

本章小结

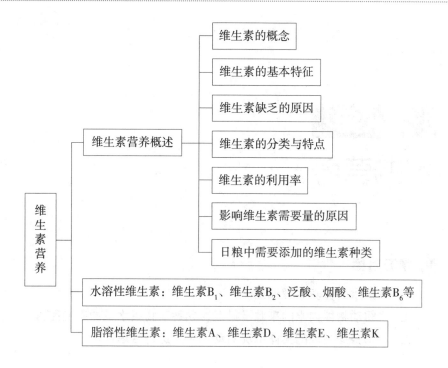

思考题

1. 什么是维生素？维生素有哪些基本特征？
2. 维生素是如何分类的？各类分别包括哪些维生素？
3. 脂溶性维生素和水溶性维生素各有哪些特点？
4. 脂溶性维生素各有哪些生理功能？其主要缺乏症是什么？
5. 水溶性维生素各有哪些生理功能？其主要缺乏症是什么？
6. 动物在应激状态下，应强化哪些维生素？为什么？
7. 试分析动物为什么会出现夜盲症、白肌病和鸡的渗出性素质。
8. 生产实际中可否利用富含维生素的天然饲料来满足动物对维生素的需要？结合生产加以说明。

第八章

水的营养

📖 **学习目标**

1. 掌握水的营养生理作用。
2. 了解动物体内水的来源及排泄，熟悉动物需水量的影响因素。
3. 能够根据当地的具体情况对动物生产进行合理供水。

第一节 水的营养和卫生质量

水是一种重要的营养物质，是一切动物赖以生存的基础。当动物长期不能进食，体内储备的糖和脂肪几乎耗尽，蛋白质也失去一半或失去 40% 的体重时，机体仍可勉强维持生命。然而，动物体一旦失去 10% 的水就会引起代谢紊乱，失水至 20% 则无法存活。大多数动物对水的摄入量远超其他营养物质，如成年动物体的 1/2 ～ 1/3 由水组成，初生动物体成分中水可高达 80%。由此可见，充分认识水的营养作用，保证动物饮用水的卫生质量，对动物的健康和生产具有非常重要的意义。

一、水的营养生理作用

水无嗅无味，是一种结构不对称而具有偶极离子的极性分子，化学反应活性较差，具有溶解能力强、黏度小、比热高等理化特性，动物生命活动过程中许多特殊生理功能都依赖水的存在。

（一）水是动物体的主要组成成分

动物体含水量为其体重的 50% ～ 80%，大部分水可与蛋白质结合形成胶体，直接构成组织细胞等身体结构，并使其保持一定的形态、硬度和弹性。水还参与构成血液、组织液、消化液、关节润滑液等。

（二）水参与机体代谢

动物体内很多代谢过程均需要水的参与（或有水的释放），如淀粉、蛋白质等的水解反应、氧化还原反应，有机物质的合成，等等。另外，水也是各种生物化学反应重要的溶剂，各种营养物质的消化、吸收、转运、利用及其代谢产物的排出均需要溶解在水中方可进行。

（三）水参与体温调节

水的比热大，热容量也大。需要失去或获得较多的热能，才能使水的温度产生明显下降或上升的变化。因此，动物体温不易随外界温度的变化而发生明显变化。同时，动物体可以利用水储存热能，也可通过水分的散失，散发体内过多的热量，进而维持体温的恒定。

（四）水具有润滑作用

水的黏度小，可充当动物体内摩擦部位的润滑剂，使各器官运动灵活且不产生损伤。例如，泪液可保持眼球湿润；唾液可湿润饲料和咽部，便于吞咽；关节囊液可滑润关节，使之活动自如并减少关节之间的摩擦。

动物体内水分不足会影响动物的生产性能和机体健康。短期内水分不足，会造成幼龄动物生长受阻、肥育家畜增重缓慢、成年畜禽生产力下降（如泌乳母畜产奶量急剧下降；母鸡产蛋量迅速减少，蛋重减轻，蛋壳变薄）。据报道，母鸡断水24 h产蛋量下降30%，而且恢复供水后需经25～30 d才能恢复正常产蛋。动物长期饮水不足会影响机体健康。当动物失水量为1%～2%时，开始有口渴感，食欲减退，尿量减少；当动物失水量达到8%时，出现严重口渴感，食欲丧失，黏膜干燥，眼凹，全身肌肉不饱满；当动物失水量达到10%时，就会引起代谢紊乱。

实际上，动物缺水比缺食物更难维持生命，尤其是高温季节。而且动物由于缺水死亡的速度比缺乏食物要快。因此，动物生产中必须保证饮水的供应。

二、水的卫生质量

水的卫生质量直接影响动物的饮水量、采食量、生产性能及机体健康。天然水中可能含有的影响水卫生质量的主要因素是微生物和有毒物质。因此，评价动物饮水的卫生质量指标主要包括微生物和有毒物质（如重金属、有毒金属、有机磷和碳氢化合物）。

天然水中可能含有多种微生物，包括细菌和病毒。其中，细菌中以沙门菌、钩端螺旋体及埃希菌最为常见。这些微生物的种类和数量决定其是否对动物有害。通常微生物检测要求测定大肠埃希菌的数量。水中微生物的卫生标准主要有：美国国家事务局（1973）建议，家畜每1 L饮用水中大肠埃希菌的数量≤50 000个；我国关于无公害畜产品生产过程中畜禽饮用水水质的细菌学指标要符合《无公害食品 畜禽饮用水水质》（NY 5027—2008）的要求（见表1-7）。

表1-7　畜禽饮用水水质的细菌学指标

项目	标准值
总大肠菌群 /（MPN/100 mL）	100（成年畜），10（幼畜和禽）

注：MPN为菌群数。

氯化作用能有效清除和杀灭致病微生物。值得注意的是，原虫和病毒对氯化作用的抵抗力比细菌强得多。氯化作用的杀毒效果取决于水中氯的含量，水中氯的含量受水中亚硝酸盐、铁、硫化氢、氨及有机物含量的影响。例如，水中有机物能使游离氯转变为氯胺，从而使氯的清除能力降低。水的pH越高，达到相同消毒效果所需的氯含量也越高。次氯酸钠和漂白粉（可溶氯含量为5.25%左右）是氯化作用常用的消毒物质。

此外，有毒物质（主要包括重金属、有毒金属、有机磷和碳氢化合物）也是影响水卫生质量的重要因素。特别要注意的是水中硝酸盐和亚硝酸盐对动物的毒性作用。硝酸盐一般不会对动物健康构成威胁，但由硝酸盐得到的还原性产物亚硝酸盐可被胃肠吸收，很快达到中毒水平。动物对硝酸盐的耐受量可高达 1 320 mg/L，而亚硝酸盐浓度超过 33 mg/L 便具有毒性。在无公害畜禽产品生产过程中，畜禽饮用水水质的毒理学指标要符合 NY 5027—2008 的要求（见表 1-8）。

表 1-8　畜禽饮用水水质的毒理学指标

指标	推荐的最大值 /（mg/L）	
	畜	禽
氟化物（以 F⁻ 计）	2.0	2.0
氰化物	0.20	0.05
砷	0.20	0.20
汞	0.01	0.001
铅	0.10	0.10
铬（六价）	0.10	0.05
镉	0.05	0.01
硝酸盐（以 N 计）	10.0	3.0

第二节　动物体内水分的平衡

一、动物体内水分的来源

动物体内水分的来源主要分为三方面：饮水、饲料水和代谢水。

（一）饮水

饮水是动物体内水的主要来源。当饲料水量和代谢水量增加或减少时，动物体内的需水总量将通过饮水量来调节。当然，饮水的水质应良好，符合饮水水质标准和卫生要求。

（二）饲料水

饲料是动物体水的另一重要来源。饲料中所含的水量取决于饲料的种类和动物采食量。青绿饲料含水量高，风干饲料含水量低，不同种类饲料的含水量差异很大（见表 1-9）。当动物采食含水量较高的饲料时，摄入的饲料水就多，反之亦然。

表 1-9 部分饲料的含水量

饲料	含水量	饲料	含水量
配合饲料	10%~15%	青草	70%~80%
谷类籽实及粉料	12%~15%	块根、块茎、地瓜秧	80%~90%
粗饲料	15%~20%	叶菜类、水生饲料	90%~95%
青贮料	60%~70%		

（三）代谢水

代谢水是指糖类、脂肪、蛋白质三种有机物在动物体内氧化分解和合成的过程中所产生的水。但代谢水的水量有限，仅能满足机体需水量的 5%~10%，占动物体日排出水总量的 16%~20%。代谢水对冬眠动物和沙漠里的小啮齿动物的水平衡十分重要：冬眠动物在冬眠过程中不摄食、不饮水仍能生存；而小啮齿动物有的只靠采食干燥饲料，不饮水就能生存。

二、动物体内水分的排出

动物体内各种来源的水分参与代谢后，主要通过粪与尿排泄、肺呼吸、皮肤蒸发、随动物产品排出等方式排出体外，从而维持动物体内水分的平衡。因此，动物需水量与动物机体水分排出量密切相关。

（一）通过粪与尿排泄

动物随尿排出的水分占水分总排出量的 50% 左右。动物的排尿量受动物种类、饮水量、活动量，以及饲料性质、环境温度等多种因素的影响。动物饮水量越多，排尿量就越多。若动物活动量大，环境温度高，则排尿量相对减少。由粪排出的水量与动物种类和饲料的性质有关：牛、马等动物排粪量大，粪中含水量又高，因而由粪排出的水较多；而绵羊、狗、猫等动物的粪较干，因而由粪排出的水较少。

（二）通过肺呼吸和皮肤蒸发

由肺呼出的气体含水分较多，在散热上起重要的作用。动物所呼出的水量随环境温度和动物活动量的不同而不同。气温高时，汗腺不发达或缺乏的动物，如禽类通过加快呼吸，可以增加呼吸道水分的散失。

通过皮肤蒸发失水的方式有两种。一种是由血管和皮肤的体液简单地扩散到皮肤表面而蒸发。通过这种方式排出的水量随皮肤的温度和血液循环的变化而变化。通过皮肤的扩散作用失水和呼吸道蒸发而失掉的水分，称为无感觉失水。母鸡以这种方式失水的量可占总排水量的 17%~35%。第二种是通过排汗失水。皮肤出汗与调节体温密切相关，动物处在运动或高温时，一般的体热散失方式已不能满足需要，须通过皮肤汗腺排出大量汗水来调节体温。

（三）随动物产品排出

动物还可通过泌乳、产蛋等动物产品形式排出水分。牛乳平均含水量高达87%，奶牛每产 1 kg 牛乳可排出 0.87 kg 水。产蛋家禽每产 1 枚 60 g 重的蛋可排出 42 g 以上的水，相当于日饮水量的 20%。

第三节 动物的需水量及其影响因素

一、动物的需水量

动物体内的水分布于全身各组织器官及体液中，主要存在于细胞内液和细胞外液中。当动物体内水充足时，细胞内液和细胞外液的渗透压相等，保持体液的动态平衡，动物摄入的水与排出的水也保持一定的动态平衡。

动物对水分的需求是靠渴觉调节的。渴觉主要是由动物失水而引起细胞外液渗透压升高，刺激下丘脑前区的渗透压感受区而产生的。动物增加饮水，使细胞内外的渗透压恢复正常，动物渴觉随即消失。除此之外，渴觉也可以由传入神经直接传入中枢神经系统而引起。

动物对水分的排出，主要由受中枢神经系统控制的肾脏通过排尿量调节。肾脏排尿量又受脑垂体后叶分泌的抗利尿激素（加压素）控制，动物失水过多，血浆渗透压升高，刺激下丘脑渗透压感受器，反射性影响抗利尿激素的分泌。抗利尿激素促使水分在肾小管与收集管内的重吸收，使尿液浓缩，尿量减少，从而减少水分通过排尿而造成的损失。相反，动物大量饮水后，血浆渗透压下降，抗利尿激素分泌减少，水分重吸收作用减弱，尿量增加。此外，肾上腺皮质分泌的醛固酮激素在促进肾小管对钠离子重吸收的同时，也增加了对水分的重吸收。

总之，动物体内水的调节是一个综合生理过程，由调节水代谢的上述机制共同维持体内水量，使其保持正常水平。

二、影响动物需水量的因素

动物对水的需求量受很多因素的影响，很难准确确定。生产实践中，动物的需水量常根据采食饲料干物质的质量来估计。每采食 1 kg 饲料干物质，牛和绵羊需水 3~4 kg，猪、马和家禽需水 2~3 kg，猪在高温环境里的需水量可增至 4~4.5 kg。

影响动物需水量的因素主要包括动物的种类、品种、年龄、生产性能，以及饲料成分、环境等。

（一）动物的种类和品种

动物的种类和品种不同，需水量不同，且差别很大。哺乳类动物，粪、尿或汗液流失的水分比鸟类多，需水量相对较多。长期在干旱环境中生活的骆驼需水量最少，而乳牛的需水量最大。

（二）动物的年龄

幼龄动物比成年动物需水量大。因为幼龄动物体内的含水量大于成年动物，一般为 70%~80%；且幼龄动物正处于生长发育时期，代谢旺盛，需水量多。

（三）动物的生产性能

生产性能是决定需水量的重要因素。动物生产性能提高，则需水量增加，二者呈正比关系。高产奶牛、高产母鸡、强度生长的幼畜和重役后的马等需水量比同类的低产动物多。例如，日泌乳 10 kg 的奶牛，日需水量为 45~50 kg；日泌乳 40 kg 的高产奶牛，日需水量为 100~110 kg。

（四）饲料成分

一般情况下，动物的干饲料采食量越高，需水量也越多。饲料中粗纤维、蛋白质和矿物质的含量，均是影响需水量的重要因素。饲喂粗蛋白质、粗纤维及矿物质含量高的饲料时，动物需水量多；饲喂青饲料时，动物需水量少。

（五）环境因素

气温对动物需水量的影响显著。一般气温高于 30 ℃时，动物需水量明显增加；气温低于 10 ℃时，动物需水量明显减少。乳牛在气温 30 ℃以上时的需水量，较在气温 10 ℃以下时增加 75% 以上。气温从 10 ℃以下升高到 30 ℃以上时，产蛋鸡的需水量几乎增加两倍。另外，空气干燥时，动物的需水量也增加。

三、合理供水

有条件时应采取自动饮水的办法，使动物在需要水的时候，能随时饮到清洁的水。如果没有自动饮水设备，应注意：

（1）饮水的次数基本上与饲喂次数相同，并做到先饲喂后饮水。

（2）动物在放牧出圈舍前，要给以充足的饮水，以防其出圈饮脏水、粪尿水或冬天吃冰雪，否则易引起胃肠炎或母畜流产。

（3）饲喂易发酵饲料，如豆类、苜蓿草等时，应在饲喂完 1~2 h 后给以饮水，以避免造成膨胀，引起疝痛。

（4）使役家畜，尤其使重役后，切忌马上饮冷水，以防感冒和蹄部风湿炎症，应休息 30 min 后慢慢饮用。

（5）初生一周内的动物最好饮 12 ℃ ~ 15 ℃的温水。

为了保证正常消化代谢和动物健康，一般要求将饮水量控制在适宜范围内，如对肥育猪要求水料比为 1.5∶1 ~ 3∶1；冬季，产蛋期蛋鸡的饮水量为 193 ~ 228 mL/d。日粮平衡性差，如矿物质（特别是氯化钠）含量过高，饲料含难消化成分及毒素，日粮粗蛋白质含量高或氨基酸不平衡等，均会增加禽类饮水量，形成稀粪，给生产和管理带来诸多不便。这一点在高温季节尤为突出，应引起足够的重视。

本章小结

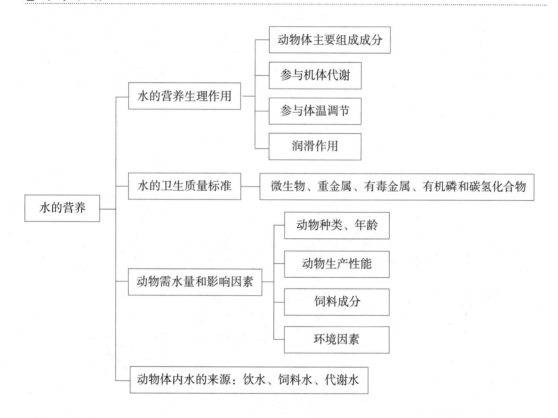

思考题

1. 为什么说水是动物体非常重要的营养物质？
2. 合理供水应注意什么？

第二篇
饲料原料

　　该部分内容主要介绍了常见的青粗饲料、能量饲料、蛋白质饲料、矿物质饲料和饲料添加剂的营养特性、饲用价值、使用方法和注意事项等，为后续进一步了解和掌握动物营养需要量与饲养标准以及配合饲料的配方制作奠定基础。

第一章

饲料分类

📖 **学习目标**

1. 掌握国际饲料分类方法及各类饲料的划分条件。
2. 能够总结中国饲料分类法与国际饲料分类法的异同点。
3. 了解中国饲料分类法中的 17 个亚类的划分。

[第一节] 国际饲料分类法　🔽

饲料种类成千上万，营养特性千差万别，如果不将饲料按一定的规律加以划分，我们就无法掌握各种饲料的特性，更无法合理地利用各种饲料。因此，要想充分、合理地利用饲料获得量多质优的动物产品，就需要对饲料进行合理的分类。

饲料的分类方法很多，可以按饲料的来源、饲料的形态及饲料的营养价值等特性进行分类。随着现代动物营养学在饲料工业及畜牧业的普及和应用，各国根据本国的生产实际、饲料工业与畜牧业发展的需要，将饲料进行了分类，并规定了相应的标准定义。

1956年，哈里斯（Harris）根据饲料的营养特性将其分为八大类，并提出了饲料的分类原则和编码体系——国际饲料编码（international feeds number，IFN）。我们把这种分类方法称为国际饲料分类法。

国际饲料分类法将每种饲料列出八项内容，分别是：来源（或母体物质），种、品种、类，实际采食部分，原物质或用作饲料部分的加工和处理，成熟阶段（适用于青饲料与干草），刈割茬次（适用于青饲料与干草），等级、质量说明、保证，分类（按营养特性）。

该体系的分类原则以各种饲料干物质的主要营养特性为基础，将饲料原料划分为以下八大类。

一、粗饲料

粗饲料是指饲料干物质中粗纤维含量大于或等于18%的、以风干形式饲喂的饲料。它包括秸秆、干草、树叶、糟渣等，是一类来源广、产量大、价格低的饲料。粗饲料的IFN形式为1—00—000。

二、青绿饲料

青绿饲料是指天然含水量在60%以上的新鲜饲草。它包括天然牧草、人工栽培牧草、叶菜类、水生植物等。一般以放牧或刈割的形式给动物饲喂青绿饲料。青绿饲料的IFN形式为2—00—000。

三、青贮饲料

青贮饲料是指以新鲜的天然植物性饲料为原料，在厌氧的条件下，经过以乳酸菌为主的微生物发酵后调制的饲料。青贮饲料的IFN形式为3—00—000。

四、能量饲料

能量饲料是指饲料干物质中粗纤维含量小于 18%，同时蛋白质含量小于 20% 的饲料。它包括谷物籽实及其加工副产品等。能量饲料的 IFN 形式为 4—00—000。

五、蛋白质饲料

蛋白质饲料是指饲料干物质中粗纤维含量小于 18%，同时蛋白质含量大于或等于 20% 的饲料。它包括植物性和动物性蛋白质饲料等。蛋白质饲料的 IFN 形式为 5—00—000。

六、矿物质饲料

矿物质饲料是指用于补充动物矿物质需要的饲料。它包括人工合成的、天然的、配合有载体的矿物质补充料。矿物质饲料的 IFN 形式为 6—00—000。

七、维生素饲料

维生素饲料是指由工业合成或提纯的维生素制剂，但不包括富含维生素的天然青绿饲料。维生素饲料的 IFN 形式为 7—00—000。

八、饲料添加剂

饲料添加剂是指为了保证或改善饲料品质，防止饲料质量下降，促进动物生长繁殖，保证动物健康而掺入饲料的少量或微量物质，但不包括以治病为目的的药物。饲料添加剂的 IFN 形式为 8—00—000。

国际饲料分类法的特点如下。

第一，主要以饲料原料的营养价值进行分类，符合人们使用饲料时的习惯，同时该分类法中加入了编码体系，使每一个饲料原料均有一个编号，便于计算机管理和配方设计。

第二，在每一个编码饲料项目下，标明该饲料的营养成分及对各种畜禽的营养价值，其科学性、系统性较强。

第三，该分类法的编码体系只限于 5 个数字空当，最多可容纳 99 999 个饲料标样，因此容量小，不能满足饲料分类编码的国际化需要。

第二节 中国饲料分类法

虽然国际饲料分类法将饲料按营养特性进行了分类，但由于各国饲料原料种类及状况并不一致，因此，很多国家仍采用国际饲料分类法与本国生产实际相结合的饲料分类方法。1987年，我国建立了自己的饲料分类与编码体系，并筹建了中国饲料数据库，促进了我国饲料工业的发展。

中国饲料分类法在国际饲料分类法的基础上，根据中国饲料实际情况将其再分为17个亚类，同时提出了中国饲料编码体系（Chinese feeds number，CFN），即七位数中的首位与IFN相同，第二、三位数为亚类编号，后四位数为饲料顺序号。

一、青绿多汁类饲料

青绿多汁类饲料包括天然饲料水分含量为40%～45%的栽培牧草、草地牧草、叶菜、鲜嫩的藤蔓、秸秆及未成熟的植株等。青绿多汁类饲料的CFN形式为2—01—0000。

二、树叶类饲料

树叶类饲料有两种。一种为刚采摘下的树叶，水分含量在45%以上，其CFN形式为2—02—0000。另一种为风干的树叶，饲料干物质中粗纤维含量大于或等于18%，其CFN形式为1—02—0000。

三、青贮饲料

青贮饲料有三种类型：第一种是由新鲜的天然植物性饲料、副料及添加剂调制的青贮饲料，第二种是半干青贮，第三种是谷物湿贮（水分含量为28%～35%）。第一种和第二种青贮饲料的CFN形式为3—03—0000。第三种青贮饲料的CFN形式为4—03—0000。

四、块根、块茎、瓜果类饲料

天然水分含量大于或等于45%的块根、块茎、瓜果类饲料的CFN形式为2—04—0000。但这类饲料经脱水后营养属性就会发生变化，一部分碳水化合物含量很高的原料经干燥后成为能量饲料，其CFN形式为4—04—0000。

五、干草类饲料

干草类饲料是指水分含量在15%以下的脱水或风干牧草及水分含量为15%～25%的干草压块。根据粗纤维、粗蛋白质含量，甘草类饲料又分为三种：饲料干物质中粗纤维含量大于或等于18%的饲料，其CFN形式为1—05—0000；饲料干物质中粗纤维含量小于18%，粗蛋白质含量小于20%的饲料，其CFN形式为4—05—0000；饲料干物质中粗纤维含量小于18%，粗蛋白质含量大于或等于20%的饲料，其CFN形式为5—

05—0000。

六、农副产品类饲料

农副产品类饲料是指农作物收获后的副产品，包括三种类型。第一种以饲料干物质中粗纤维含量大于或等于18%的粗饲料为主，其CFN形式为1—06—0000。第二种饲料干物质中粗纤维含量小于18%，粗蛋白质含量小于20%，其CFN形式为4—06—0000。第三种饲料干物质中粗纤维含量小于18%，而粗蛋白质含量大于或等于20%，其CFN形式为5—06—0000。

七、谷物类饲料

谷物类饲料是饲料干物质中粗纤维含量低于18%，同时粗蛋白质含量低于20%的一类饲料。其CFN形式为4—07—0000。

八、糠麸类饲料

糠麸类饲料主要包括两种类型：饲料干物质中粗纤维含量小于18%，粗蛋白质含量小于20%的各种粮食加工副产品，其CFN形式为4—08—0000；饲料干物质中粗纤维含量大于18%的某些粮食加工后的低档副产品和在米糠中掺入稻壳粉的"统糠"，其CFN形式为1—08—0000。

九、豆类饲料

豆类饲料主要包括两种类型：豆类籽实干物质中粗蛋白质含量在20%以上，粗纤维含量在18%以下者，如大豆、黑豆，其CFN形式为5—09—0000；豆类籽实干物质中粗蛋白质含量在20%以下者，如江苏的爬豆，其CFN形式为4—09—0000。

十、饼粕饲料

饼粕饲料主要包括三种类型：大部分属于蛋白质饲料的饼粕饲料，其CFN形式为5—10—0000；饲料干物质中粗纤维含量大于或等于18%的饼粕饲料，如含壳量多的棉籽饼、向日葵饼等，其CFN形式为1—10—0000；一些低蛋白质、低纤维的饼粕饲料，如米糠饼等，其CFN形式为4—10—0000。

十一、糟渣类饲料

糟渣类饲料主要包括三种类型：饲料干物质中粗纤维含量大于或等于18%者，其CFN形式为1—11—0000；饲料干物质中粗纤维含量低于18%，蛋白质含量低于20%者，如优质粉渣、酒渣，其CFN形式为4—11—0000；饲料干物质中粗蛋白质含量大于或等于 20%，粗纤维含量小于 18% 者，如豆腐渣、啤酒渣，其 CFN 形式为 5—11—0000。

十二、草籽、树实类饲料

草籽、树实类饲料包括三种类型：饲料干物质中粗纤维含量在 18% 及以上者，如带壳橡籽，其 CFN 形式为 1—12—0000；饲料干物质中粗纤维含量在 18% 以下者，而粗蛋白质含量小于 20% 者，如干沙枣，其 CFN 形式为 4—12—0000；另有极少数饲料干物质中粗纤维含量在 18% 以下，而粗蛋白质含量在 20% 以上的饲料，其 CFN 形式为 5—12—0000。

十三、动物性饲料

动物性饲料是指来源于渔业、养殖业的动物性饲料及其加工副产品。它包括：饲料干物质中粗蛋白质含量大于 20% 的鱼粉、肉粉、血粉等，其 CFN 形式为 5—13—0000；粗蛋白质含量低于 20% 的猪油、牛油，其 CFN 形式为 4—13—0000；以补充钙、磷等矿物质为目的的骨粉、贝壳粉等，其 CFN 形式为 6—13—0000。

十四、矿物质饲料

矿物质饲料包括可供饲用的天然矿物质及来源于单一的动物性饲料的矿物质饲料，如石灰石粉、骨粉、贝壳粉。可供饲用的天然矿物质的 CFN 形式为 6—14—0000，来源于单一的动物性饲料的矿物质饲料的 CFN 形式为 6—13—0000。

十五、维生素饲料

维生素饲料是指工业提纯或合成的饲用维生素制剂，不包括富含维生素的天然青绿多汁饲料。其 CFN 形式为 7—15—0000。

十六、饲料添加剂

饲料添加剂是指为了补充营养物质，提高饲料转化率，保证或改善饲料品质，防止饲料质量下降，促进动物生长繁殖和生产，保障动物的健康而掺入饲料的少量或微量营养性及非营养性物质。其 CFN 形式为 8—16—0000。

十七、油脂类饲料及其他

油脂类饲料是指以补充能量为目的，以动物、植物或其他有机物为原料，经压榨、浸提等工艺制造的饲料。其 CFN 形式为 4—17—0000。

第三节　饲料的合理使用

由以上饲料分类可以看出：不同种类的饲料的营养价值是不同的。例如，青绿多汁饲料可为动物提供大量的维生素，玉米可为动物提供大量的能量，骨粉、磷酸氢钙可为动物补充大量的钙和磷，而鱼粉、豆粕可为动物提供大量的蛋白质氨基酸。正是因为单一种类的饲料不能为动物提供全面的营养物质，不能满足动物的营养需要，所以在生产实际中必须根据各类饲料的营养特性、不同畜禽的消化生理特点及其营养需要合理搭配饲料原料，以达到不同饲料原料中营养物质互补的作用，这样才能最大限度地发挥动物的生产潜力。

每一种饲料都有其实体属性，我们还可以通过对饲料样品的分析测得各项数据。由于各种饲料的类别不同，对其分析测定的项目也不同。目前我国对饲料营养属性的评价重点放在常规饲料成分、氨基酸、脂肪酸、能值（消化能、代谢能、净能）、钾、氯、硫、锌等的测定上。常规饲料成分包括水分、粗蛋白质、粗脂肪、粗纤维、无氮浸出物、粗灰分、钙、磷。

另外，在评述一种饲料时，还应注意该种饲料在用于生产配合饲料或饲喂畜禽时可能存在的抗营养作用，包括在饲料配方中用量的限制和与其他饲料配伍的拮抗关系。总之，全面了解饲料的各种信息，对合理使用各种饲料原料是十分重要的。

本章小结

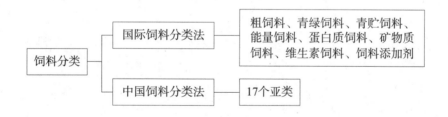

思考题

1. 国际饲料分类法将饲料分为哪几类？每一类饲料是如何界定的？
2. 中国饲料分类法与国际饲料分类法有何关系？有何不同？

第二章

青粗饲料

📖 **学习目标**

1. 掌握青绿饲料的营养特性及饲喂青绿饲料时的注意事项。
2. 了解青贮饲料的营养特性，掌握青贮的方法。
3. 了解干草的营养特性和使用。
4. 掌握农副产品类粗饲料的营养特性和粗饲料的加工调制方法。

第一节 青绿饲料

青绿饲料是一类来源广泛、含水量很大（≥ 60%）且营养价值较全面的饲料，它主要包括天然牧草、人工栽培牧草、菜叶类、非淀粉的块根块茎类、水生植物等。青绿饲料可以单独组成反刍动物及食草家畜的饲料，不仅可以满足家畜的维持需要，还可以在一定程度上促进畜产品的生产。

一、青绿饲料的营养特性

（一）含水量高

陆生植物的含水量为 75% ~ 90%，而水生植物的含水量为 95%。因此，这类饲料的干物质含量很低，热能值不高。陆生植物每千克鲜重的消化能为 1.2 ~ 2.5 MJ。若以干物质为基础计算，青绿饲料中粗纤维的含量为 18% ~ 30%，能量为 10 MJ 左右。另外，青绿饲料具有多汁性和柔嫩性，适口性好，消化率高，加之青绿饲料中含有酶、激素、有机酸，有助于畜禽的消化，因此反刍家畜、食草家畜和猪可以大量采食，甚至在饲料的生长季节，青绿饲料就是牧区反刍家畜和食草家畜唯一的营养来源。

（二）蛋白质含量较高

青绿饲料的蛋白质含量较丰富，一般禾本科牧草和蔬菜类饲料的粗蛋白质含量为 1.5% ~ 3%，豆科青绿饲料的蛋白质含量为 3.2% ~ 4.4%。按干物质计算，前者为 13% ~ 15%，后者为 18% ~ 24%。不仅如此，青绿饲料的赖氨酸和氨化物含量也较多，如青绿饲料蛋白质中氨化物含量占总氮量的 30% ~ 60%，而游离氨基酸占氨化物的 60% ~ 70%。因此，对于单胃家畜，青绿饲料可以补充谷物饲料中赖氨酸的不足，使其蛋白质的营养价值接近纯蛋白质；对于反刍家畜，青绿饲料可以使菌体蛋白的合成数量增加。但应注意，随着植物的生长，粗纤维含量逐渐增加，氨化物含量逐渐减少。

（三）粗纤维含量较低

青绿饲料粗纤维含量较低，且木质素含量低，而无氮浸出物含量较高。以干物质计算，青绿饲料中的粗纤维含量不超过 30%，其中菜叶类饲料的粗纤维含量低于 15%，无氮浸出物含量为 40% ~ 50%。通常青绿饲料中粗纤维的含量随着植物生长期的延长而增加，同时木质素含量也显著增加。木质素的增加将导致饲料中其他营养物质消化率的下降，因此适时刈割青绿饲料是十分重要的。

（四）矿物质元素含量高，钙磷比例适宜

青绿饲料中矿物质元素含量占饲料鲜重的 1.5% ~ 2.5%，是畜禽矿物质元素的良好来源。在矿物质元素正常含量范围内，牧草的钙含量为 0.4% ~ 0.8% DM（Dry Matter，干物质），磷含量为 0.2% ~ 0.35% DM，钙磷比例为 1 : 1 ~ 1 : 2，符合家畜对钙磷的比例要求（见表 2-1）。一般以青绿饲料为主饲喂的家畜不易出现钙的缺乏症。

表 2-1　牧地牧草中主要矿物质元素含量

元素	低含量	正常含量	高含量
钙	<0.3%	0.4% ~ 0.8%	> 1.0%
磷	<0.2%	0.2% ~ 0.35%	> 0.4%
钾	<1.0%	1.2% ~ 2.8%	> 3.0%
镁	<0.1%	0.12% ~ 0.26%	> 0.3%

注：表中物质含量以干物质计。
资料来源：胡坚. 动物饲养学. 长春：吉林科学技术出版社，1990.

（五）维生素含量丰富

青绿饲料中含有丰富的维生素，尤其是胡萝卜素，其含量为 50 ~ 80 mg/kg。在正常的采食情况下，放牧家畜采食的胡萝卜素是其需要量的 100 倍。此外青绿饲料中 B 族维生素、维生素 C、维生素 E 及维生素 K 的含量也较丰富，如青苜蓿中维生素 B_2 的含量为 4.6 mg/kg，烟酸的含量为 18 mg/kg，维生素 B_1 的含量为 5 mg/kg，均高于玉米籽实。但青绿饲料中缺乏维生素 B_6 和维生素 D_3。

青绿饲料对于畜禽来说是一种营养相对平衡的饲料，但由于青绿饲料干物质中的消化能较低，其潜在的营养优势不能很好地发挥，因此在生产中，为了获得较高的生产性能，青绿饲料最好与适量精饲料按比例混合饲喂家畜。

二、影响青绿饲料营养价值的因素

青绿饲料的营养价值受多种因素的影响而有很大的差异。

（一）青绿饲料的种类

牧草、叶菜、非淀粉茎根和瓜果以及水生植物均属于青绿饲料，但它们的营养价值相差很大。就牧草而言，一般豆科牧草较禾本科牧草营养价值要高。从青绿饲料的品种来看，豆科牧草和蔬菜类饲料营养价值较高，禾本科次之，水生植物饲料营养价值最低。

（二）植物的生长阶段

植物的生长阶段不同，其营养价值也有所不同。幼嫩的植物含水量多，干物质少，蛋白质含量较高，而粗纤维含量较低，因此生长早期阶段的各种牧草的消化率较高，营养价值也较高。但随着生长期的延长，植物的含水量逐渐减少，干物质中粗蛋白质的含量也逐渐下降，粗纤维含量逐渐上升，营养价值下降，而且青绿饲料的产量也降低（见表 2-2）。

表 2-2　苜蓿不同生长期的营养成分变化　　　　　　　　　　　　单位：g/kg

生长阶段	常规营养成分含量							
	干物质	粗蛋白质	粗脂肪	粗纤维	无氮浸出物	粗灰分	钙	磷
开花前	170	253	29	235	365	118	24.1	3.5
开花初	227	229	35	260	361	115	25.6	3.1
开花后	290	190	34	300	373	103	17.6	2.4

资料来源：陈代文. 动物营养与饲料学. 2 版. 北京：中国农业出版社，2015.

（三）植物的部位

植物的部位不同其营养价值也不同。通常叶的营养价值大于茎部的营养价值，因此叶片占全株比例越大，整株植物的营养价值就越高，为此在刈割青绿饲料时，应尽量完整地保留植物的叶片。

（四）土壤和肥料

土壤和肥料对青绿饲料也有一定的影响。青绿饲料中的一些矿物质元素含量在很大程度上受土壤中矿物质元素含量与活性的影响，如生长在泥炭土、干旱盐碱地的植物含钙量较少。地区性的土壤矿物质元素缺乏或过量，会导致种植在此地区的植物中的矿物质元素缺乏或过量，从而形成动物地区性的营养缺乏症或中毒症。

三、饲喂青绿饲料的注意事项

不同种类的动物利用青绿饲料的能力有所不同。通常反刍家畜可以大量利用青绿饲料，且青绿饲料可以作为反刍家畜唯一的饲料来源而不影响其生产性能（高产乳牛除外）。单胃动物不能很好地利用青绿饲料，如猪主要是在消化道的末端——盲肠消化一定量的粗纤维，因此其对青绿饲料的消化率较低，尤其是木质素含量较高的青绿饲料。虽然猪能利用一些幼嫩的青绿饲料，但这些饲料只能与一定量的精饲料搭配使用，不能作为猪的唯一饲料来源。家禽由于消化器官容积小、消化道短，对粗纤维的利用能力更差，因此其饲料中不宜大量加入青绿饲料，只有在青绿饲料加工成维生素粉时才适宜在饲料中加以补充。

在青绿饲料中，有些饲料本身带有有毒有害物质或夹杂有毒植物，有些饲料虽然本身无毒害，但由于贮藏不当，可导致某些有害物质的产生，甚至某些饲料由于饲喂不当，也会造成动物中毒，因此在使用青绿饲料时应注意以下问题。

（一）防止亚硝酸盐中毒

一些青绿饲料中含有较多的硝酸盐和少量的亚硝酸盐，特别是小白菜、萝卜叶、苋菜、甜菜、菠菜、油菜叶、燕麦苗等。硝酸盐本身无毒，但在一定的条件下可以还原成亚硝酸盐，如青绿饲料在青贮时堆放时间过长或发霉腐烂，青绿饲料蒸煮不充分或在锅内焖放 24 ~ 48 h，青绿饲料浸泡时间长、用含有硝酸盐或亚硝酸盐的水拌料等，使青绿饲料中的硝酸盐在反刍家畜瘤胃微生物和酶的作用下，还原为亚硝酸盐。亚硝酸盐进入血液后，将血液中的低铁血红蛋白氧化成高铁血红蛋白，使红细胞失去携氧功能，从而造成动物全身急性缺氧，呼吸中枢麻痹，窒息死亡。

亚硝酸盐中毒发病速度很快，患畜多在 1 h 内死亡，严重者可在半小时内死亡。亚硝酸盐中毒的发病症状表现为动物腹痛、呕吐、流涎、吐白沫、呼吸困难、心跳加快、全身震颤、行走摇晃、后肢麻痹、体温无变化或偏低、血浆呈酱油色。如发现亚硝酸盐中毒，应及时抢救。可注射 1% 的美兰溶液，每千克体重注射 0.1 ~ 0.2 mL。

防止亚硝酸盐中毒的关键是阻止硝酸盐转变为亚硝酸盐及消除青绿饲料中的亚硝酸盐，因此青绿饲料应鲜喂、青贮或用碳酸氢铵去毒处理后再喂给家畜；在给反刍家畜饲喂硝酸盐含量较高的饲料时，应多喂富含糖类的饲料，以提供瘤胃微生物合成氨基酸时所需的氢、能量及酮酸。

（二）防止氢氰酸中毒

一些青绿饲料中含有氰苷，如高粱苗、玉米苗、三叶草、南瓜蔓，以及桃、李、杏的叶子等。含氰苷的饲料经堆放发霉或霜冻枯萎后，饲料中的氰苷在酶的作用下会水解生成氢氰酸；含氰苷的饲料进入反刍家畜的瘤胃或单胃动物的胃中，在微生物或胃酸的作用下也可转化为氢氰酸。氰苷味苦但无毒，而氢氰酸有剧毒，即使少量的氢氰酸也会引起动物中毒。氢氰酸中毒的机理是氰离子抑制细胞色素氧化酶的活性，使血红蛋白携带的氧不能进入组织细胞，从而引起组织缺氧。氢氰酸中毒的主要症状为腹痛，腹胀，呼吸快而困难，呼出气体有苦杏仁味，行走站立不稳，可视黏膜由红色变为白色或带紫色，肌肉痉挛，牙关紧闭，瞳孔放大，最后卧地不起，四肢划动，呼吸麻痹而死亡。动物中毒后可注射 1% 亚硝酸钠溶液，每千克体重注射 1 mL。

含有氰苷的饲料必须经过水浸、蒸煮、发酵去除大部分毒性后再饲喂动物；或将含氰苷的饲料与其他饲料混合饲喂，一般用量不超过总量的 20%。

（三）防止双香豆素中毒

草木樨中含有一定量的香豆素，其花中含量最高，叶次之，茎秆中含量最少；草木樨中也含有极低量的双香豆素，但它不是草木樨的正常代谢产物。香豆素本身无毒，但当草木樨在潮湿炎热的条件下发霉后，香豆素在细菌酶的作用下可转变为双香豆素。由于双香豆素的结构与维生素 K 的结构相似，其与维生素 K 会发生竞争性拮抗作用，使凝血因子因缺乏维生素 K 而在肝脏中合成受阻，使动物发生出血不止的现象，如牛可表现为机体衰弱，步态不稳，运动困难，体温低，发抖，瞳孔放大，凝血时间变慢，皮下血肿，鼻孔流出血样泡沫，奶里也可出现血液。

由于双香豆素对已形成的凝血因子没有抑制作用，因此，其中毒现象多出现在血浆原有凝血因子耗尽后，也就是采食草木樨后的 2～3 周内发生，若发现中毒，可用维生素 K 治疗。

草木樨可通过适时刈割、浸泡脱毒、科学饲喂的方法合理加以利用。一般草木樨在孕蕾期前刈割，既能保证安全，又能提高适口性；当双香豆素质量比达到 50 mg/kg 以上时，草木樨必须经浸泡才能饲喂，可用 1% 的石灰水浸泡 24 h，用清水冲洗后饲喂，使大部分的双香豆素和香豆素转化为可溶性盐。

（四）防止脂肪族硝基化合物及皂苷中毒

沙打旺中含有多种脂肪族硝基化合物，它们在家畜体内的主要代谢产物为 3- 硝基丙醇和 3- 硝基丙酸，这两种成分经肠道吸收后进入血液，影响中枢神经系统，并将血红蛋白转化为高铁血红蛋白，使机体运氧功能受阻，引起动物中毒。因此，沙打旺应青贮、调制成干草粉或人工瘤胃发酵饲料使用。

苜蓿中含有皂苷，其中根中皂苷的毒性最大，叶次之。青饲时，反刍家畜采食量过大，容易发生臌胀病，严重时可在半小时内死亡，其原因可能是皂苷在瘤胃中产生大量的持久性泡沫而使瘤胃臌胀。另外，皂苷可抑制单胃家畜体内的酶系统，因此大量饲喂能抑制单胃家畜的生长发育。通常家禽对皂苷的敏感性比家畜更强。苜蓿在饲喂时应与其他饲料搭配使用，或晒制成干草、调制青贮。

（五）防止农药中毒

喷洒过农药的蔬菜、饲草、饲料及其附近的杂草、饲草都不能作为饲料饲喂动物，一般应在下过雨后或等 1 个月以后才能作为饲料饲喂动物。

[第二节] 青贮饲料

青贮是指在密封的条件下，使青绿饲料在相当长的时间内保持质量相对不变的一种保鲜方法。青贮饲料是用青贮的方法调制而成的饲料。青贮的方法包括一般青贮、半干青贮、混贮、外加剂青贮。青贮可以很好地保存青绿饲料的营养特性，也是青绿饲料在冬季延续利用的一种形式；由于青贮可改善饲料的质地，只要粗饲料适时抢收，经青贮发酵后就可成为家畜良好的饲料；青贮饲料单位容积内储量大，在储存过程中不受风吹、日晒、雨淋等不良因素的影响；青贮还可以消灭病虫害。因此，青贮饲料在世界范围内得到了广泛的应用，在畜牧生产上有重要的意义。

一、一般青贮的原理及条件

（一）一般青贮的原理

青贮原料在厌氧的环境中，可使乳酸菌大量繁殖，乳酸菌将饲料中的淀粉和可溶性碳水化合物转变为乳酸，当乳酸积累到一定浓度时，便可抑制腐败菌等有害菌的生长，当乳酸积累到达高峰，其 pH 为 4.0 ~ 4.2 时，乳酸菌的活动减弱，甚至完全停止，至此青贮饲料处于厌氧及酸性环境中得以长期保存。

（二）一般青贮的条件

青贮原料中含有大量的有害微生物，这些微生物大部分是需氧和不耐酸的菌类。在青贮的最初几天，有害微生物的数量比乳酸菌要多，但几天之后，随着氧气的耗尽，乳酸菌的数量逐渐增加。由于乳酸菌可将饲料中的糖分转变为乳酸，因此包括腐败菌在内的所有有害菌在厌氧及酸性条件下很快死亡。

由此可知，青贮的成败关键在于乳酸菌能否大量迅速繁殖。为了使乳酸菌大量繁殖，并成功地进行饲料青贮，必须提供一定的条件。

（1）青贮原料中富含乳酸菌可发酵的碳水化合物。通常谷物类作物、禾本科牧草富含可溶性碳水化合物，因此这类饲料原料容易青贮成功。

（2）青贮过程中必须有适量的水分。一般认为适合乳酸菌繁殖的含水量为65% ~ 75%，豆科牧草的含水量为 60% ~ 70%。

（3）青贮原料应具有较低的缓冲力。一般禾本科牧草的缓冲力低于豆科牧草，玉米的缓冲力更低。

（4）青贮过程中具有适合乳酸菌繁殖的适宜温度。一般认为温度为 19 ℃ ~ 37 ℃ 即可满足乳酸菌繁殖的需要。

（5）青贮过程中应保持厌氧环境。因此，青贮设备表面要光滑，青贮原料要切碎并易于压实，在填装饲料时将青贮设备中的空气排净。

二、青贮饲料的营养特性及合理利用

（一）青贮饲料的营养特性

青绿饲料是一种营养价值全面、适口性好、易于消化的饲料，它富含水分、多种维生素、矿物质和品质优良的粗蛋白质，将其在密封厌氧条件下经乳酸菌发酵调制成青贮饲料，仍能保持新鲜状态。优良的青贮饲料颜色仍为青绿色，含水量为 70% 以上，而干草含水量只有 14%~17%。青贮能有效保存青绿饲料中的蛋白质和胡萝卜素，同时由于微生物发酵还可以产生少量的 B 族维生素。例如，每千克新鲜甘薯藤的干物质中含有胡萝卜素 158.2 mg，经 8 个月青贮仍可保留 90 mg，而晒制的干草中胡萝卜素仅剩 2.5 mg。在青贮过程中，可溶性碳水化合物大多转化为乳酸，纤维素和木质素在一般青贮时不被分解，碳水化合物总量变化不大；有些蛋白质含量减少，但含氮物质总量损失极少。总之，青贮饲料能有效地保存原料中的营养成分，青贮后营养损失量仅为 3%~10%，而晒制干草的营养损失量为 30%~50%。青贮饲料不仅能保持青绿饲料的营养特性，而且其干物质中各种有机物的消化率也接近青绿饲料。常用青贮饲料的营养成分见表 2-3。

表 2-3　常用青贮饲料的营养成分

种类	干物质	产奶净能 /（MJ/kg）	奶牛能量单位 /NND	粗蛋白质	粗纤维	钙	磷
青贮玉米	29.2%	5.03	1.60	5.5%	31.5%	0.31%	0.27%
青贮苜蓿	33.7%	4.82	1.53	15.7%	38.4%	1.48%	0.30%
青贮甘薯藤	33.1%	4.48	1.43	6.0%	18.4%	1.39%	0.45%
青贮甜菜叶	37.5%	5.78	1.84	12.3%	19.7%	1.04%	0.26%
青贮胡萝卜	23.6%	5.90	1.88	8.9%	18.6%	1.06%	0.13%

注：表中物质含量以干物质计。

青贮饲料营养价值的高低受很多因素的影响。例如，青贮原料可由于干燥、运输、呼吸、酶作用、雨淋等而损失部分营养；青贮过程中，微生物的作用、渗出液的产生，以及青贮原料在好气过程中的氧化作用等，也可造成一定量的营养损失；此外，在开启青贮设备时，二次好气性变质导致干物质有所损失。因此，在青贮前、青贮期和开启利用时，应采取一切措施防止营养物质的损失，从而获得优良的青贮饲料。

（二）青贮饲料的合理利用

青贮饲料一般经过 40～50 d 即可完成发酵，开窖使用。开窖后品质优良的青贮饲料呈青绿色或黄色，具有酸香且略带酒香味；质地柔软而略湿润，虽然青贮时压得非常紧密，但拿在手上很松散。优质的青贮饲料是所有畜禽良好的饲料。各种动物青贮饲料的日喂量见表 2-4。

表 2-4   各种动物青贮饲料的日喂量   单位：kg/ 头

动物种类	青贮日喂量	动物种类	青贮日喂量
妊娠成年母牛	50	成年绵羊	5
产奶成年母牛	25	成年马	10
断奶犊牛	5～10	成年妊娠母猪	3
种公牛	15	成年兔	0.2

资料来源：韩友文. 饲料与饲养学. 北京：中国农业出版社，1997.

青贮饲料虽然是品质良好的饲料，但绝不是动物唯一的饲料，因此在使用青贮饲料时，必须与精饲料和其他种类的饲料进行合理搭配，以满足不同动物、不同生产性能的营养需要。

青贮饲料具有酸香味，在开始饲喂时动物不习惯采食，生产中可采用先少喂，以后逐渐增加喂量的方法，使动物有一个适应的过程；也可将青贮饲料与其他饲料混合饲喂。

青贮饲料一旦开窖使用，就必须按每天的用量连续取用。取用青贮饲料时应从上层逐层取用，每天至少取出 6～7 cm，剩余的青贮饲料及时用塑料膜盖好，以免与空气接触而发生变质。若因气候或其他原因造成青贮饲料表面变质，应将此部分饲料弃去，以免引起动物中毒或其他疾病。另外，在冬季使用青贮饲料时，应注意不能将结冰的饲料直接喂给家畜，尤其是妊娠的母畜，必须经融化后才能饲喂，否则容易引起母畜流产。

三、其他青贮方法

一般青贮方法对饲料原料的要求较高，因此使用一般青贮方法可储存的原料种类受到很大限制。为了扩大饲料原料、获得营养价值更高的青贮饲料，可采用半干青贮、混贮、外加剂青贮的方法进行青贮。

（一）半干青贮

1. 半干青贮的原理

青贮原料收割后，经 1～2 d 的风干晾晒，使原料中的含水量降至 45%～55%，此时植物细胞渗透压增加。这种风干原料对腐败菌、酪酸菌、乳酸菌均可造成逆境，使它们的生长繁殖受到抑制。因此，在青贮过程中，微生物发酵程度减弱、蛋白质分解减少、有机酸形成量减少。虽然有一些霉菌在半干青贮原料中还可存活，但随着厌氧条件的形成，各种好气性微生物将逐渐消失。

由于半干青贮原料中的微生物处于半干厌氧状态，因此原料中的糖分、乳酸菌的数量、pH 的高低对半干青贮过程没有太大的影响。正因为如此，用一般青贮方法不易青贮的原料，用半干青贮法可以顺利达到保鲜的目的。

2. 半干青贮与一般青贮、干草的比较

半干青贮兼有干草和一般青贮的优点，且其含水量少，干物质含量比一般青贮饲料高出约 1 倍。半干青贮在营养成分的保存上虽优于干草，但在采食量及生产效果上往往不如干草。干草、一般青贮、半干青贮对犊牛、泌乳牛生产性能的影响见表 2-5。

表 2-5 干草、一般青贮、半干青贮对犊牛、泌乳牛生产性能的影响

调制方法		一般青贮	半干青贮	干草
干物质含量		24%	45%	89%
犊牛 / 母牛	日增重 /kg	-0.13	0.42	0.30
	干物质采食量 /（kg/d）	3.04	5.90	5.94
	饲料效率	-3.35%	7.28%	6.72%
泌乳牛	干物质采食量 /（kg/d）	8.09	10.05	11.04
	精料采食量 /（kg/d）	2.93	2.91	2.84
	标准乳产量 /（kg/d）	11.40	11.77	12.31
	每十日增重 /kg	-3.7	2.1	2.7

资料来源：张子仪. 中国饲料学. 北京：中国农业出版社，2000.

从三种饲料的加工方法看，一般青贮的机械损失量最少，干草的损失量最大。从机械损失的角度看，一般青贮优于半干青贮，半干青贮优于干草。从植物活细胞消耗的营养物质看，虽然一般青贮可最大限度地保存营养物质，但含水量过高时不仅影响采食量，还不利于乳酸菌的发酵；干草虽然可以最快的速度降低含水量，但含水量过低时机械损失很大；半干青贮虽可兼得两者的长处，但仍有营养物质的消耗。从微生物对营养物质的消耗看，一般青贮和半干青贮在开窖后二次发酵的营养损失高于干草的晾晒损失。因

此，因地制宜地采用合理的饲料加工方法是获得最佳经济效益的重要手段。

（二）混贮

不同的青贮原料具有不同的优缺点，如果将两种或两种以上的青贮原料进行混合青贮，相互取长补短，不仅青贮容易成功，而且调制出来的青贮饲料品质更好。

混贮有以下三种类型。

（1）青贮原料含水量过高，干物质含量较少时，可与干物质含量较高的原料混合青贮。

（2）如果青贮原料中可溶性碳水化合物含量较少，则青贮不易成功，但与富含可溶性碳水化合物的原料混合青贮时，青贮容易成功。

（3）为了提高青贮饲料的营养价值，可以调制配合青贮饲料。

（三）外加剂青贮

外加剂青贮是指在青贮过程中添加一定量的某些物质，以促进乳酸的发酵，抑制有害菌的繁殖，避免开窖后的腐败，改善青贮饲料的营养价值的一种青贮方法。青贮饲料添加剂可分为三类：发酵促进剂、发酵抑制剂、营养性添加剂。

1. 发酵促进剂

为了促进乳酸菌的发酵过程，可在青贮时添加一些微生物制剂或碳水化合物。前者添加的目的是协同乳酸菌在厌氧条件下与其他微生物竞争并占领统治地位，且可以产生大量乳酸，加快青贮的过程，如胚芽乳酸杆菌、粪链球菌等。后者添加的目的是为乳酸菌的繁殖提供能量，这种方法对于青贮豆科作物有良好的作用。一般常使用的碳水化合物为糖蜜，其用量为原料重的 1%～3%；若用粉碎的谷物，其用量一般为原料重的3%～10%。

2. 发酵抑制剂

目前使用较多的发酵抑制剂为甲酸及甲酸盐、丙酸。

用甲酸处理的青贮饲料的干物质消化率、采食量均比不加甲酸处理的高，甲酸处理还可提高产奶量。甲酸钠盐与亚硝酸钠一起使用，可以产生一氧化氮，在青贮的早期阶段可以保护青贮；甲酸钙盐与亚硝酸钠混合使用，可改善青贮发酵的质量。甲酸用量一般为：100 kg 鲜草，用稀甲酸（85% 甲酸 400 mL 稀释 20 倍）8 L 或直接用 85% 甲酸。禾本科牧草甲酸的添加量为鲜重的 0.3%，豆科牧草为 0.5%，混播牧草为 0.4%。

丙酸有控制发酵的功能，可以减少氨、氮的产生，控制发酵的温度，还可以刺激乳酸菌的生长，提高青贮干物质的采食量。丙酸用量为：每立方米青贮加 1 L 丙酸，直接喷洒。

3. 营养性添加剂

营养性添加剂主要用于改善青贮饲料的营养价值，对青贮发酵一般不起有益作用。

尿素是青贮常用的营养性添加剂。在青贮过程中添加尿素，可以提高青贮饲料的非蛋白氮含量，为反刍家畜瘤胃微生物提供氮源，其添加量为青贮原料鲜重的 0.5%；氨水虽能增加青贮饲料的氮含量，但因氨水可使青贮饲料的 pH 升高，故使用时应慎重，一般用量不能超过青贮原料鲜重的 1.7%。

为了防止青贮饲料中微量元素的缺乏，在青贮时可喷洒含微量元素的溶液，其用量为：苯甲酸 3 kg/t，硫酸铜 2.5 g/t，硫酸锰 5.0 g/t，硫酸锌 2.0 g/t，氯化钴 1.0 g/t、碘化钾 0.1 g/t。此外，青贮饲料中还可以适当补加碳酸钙、石灰石、磷酸钙、碳酸镁等，以补充青贮饲料中钙、磷、镁的不足。

第三节 主要的粗饲料

一、干草

（一）干草的营养特性

干草的营养价值受牧草种类、刈割时期、干燥过程的外界条件及储存方式等因素的影响。一般干草中粗蛋白质含量为 10%～20%，比秸秆高 1～2 倍；粗纤维含量为 22%～23%，比秸秆低 1 倍左右；无氮浸出物含量为 40%～54%，与秸秆相似；矿物质含量丰富。优质干草还含有维生素 A、维生素 E、维生素 K、B 族维生素，如维生素 A 原含量为 5～40 mg/kg，晒制干草维生素 D 含量丰富，其含量为 16～35 mg/kg。各种干草的营养成分见表 2-6。

表 2-6 各种干草的营养成分

种类	干物质	产奶净能/（MJ/kg）	粗蛋白质	奶牛能量单位/NND	粗纤维	钙	磷
苜蓿	87.7%	5.86	1.87%	20.9	35.9%	1.68%	0.22%
红三叶	87.0%	5.43	1.73%	19.6	28.8%	1.32%	0.33%
白三叶	86.8%	5.59	1.78%	19.5	34.2%	1.93%	0.27%
苕子	90.5%	5.99	1.91%	21.1	32.9%	1.29%	0.36%
野干草	93.1%	4.65	1.48%	7.9	28.0%	0.66%	0.42%
羊草	91.6%	4.73	1.51%	8.1	32.1%	0.40%	0.20%

注：表中物质含量以干物质计。

优质干草饲用价值较高，且干草中的蛋白质具有较高的生物学价值，因此干草是食草家畜冬春季节的基础饲料，是反刍家畜饲料中能量、蛋白质、维生素的主要来源。尽量保持牧草原有的营养物质和较高的消化率与适口性，是调制干草的最终目的。干草的营养价值除受牧草种类及品种差异的影响外，还受牧草刈割时期的影响。随着植物的生长，植物体内蛋白质的含量下降，粗纤维及木质素的含量提高，因而营养价值降低。因此，选择适宜的刈割时期是保证干草营养价值的重要环节。

另外，干燥的方法和干燥的时间也是影响干草营养价值的重要因素之一。干燥时间越长，植物体内物质分解越多，营养物质损失量也就越高。因此，调制干草时，只有选择干燥时间短的方法，才能有效地提高干草的营养价值。

在干草的调制过程中，应尽量避免机械损失，搂草、翻草、搬运、堆垛时应尽量减少嫩叶的破碎和脱落。同时，牧草刈割后和调制干草过程中应避免雨淋，否则会显著损失可溶解的、易于畜禽消化利用的营养物质。

（二）干草的使用

干草是一种较好的粗饲料，其营养物质含量较平衡，蛋白质品质优良，维生素 A 和钙含量丰富。尤其是幼嫩的青干草，不仅可供食草家畜大量采食，而且粉碎后的草粉可作为鸡、猪、鱼配合饲料的原料。食草家畜饲料中配合一定数量的豆科干草，可以弥补饲料中蛋白质数量和质量方面的不足。用干草和青贮饲料搭配，可促进动物采食，减少精饲料的用量。用干草和多汁饲料混合饲喂奶牛，可增加其对干物质和粗纤维的采食量，保证产奶量和乳脂含量。

二、农副产品类粗饲料

（一）农副产品类粗饲料的主要类型及其营养特性

农副产品类粗饲料主要包括农作物的秕壳、秸秆，其特点是来源广、数量多。这类饲料的主要营养特性是粗纤维含量特别高，其中木质素含量非常高，一般粗纤维含量在25% 以上，个别可达 50% 以上；另外粗蛋白质含量一般不超过 10%，可消化蛋白质含量更少；而粗灰分含量则高达 6% 以上，其中稻壳的灰分将近 20%，但粗灰分中可利用的矿物质元素钙、磷含量很少；各种维生素含量极低。

我国秸秆类饲料主要有稻草、玉米秸、麦秸、豆秸等。主要秸秆类饲料的营养价值见表 2-7。

表 2-7　秸秆类饲料的营养价值

种类	干物质	产奶净能 /（MJ/kg）	粗蛋白质	奶牛能量单位 /NND	粗纤维	钙	磷
玉米秸	91.3%	6.07	1.93%	9.3	26.2%	0.43%	0.25%
小麦秸	91.6%	2.34	0.74%	3.1	44.7%	0.28%	0.03%
大麦秸	88.4%	2.97	0.94%	5.5	38.2%	0.06%	0.07%
粟秸	90.7%	4.27	1.36%	5.0	35.9%	0.37%	0.03%
稻草	92.2%	3.47	1.11%	3.5	35.5%	0.16%	0.04%
大豆秸	89.7%	3.22	1.03%	3.6	52.1%	0.68%	0.03%
豌豆秸	87.0%	4.23	1.35%	8.9	39.5%	1.31%	0.40%
蚕豆秸	93.1%	4.10	1.31%	16.4	35.4%	—	—
花生秸	91.3%	5.02	1.60%	12.0	32.4%	2.69%	0.04%
甘薯藤	88.0%	4.60	1.47%	9.2	32.4%	1.76%	0.13%

注：表中物质含量以干物质计。

资料来源：姚军虎. 动物营养与饲料. 北京：中国农业出版社，2001.

秕壳的营养价值通常高于秸秆。例如，大豆荚就是一种较好的粗饲料，其无氮浸出物含量为 12%～50%，粗纤维含量为 33%～40%，粗蛋白质含量为 5%～10%，饲用价值较高，适用于反刍家畜。谷类的秕壳营养价值仅次于豆荚，但其数量大、来源广，值得重视。另外，棉籽壳、玉米芯等经过粉碎，不仅可以喂给一般反刍家畜，也可以喂给奶牛，但饲喂棉壳时应注意预防棉酚中毒。

（二）粗饲料的加工调制

粗饲料加工调制的方法有三种：物理和机械法加工处理、化学法加工处理、微生物法加工处理。

1. 物理和机械法加工处理

（1）切短和粉碎。粗硬而长茎的秸秆不便于动物的采食和咀嚼，因此将其切短，既易于动物采食，又可减少抛撒浪费。粉碎时可将干草、秸秆等加工成各种粒度的草粉，并加入一定量的富含淀粉的饲料或尿素类添加剂，压制成成型饲料。但切短通常不能提高粗饲料的消化率和营养价值。在生产实际中，粗饲料是否切短或切短的程度应视动物的种类而定。

（2）水浸和蒸煮。水浸粗饲料可以达到软化饲料及提高采食量的目的，但不能提高饲料的营养价值。而蒸煮秕壳、秸秆能迅速软化饲料，如辅以高压处理，还可破坏细胞壁结构，使木质素与纤维素之间的酯键断裂，有利于微生物和酶接触细胞内容物，从而提高这类粗饲料干物质的消化率。

（3）膨化。膨化就是将秸秆、秕壳类饲料置于密闭的容器内，加热、加压，然后迅速解除压力，使饲料暴露在空气中膨胀。由于膨化饲料破坏了植物的细胞壁结构，使饲料的营养价值有明显的提高，加之膨化饲料有香味，所以家畜非常喜食。

2. 化学法加工处理

（1）碱化处理。用氢氧化钠、氢氧化钾、氢氧化钙溶液浸泡或喷洒秸秆饲料，可使植物细胞壁松软膨胀，并出现裂隙，发生酚、醛、糖和木质素间的酯键皂化反应，木质素部分溶解，这样可提高秸秆中有机物的消化率。

碱化处理秸秆以氢氧化钠使用最多，其方法为：用 8%～27% 的氢氧化钠溶液，以秸秆重 4%～5% 的量，均匀地喷入秸秆，经一周即可饲喂家畜；或将秸秆浸入 1.5%～2.5% 的氢氧化钠溶液中处理 12 h，取出后用水冲掉碱液再喂给家畜。但此法浪费水，同时容易造成土壤碱化。

（2）氨化处理。氨化处理是指用液氨、氨水或能产生氨的尿素、碳酸氢铵处理秸秆。氨化秸秆有如下优点：

① 可提高秸秆的蛋白质含量。铵根离子通过反刍家畜采食秸秆而进入瘤胃，瘤胃微生物可利用其合成瘤胃微生物蛋白质。

② 可提高家畜对秸秆的采食量。这是因为氨化处理后，秸秆会软化，具有糊香味，且消化率、蛋白质含量增高。

③ 可提高秸秆的消化率。氨化处理可使秸秆中潜在的部分营养物质能够被家畜利用。

④ 氨化秸秆成本低、投资少，操作方法简单，群众容易接受。

⑤ 可杀死秸秆上的一些虫卵和病菌，减少家畜疾病，并能使含水量为 30% 的秸秆得以保存。

氨化处理的方法很多，具体方法应因地制宜。氨化处理的原则是：被处理的秸秆的含水量应为 15%～20%，放在密闭的容器或大塑料罩中，通入氨气或均匀喷洒氨水，氨量以占秸秆风干质量的 3%～3.5% 为宜；处理时间依温度不同而不同，一般为 1～8 周；处理过程中应注意安全，工作人员要戴眼镜、手套、口罩；氨化饲料取用时应放尽氨气后，再喂给家畜。

氨化处理是目前大力推广使用的一种有效的秸秆处理方法，也是开发饲料资源的有效途径。

3. 微生物法加工处理

微生物法加工处理是指利用具有分解粗纤维能力的细菌或霉菌，在一定培养条件下发酵秸秆，使植物细胞壁被破坏，并且产生糖和微生物蛋白质，从而提高粗饲料的营养价值。

本章小结

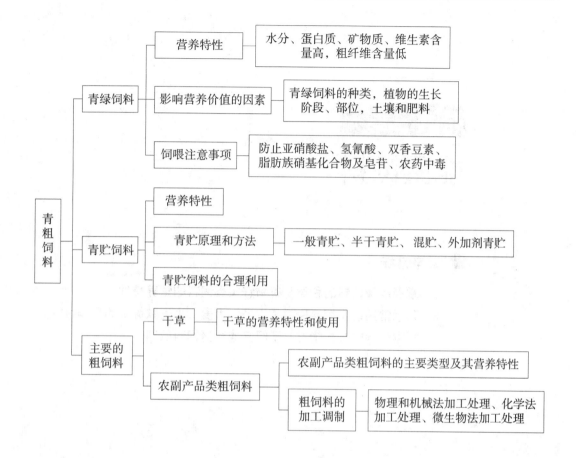

思考题

1. 青绿饲料的营养特性有哪些？
2. 影响青绿饲料营养价值的因素是什么？
3. 青绿饲料饲喂时应注意什么问题？
4. 为什么要制作青贮饲料？青贮的方法有哪些？
5. 青贮饲料有哪些营养特性？
6. 一般青贮的原理是什么？用这种方法青贮需要哪些条件才能成功？
7. 半干青贮的原理是什么？半干青贮与一般青贮、干草相比各有何特点？
8. 青贮饲料添加剂有哪几类？各自的添加目的是什么？

第三章

能量饲料

📖 学习目标

1. 掌握能量饲料的种类及谷物籽实类饲料的营养特性。
2. 熟悉常用能量饲料原料（玉米、大麦、小麦麸等）的营养特性。
3. 根据当地的饲料情况，了解其他能量饲料原料。

能量饲料是指干物质中粗纤维含量低于 18%、粗蛋白质含量低于 20%，每千克饲料物质含消化能在 10.46 MJ 以上的饲料。这类饲料主要包括谷物实籽类，糠麸类，块根、块茎和瓜果类，等等。饲料工业上常用的动植物油脂、糖蜜及乳清粉等也属于能量饲料。能量饲料在动物饲料中所占比例最大，能占到 50%～70%，主要对动物起供能作用。

第一节　谷物籽实类饲料

谷物籽实类饲料是指禾本科植物成熟的种子。这类种子由种皮、糊粉层、胚乳及胚四部分组成。种皮和糊粉层作为种子的外层为保护组织，胚乳为营养贮藏器官，胚为生长组织。四种组织的功能不同，所含的营养物质也有很大差异。种皮含有较高水平的粗纤维、维生素和矿物质元素；糊粉层含有丰富的蛋白质和较高水平的维生素；胚乳主要含淀粉，蛋白质含量很少；胚作为生长组织，含有大量的脂肪，蛋白质含量也很丰富，还含有较多的维生素和矿物质。

一、谷物籽实类饲料的营养特性

谷物籽实类饲料的共同营养特性是无氮浸出物含量高，一般都在 70% 以上；而粗纤维含量通常很低，一般在 5% 以内，只有带颖壳的大麦、燕麦、稻谷和粟谷等可达 10%。谷物籽实类饲料的干物质消化率很高，因此有效能值也高。谷物籽实类饲料是各国畜牧业中最重要的大宗能量饲料。谷物籽实类饲料粗蛋白质含量较低，为 8%～13%；氨基酸组成不平衡，缺乏赖氨酸和蛋氨酸，玉米中色氨酸和麦类中苏氨酸含量少也是突出的特点；矿物质元素中钙含量很低，磷虽多但多以植酸形式存在，单胃动物利用率很低；维生素中 B 族维生素和维生素 E 较为丰富，但缺乏维生素 C 和维生素 D，除黄色玉米和粟谷中含有较多的胡萝卜素外，其他谷物籽实都较缺乏。

二、玉米

玉米亦称苞谷、玉蜀黍、棒子等，为禾本科玉蜀黍属一年生雌雄同株异花授粉植物，植株高大，茎强壮，是重要的粮食作物和饲料作物，也是全世界总产量最高的农作物。玉米的产量高，有效能量多，是最常用而且用量最大的一种能量饲料，故有"饲料之王"的美称。

（一）玉米的分类

根据籽粒形状、胚乳性质和成分及稃壳有无，可将玉米分为以下几类。

（1）硬粒型玉米。此类玉米果穗多呈锥形，籽粒顶部呈圆形；由于胚乳外周为角质淀粉，故籽粒外表透明，外皮具光泽，且坚硬，多为黄色；味道好，蛋白质含量高，产量较低。

（2）平马齿型玉米。此类玉米介于硬粒型玉米与马齿型玉米之间，籽粒顶端凹陷深度比马齿型浅，角质胚乳较多，种皮较厚，产量较高。

（3）马齿型玉米。此类玉米果穗呈筒形；籽粒长、大且扁平；其两侧为角质淀粉，中央和顶部为粉质淀粉，成熟时顶部粉质淀粉干燥快；籽粒顶端凹陷呈马齿状，故而得名，凹陷的程度取决于淀粉含量；味道不如硬粒型玉米，蛋白质含量低，产量高。

（4）粉质型玉米。粉质型玉米又名软粒型玉米。其果穗及籽粒形状与硬粒型玉米相似，但胚乳全由粉质淀粉组成；籽粒呈乳白色，无光泽，是制造淀粉和酿造的优良原料。

（5）甜质型玉米。甜质型玉米又名甜玉米。此类玉米植株矮小，果穗小；胚乳中含有较多的糖分与水分，成熟时种子因水分蒸散而皱缩，多为角质胚乳，坚硬呈半透明状；多用作蔬菜或制罐头。

（6）蜡质型玉米。蜡质型玉米又名糯质型玉米。此类玉米原产于我国，果穗较小，籽粒中胚乳几乎全由支链淀粉构成，不透明，无光泽，如蜡状；食用时黏性较大，故又称黏玉米。

（7）高油玉米。由于玉米油主要存在于胚内，故高油玉米都有较大的胚。高油玉米的含油量、总能水平、粗蛋白质含量均高于常规玉米，还含有较多的维生素 E、胡萝卜素，而其单产已达到常规玉米的水平。此外，高油玉米籽实成熟时，茎叶仍碧绿多汁，含较多的蛋白质和其他营养物质，是食草动物的良好饲料。以高油玉米 115 为代表的高油玉米杂交种的含油量均在 8% 以上。

（8）高赖氨酸玉米。高赖氨酸玉米也称为优质蛋白玉米，即玉米籽粒中赖氨酸含量在 0.4% 以上，而普通玉米中赖氨酸含量为 0.2% 左右。

根据籽粒颜色，可将玉米分为黄玉米、白玉米和混合色玉米。

（二）玉米的营养特性

玉米是各种畜禽饲料的主要组成部分，尤其对单胃动物来说，玉米更是其基础饲料。由于产量高，能量含量也高，作为能量饲料，玉米在各种谷物籽实类饲料中可谓是排行首位。

一般玉米籽实中无氮浸出物的含量在 70% 以上，其中主要是消化率较高的淀粉，它主要存在于胚乳中；而玉米籽实中粗纤维含量很低，仅为 2%；且玉米的脂肪含量较高。因此，玉米是谷物籽实类饲料中可利用能量最高的一种饲料。玉米籽实含粗脂肪约 4%，高的可达 10%，在谷物籽实类饲料中属于脂肪含量较高的一种饲料。玉米籽实中的脂肪主要为玉米胚芽油，其脂肪酸的构成为亚油酸 59%、油酸 27%、硬脂酸 0.8%、亚麻酸 0.8%、花生油酸 0.2%，必需脂肪酸含量高达 2%，是谷物籽实类饲料中必需脂肪酸含量最高的一种饲料。玉米籽实中蛋白质含量低且品质差，一般蛋白质含量为 7% ~ 9%，缺乏赖氨酸、蛋氨酸、色氨酸等畜禽需要的必需氨基酸。正因为如此，在使用玉米时，需用饼粕、鱼粉、合成氨基酸等加以调配。玉米籽实中所含的各种矿物质元素大部分不能满足畜禽的营养需要，其含钙量仅为 0.02%，含磷量为 0.25%，但 50% ~ 60% 是植酸磷，同时微量元素铁、铜、锰、锌、硒含量较低，必须补充相应的矿物质元素添加剂才能获得较好的饲养效果。

（三）玉米的饲用价值

玉米的适口性很好，能量含量很高，是单胃畜禽良好的能量饲料，在猪、鸡的配合饲料中，玉米所占比例约为 60%。其消化能（猪）为 14.27 MJ/kg，代谢能（鸡）为 13.56 MJ/kg，产奶净能（奶牛）为 7.70 MJ/kg。玉米含粗灰分较少，仅 1%，其中钙少磷多，但磷多以植酸盐形式存在，对单胃动物的有效性低，其他矿物质元素尤其是微量元素很少。玉米中维生素含量较少，但维生素 E 含量较多，为 20 ~ 30 mg/kg。黄玉米中含有较多的色素，主要是胡萝卜素、叶黄素和玉米黄素等，因此用黄玉米饲喂蛋鸡、肉鸡、奶牛，可以改善蛋黄、皮肤和奶油的色泽，尤其对蛋黄的着色有显著的效果。中国玉米成分及营养价值表见表 2-8。

表 2-8　中国玉米成分及营养价值表

	玉米类型			
	成熟，高蛋白，优质	成熟，高赖氨酸，优质	成熟，《食品安全国家标准 复合调味料》（GB 13353—2018）1 级	成熟，《食品安全国家标准 复合调味料》（GB 13353—2018）2 级
干物质	88.0	86.0	86.0	86.0
粗蛋白质	9.0	8.5	8.7	8.0
粗脂肪	3.5	5.3	3.6	3.6
粗纤维	2.8	2.6	1.6	2.3
无氮浸出物	71.5	68.3	70.7	71.8
粗灰分	1.2	1.3	1.4	1.2
中性洗涤纤维	9.1	9.4	9.3	9.9
酸性洗涤纤维	3.3	3.5	2.7	3.1
淀粉	61.7	59.0	65.4	63.5
钙	0	0.2	0	0

续表

	玉米类型			
	成熟，高蛋白，优质	成熟，高赖氨酸，优质	成熟，《食品安全国家标准 复合调味料》（GB 13353—2018）1 级	成熟，《食品安全国家标准 复合调味料》（GB 13353—2018）2 级
总磷	0.3	0.3	0.3	0.3
有效磷	0.1	0.1	0.1	0.1

资料来源：中国饲料成分及营养价值表，第 31 版，2020。

三、小麦

小麦是小麦系植物的统称，属于单子叶植物，是一种在世界各地广泛种植的禾本科植物，小麦的颖果是人类的主食之一。小麦在我国各地均有大面积种植，是主要的粮食作物，一般不直接用作饲料，用作饲料的只是其加工副产品。

（一）小麦的分类

小麦按栽培季节可分为春小麦和冬小麦，按籽粒硬度可分为硬质小麦和软质小麦，按籽粒颜色又可分为红小麦和白小麦。硬质小麦的横截面呈半透明状，蛋白质含量高。软质小麦的横截面呈粉状，质地松散。

（二）小麦的营养特性

小麦的能值略低于玉米，但量比大麦和燕麦高，这是由其粗脂肪含量低（不到玉米的一半）所致的。小麦全粒蛋白质含量约为 14%（11% ~ 16%），在谷物籽实类饲料中，小麦的蛋白质含量高于玉米和大麦，可以说是此类饲料中蛋白质含量最高者，但蛋白质的品质较差，缺乏赖氨酸、含硫氨基酸和色氨酸等必需氨基酸。小麦的粗纤维含量较低，粗脂肪含量低于玉米，有效能值仅次于玉米，在能量饲料中是较好的配合饲料原料。小麦中矿物质元素含量较高，且高于玉米，如小麦的胚乳部分含有较高水平的铜、锰，但小麦中钙含量少，磷也多以植酸磷形式存在，利用率差。小麦中含有较多的 B 族维生素和维生素 E，但缺乏维生素 A、维生素 D、维生素 C。

小麦中含有 6% 左右的阿拉伯木聚糖和 0.5% 左右的 β- 葡聚糖，它们都是具有黏性的非淀粉多糖（non-starch polysaccharide，NSP），动物本身不能消化这些物质，且它们还会影响其他营养物质的利用。

（三）小麦的饲用价值

小麦对猪有良好的适口性，可作为猪的能量饲料。它不仅可以减少任何日粮中蛋白质饲料的用量，而且可以改善肉质。但需要注意的是，小麦的消化能值低于玉米。小麦用作育肥猪饲料时，应磨碎（粒度：700~800 μm）；用作仔猪饲料时，应粉碎（粒度：500~600 μm）。在含小麦的日粮中添加阿拉伯木聚糖酶作为主要复合酶制剂可预防消化不良，显著提高日粮的消化能值，改善猪的生产性能。

一般认为，小麦对鸡的饲用价值约为玉米的90%。小麦作为鸡用饲料时，应注意以下几点：

（1）不适宜单独使用小麦作为能量饲料。鸡饲料中小麦与玉米的比例一般为1:2。

（2）小麦不宜压得太细。

（3）小麦型鸡饲料中若同时添加阿拉伯木聚糖酶和β-葡聚糖酶复合酶制剂，可获得较好的饲喂效果。

（4）小麦中的色素较少，饲喂小麦时鸡肉制品中的色素不好。如有必要，可考虑使用着色剂。

小麦是牛、羊等反刍动物的良好能量饲料。喂食前应将其压碎或压平。日粮中小麦的添加量不宜过多（控制在50%以下），否则易引起瘤胃酸中毒。小麦中的淀粉较软、较黏，因此小麦是较好的鱼类饲料。

四、大麦

大麦是禾本科大麦属一年生草本植物，别名牟麦、饭麦、赤膊麦，与小麦同属禾本科植物。大麦在我国的种植范围较小，2019年全国大麦产量仅为90.8万吨。一些欧洲国家多以大麦作为饲料，我国仅一些局部地区用大麦作为动物的饲料。

（一）大麦的分类

大麦按季节分可分为冬大麦和春大麦两种，按有无麦稃可分为有稃大麦和裸大麦。裸大麦又称青稞，有稃大麦又称皮大麦。

（二）大麦的营养特性

大麦是蛋白质含量高且品质较好的谷物籽实类饲料，其平均蛋白质含量为11%，品质稍优于玉米。大麦中碳水化合物含量比较高，含有60%的淀粉和22%的粗纤维；脂质含量为2%左右，只有玉米的一半，甘油三酯占全部脂质的73.3%~79.1%。大麦有效能量高，如消化能（猪）为13.77 MJ/kg，代谢能（鸡）为11.30 MJ/kg，产奶净能（奶牛）为6.69 MJ/kg。但大麦中抗营养因子β-葡聚糖和阿拉伯木聚糖等非淀粉多糖（non-starch polysaccharides，NSP）含量高于10%，用大量大麦饲喂仔猪或鸡，会引起腹泻。

（三）大麦的饲用价值

大麦中阿拉伯木聚糖和β-葡聚糖等抗营养因子含量较高，且高含量粗纤维会使鸡消化道中的食糜黏稠度增加，减少饲料营养成分与消化酶接触的机会，降低饲料营养成分的消化率。同时，饲喂大麦还会使肉鸡胸腿病的发病率增加，胴体品质下降，蛋鸡饲料转化率降低，脏蛋增多。此外，由于大麦不含色素，对鸡肉、鸡蛋黄等无着色效果，会降低产品品质。因此，大麦不适合饲喂肉鸡或蛋鸡。

大麦也不宜用来饲喂仔猪，这也是因为大麦中粗纤维和非淀粉多糖含量高。但是，经脱壳、压片及蒸汽处理的大麦片可取代部分玉米，用来饲喂育肥猪。大麦饲喂育肥猪可增加胴体瘦肉率，能生产白色硬脂肪的优质猪肉，风味也随之改善。用大麦喂猪时，玉米和大麦以 2∶1 比例配合，可获得最佳效果。

大麦是牛和羊的优良精饲料。反刍家畜对大麦中所含的 β-葡聚糖有较高的利用率。大麦用于肉牛育肥与玉米价值相近，用于饲喂奶牛可提高乳品质。大麦粉碎太细易引起瘤胃膨胀，可用水浸数小时或压片后饲喂。此外，对大麦进行压片、蒸汽处理可改善其适口性和消化率。

五、稻谷和糙米

稻谷是世界上最重要的谷物之一，在我国居谷物作物产量的首位，约占粮食总产量的 1/2。稻谷主要用于加工成大米后作为人类的粮食，当生产过剩或缓解玉米供应不足时方用作饲料，但用作饲料的常常是经长期储存的旧糙米、陈大米及加工厂的碎米等。

我国稻谷按粒形和粒质分为三类：稻谷、粳稻谷和糯稻谷。稻谷脱壳后，大部分种皮仍残留在米粒上，称为糙米。糙米可进一步加工成大米。

（一）稻谷和糙米的营养特性

稻谷中含有一定量的稻壳，稻壳中只含有 3% 的粗蛋白质，40% 以上为粗纤维，同时粗纤维中又有 50% 为木质素，因此稻壳在生产实际中是没有实际营养价值的。稻谷中含有 8% 左右的粗蛋白质、60% 以上的无氮浸出物和 8% 左右的粗纤维。稻谷中缺乏各种必需氨基酸，尤其是赖氨酸、蛋氨酸、色氨酸，其含量不能满足单胃畜禽的营养需要。另外，稻谷中所含的矿物质元素也较少。因此，要想将稻谷用作能量饲料，必须经过脱壳处理，同时与其他蛋白质饲料配合使用，并补加一定量的矿物质元素。

糙米是稻谷脱壳后剩下的颖果。糙米中的蛋白质含量较低且品质不良，粗蛋白质含量为 8%~9%，与高粱的粗蛋白质含量相近，而低于小麦；但其无氮浸出物含量较高，可达 74.2%，居各种谷物籽实类饲料之首，因此有效能值高，是一种良好的能量饲料。糙米中除微量元素锌、锰含量较高以外，其他矿物质元素含量均不能满足单胃畜禽的营养需要。

（二）稻谷和糙米的饲用价值

稻谷因粗纤维含量较高，对肉鸡应限量使用。糙米饲喂肉用仔鸡，饲养效果和玉米相近。糙米用作蛋鸡饲料，对产蛋率及饲料报酬无不良影响，只是蛋黄颜色较浅。

糙米用于猪饲料可完全取代玉米，即使用量为 40% 也不影响增重，且饲料效率更高。糙米喂肉猪可增加其背脂硬度，使肉质优良，但变质米对肉质及增重均不利，且影响适口性。糙米以粉碎较细为宜。糙米用于反刍家畜可完全取代玉米，但以粉碎后使用为宜。稻谷粉碎后用于肉牛肥育，其饲用价值约为玉米的80%，可完全作为能量饲料使用。

六、高粱

高粱是禾本科一年生植物。高粱在我国的栽培面积较广，以东北各地最多。食用高粱谷粒可供食用、酿酒。糖用高粱的秆可制糖浆或生食。帚用高粱的穗可制笤帚或炊帚。高粱的嫩叶阴干青贮，或晒干后可用作饲料。

（一）高粱的分类

按用途不同可将高粱分为糖用高粱、饲用高粱、帚用高粱和粒用高粱。按照籽粒颜色不同可将高粱分为褐高粱、黄高粱、白高粱和混合型高粱。

（二）高粱的营养特性

高粱籽实的结构和营养成分含量与玉米相似。高粱的蛋白质含量虽高于玉米，但其品质和玉米相似，即缺乏赖氨酸、色氨酸和含硫氨基酸，国产高粱中上述氨基酸的含量分别是0.18%、0.08%、0.29%，与畜禽的营养需要相差甚远。此外高粱中的蛋白质与玉米相比，更不易被消化，这主要是由于高粱胚乳中的蛋白质类型和分布与玉米不同。

高粱籽实的主要成分为淀粉，含量达70%，脂肪含量稍低于玉米，但饱和脂肪酸的比例高于玉米。高粱中有效能量较多，如消化能（猪）为13.18 MJ/kg，代谢能（鸡）为12.30 MJ/kg，产奶净能为6.61 MJ/kg。

高粱中维生素B_2、维生素B_6的含量与玉米相当，而泛酸、烟酸、生物素的含量高于玉米，但所含烟酸多为结合型，不易被动物利用。高粱中的矿物质元素含量除铁外，均不能满足畜禽的营养需要，在总磷含量中，约有一半以上的植酸磷，同时还含有一定量的单宁，这两种物质均会影响饲料中其他营养物质的消化、吸收和利用。

（三）高粱的饲用价值

（1）鸡。鸡的日粮中要求单宁含量不得超过0.2%，因此高单宁的褐色高粱的用量宜在10%以下，最高不超过20%；低单宁的浅色高粱的用量可为40%~50%。高粱中叶黄素等色素的含量比玉米低，对鸡皮肤及蛋黄无着色作用，应与苜蓿草粉、叶粉搭配使用。鸡饲料中高粱用量高时，应注意补充维生素A，同时注意必需脂肪酸是否够用，氨基酸及热能是否满足需要，等等。

（2）猪。用高粱饲喂肉猪或种猪，与用玉米饲喂没有太大差别。如果饲喂得法，高粱的饲用价值可达到玉米饲用价值的90%~95%，但必须与优质的蛋白质饲料配合使用，同时补充维生素A。高粱籽粒小且硬，整粒喂猪效果不好，但粉碎太细会影响适口性，且易引起胃溃疡，因此以压扁或粗粉碎效果好。

（3）反刍家畜。高粱的成分接近玉米，用于反刍家畜时其营养价值与玉米相近。高粱整粒饲喂时，约有一半不能被消化而排出体外，因此需粉碎或压扁。很多加工处理，如压片、水浸、蒸煮及膨化等均可改善反刍家畜对高粱的利用，可使利用率提高10%～15%。

七、燕麦

燕麦为禾本科植物，《本草纲目》中称之为雀麦、野麦子。燕麦不易脱皮，因此被称为皮燕麦。燕麦是一种低糖、高营养、高能食品，在我国多地都有栽培。

（一）燕麦的营养特性

燕麦中稃（壳）的比例因品种而异，典型的稃约为28%，粗纤维含量为10%～13%。淀粉是燕麦的主要成分，但与其他籽粒相比，其含量要少得多，为玉米淀粉的1/3～1/2，因此能量值很低。燕麦也有外稃很少的品种，与玉米具有相同的饲用价值，但产量低，脂质含量高、易氧化、酸败，贮藏困难。燕麦比其他谷物含有更多的脂肪，大部分属于不饱和脂肪酸，主要分布在胚中。燕麦的蛋白质含量高于玉米，赖氨酸含量较高，为0.4%左右，因此燕麦的蛋白质品质优于玉米。燕麦中B族维生素含量丰富，但烟酸含量比小麦少，脂溶性维生素和矿物质元素含量低。

（二）燕麦的饲用价值

对于鸡，燕麦的饲用价值较低。在配制鸡饲料时，宜少用或不用燕麦。

燕麦可作为猪饲料，但用量不宜过多，一般种猪日粮中以10%～20%为宜。肥育猪饲料中添加较多的燕麦会使脂肪软化，肉质下降。燕麦在喂食前应先磨碎。在含燕麦的饲料中添加纤维素酶可提高燕麦的饲用价值。

燕麦是牛、羊、马等的良好能量饲料，其适口性好，饲用价值较高，饲用前可磨碎，甚至可整粒饲喂。

第二节 谷物籽实加工副产品

一、小麦麸

小麦麸，俗称麸皮，是小麦种子作为面粉加工原料所产生的副产品，主要由小麦种皮、糊粉层、少量胚芽和胚乳组成。

（一）小麦麸的营养特性

小麦麸是来源广、数量大的一种能量饲料，其适口性好、质地疏松，含有适量的粗纤维和硫酸盐类，具有一定的轻泻作用，可防止便秘，是妊娠后期和哺乳母畜良好的饲料。

小麦麸的粗蛋白质含量约为 15%，虽含量较高，且蛋白质中各种氨基酸的含量也高于小麦籽实，但必需氨基酸的含量还不能满足畜禽的营养需要；小麦麸中含有丰富的维生素，尤其是 B 族维生素和维生素 E 含量更丰富，但其中烟酸的利用率较低，仅为 35%。

小麦麸中富含矿物质元素，尤其是微量元素铁、锰、锌，但缺乏常量元素钙。小麦麸中虽然植酸磷含量较高，但由于含有活性较高的植酸酶，因此磷的利用率有所提高。

小麦麸中粗纤维含量较高，约占干物质的 10%，因此其有效能值相对较低，如消化能（猪）为 9.3 MJ/kg，代谢能（鸡）为 6.82 MJ/kg，产奶净能（奶牛）为 6.23 MJ/kg。在生产实际中，常利用这一特点，调节饲料的能量浓度，达到限饲的目的。

（二）小麦麸的饲用价值

小麦麸的代谢能较低，不适合用作肉鸡饲料，但种鸡、蛋鸡在不影响热能的情况下可使用，一般用量在 10% 以下。为了控制生长鸡及后备种鸡的体重，可在其饲料中添加 15%～25% 的小麦麸，这样可降低日粮的能量浓度，防止鸡体内过多沉积脂肪。小麦麸适口性好，含有轻泻性的盐类，有助于胃肠蠕动和通便润肠，因此是妊娠后期和哺乳母猪的良好饲料。小麦麸用于肉猪肥育的效果较差，其有机物消化率只有 67% 左右。小麦麸用于幼猪不宜过多，以免引起消化不良。

小麦麸容积大，纤维素含量高，适口性好，是奶牛、肉牛及羊的优良饲料原料。奶牛精料中添加 25%～30% 的小麦麸，可增加泌乳量，但用量太高反而失去效果。肉牛精料中可添加 50% 的小麦麸。

二、米糠

稻谷的加工副产品称为稻糠，稻糠可分为砻糠、米糠和统糠。砻糠是粉碎的稻壳；米糠是糙米精制成大米时的副产品，由种皮、糊粉层、胚及少量的胚乳组成；统糠是米糠与砻糠的混合物。

（一）米糠的营养特性

米糠中蛋白质的含量约为 12.5%，赖氨酸含量约为 0.73%，均高于玉米，但与畜禽的营养需要相比，仍偏低。国产米糠脂肪含量较高，约为 16%，高者可达 22.4%，且大部分为不饱和脂肪酸，其中 79% 为油酸及亚油酸；维生素 E 含量为 2%～5%。国产米糠的粗纤维含量为 6% 左右，加之脂肪含量较高，米糠的有效能值高于小麦麸和次粉。从米糠中的矿物质元素和维生素含量来看，其与其他谷物籽实及其副产品一样：钙少磷多且主要是植酸磷；微量元素铁、锰含量较高，但缺铜；B 族维生素含量丰富，但缺维生素 A、维生素 C、维生素 D。

米糠中含有胰蛋白酶抑制因子，且活性较高，若不经处理大量饲喂，可导致饲料蛋白质消化障碍、雏鸡胰腺肿大。如果米糠中掺入稻壳，则米糠的营养价值会明显下降，若用此种米糠喂鸡，会抑制鸡的生长发育。

新鲜米糠适口性很好，各类畜禽都爱吃，尤其适于喂猪。但由于米糠中脂肪含量较高，若贮藏不当，则容易被氧化而酸败，此时米糠适口性很差，可引起畜禽严重腹泻，甚至死亡，因此在生产中要求使用新鲜米糠。新鲜米糠在畜禽饲料中的比例不能过高，否则会影响肥育家畜胴体品质，引起仔畜腹泻，降低蛋鸡产蛋性能和肉鸡的日增重。

为了使米糠易于长期保存，且增加其适口性，可将米糠加工为脱脂米糠饼或脱脂米糠粕，这样既可保证饲喂安全，又可增加米糠在饲料中的比例。

（二）米糠的饲用价值

米糠中含有胰蛋白酶抑制因子和生长抑制因子，但它们不耐热，加热后会被破坏，因此米糠应煮熟食用。米糠虽然是一种能量饲料，但含有较多的粗纤维。因此，原则上应控制畜禽饲料中米糠的用量。米糠的具体用量如下：米糠在成鸡饲料中所占比例应小于 12%；生长猪饲料中米糠的用量不应超过 20%；生长肥育猪长期饲喂米糠可软化其脂肪质，降低其肉质，对仔猪应少或不使用米糠；米糠用作牛、羊、马等动物饲料时的用量为 20%~30%；全脂米糠是鱼类特别是食草性鱼类的重要饲料，可以为鱼类提供必需的脂肪酸和维生素（米糠中含有丰富的肌醇，肌醇是鱼类的重要维生素），米糠在鱼饲料中的用量一般控制在 15% 以下。

三、其他谷物籽实加工副产品

大麦麸是大麦加工的副产品，其能量、蛋白质和纤维素含量均优于小麦麸。此外，还有高粱糠、玉米糠、米糠等。

高粱糠的有效能值较高，但由于单宁含量较多，适口性差，易引起便秘，因此应控制用量。玉米糠是玉米粉生产的副产物，主要包括外皮、胚、种脐和少量胚乳。玉米糠在单胃动物饲料中所占比例较大，且粗纤维含量高，应控制玉米糠的用量。小米在加工过程中，其种皮、秕谷、颖壳等副产物是米糠，其粗纤维含量高，接近粗饲料，含粗蛋白质 7.2%，无氮浸出物 40%，脂肪 2.8%，饲喂前进一步粉碎、浸泡、发酵可提高消化率。

第三节　块根、块茎及瓜果类饲料

块根、块茎及瓜果类饲料主要包括甘薯、马铃薯、木薯、萝卜、胡萝卜、饲用甜菜、菊芋和南瓜等，这些作物在我国均有广泛种植。以鲜样计，此类饲料容积大、水分含量高，一般为75%～90%；干物质含量低，为10%～25%；有效能值低，仅含消化能1.8～4.69 MJ/kg。以干物质计，此类饲料中粗纤维和蛋白质含量低，但无氮浸出物含量能达到76%，因此其有效能值与谷类籽实类饲料相当，属于能量饲料。糖蜜作为制糖工业的副产品，其主要成分是糖类，含量为24%～27%。

常见块根、块茎及瓜果类饲料的营养成分见表2-9。

表2-9　常见块根、块茎及瓜果类饲料的营养成分

种类	干物质	产奶净能/（MJ/kg）	粗蛋白	粗纤维	钙	磷
甘薯干	87%	6.57	4%	2.8%	0.19%	0.02%
木薯干	87%	5.98	2.5%	2.5%	0.27%	0.09%
干甜菜渣	91%	7.11	11%	21%	0.65%	0.08%
胡萝卜碎渣	14%	5.82	6%	19%	0.6%	0.3%
鲜胡萝卜	12%	7.91	10%	9%	1.94%	0.19%

注：表中物质含量以干物质计。

资料来源：中国饲料成分及营养价值表，第31版，2020。

一、块根、块茎及瓜果类饲料的营养特性

块根、块茎及瓜果类饲料的最大特点是含水量高，为75%～90%，去籽南瓜的含水量高达93.6%，干物质含量相对较低。这就减少了每单位质量新鲜饲料中所含的营养成分。此类饲料每千克鲜样的消化能仅为1.80～4.69 MJ，而南瓜仅为1.05 MJ，因此它也是大容积饲料。但是从干物质的营养价值来看，它们可以归于能量饲料。特别是在国外，这些饲料中大多数经过风干并用作饲料，这更符合能量饲料的条件。

就干物质而言，它们的粗纤维含量低，有的为2.1%～3.24%，有的为8%～12.5%。此类饲料无氮浸出物的含量非常高，为67.5%～88.1%，且大多数为易消化的淀粉或戊聚

糖，因此具有较高的消化能；其每千克干物质含有 13.81 ~ 15.82 MJ 的消化能。但是它们也有能量饲料的一般缺点。例如，甘薯和木薯的粗蛋白质含量仅为 4.5% 和 3.3%，其中很大一部分是非蛋白质的含氮物质。此类饲料中一些主要矿物质元素和某些 B 族维生素的含量不足。南瓜中的维生素 B_2 含量可以达到 13.1 mg/kg，这是较难得的。甘薯和南瓜都含有胡萝卜素，尤其是胡萝卜中的胡萝卜素含量可以达到 430 mg/kg，这是非常有价值的特点。此外，块根和块茎饲料富含钾盐。

　　总的来说，此类能量饲料的一般营养特性如下：

　　（1）蛋白质含量低且品质差，为 5%，必需氨基酸无法满足动物体日常所需，而非蛋白氮含量较高。

　　（2）无氮浸出物含量高，为 60% ~ 80%，粗纤维含量低，为 3% ~ 10%，因此消化率较高，有效能值高，属于高能饲料。

　　（3）矿物质元素含量较高，但不平衡，钙磷比例不恰当，钙多磷少，钾含量丰富。

　　（4）维生素含量变化很大，普遍缺乏 B 族维生素。胡萝卜、黄南瓜等植物中含有比较丰富的 β- 胡萝卜素。

二、常见的块根、块茎类饲料及其营养特性

（一）块根类饲料

常见的块根类饲料有甘薯、木薯、胡萝卜、甜菜等。

1. 甘薯

甘薯，别名番薯、地瓜、山芋、红薯等，是我国种植最广、产量最大的薯类作物，也是我国四大粮食作物之一。

（1）甘薯的营养特性。

新鲜甘薯的含水量为 60% ~ 80%，干物质含量为 20% ~ 40%，在干物质中淀粉含量约占 40%，虽然有效能值高于其他块根类饲料，但是与其他饲料相比有效能值低。就营养价值而言，一般认为：紫肉型块根 > 黄肉型块根 > 白肉型块根。值得注意的是，红肉型甘薯含有较多的胡萝卜素，但是其 B 族维生素的含量较低。

甘薯干的干物质含量为 87%，粗蛋白质含量较低，仅为 4%，必需氨基酸蛋氨酸（含量为 0.06%）及赖氨酸（含量为 0.16%）等含量均较低，无法满足动物体日常需求；粗脂肪含量同样较低，为 0.8%；粗纤维含量为 2.8%，无氮浸出物含量较高，为 76.4%，故有效能值较高。甘薯与玉米相当，是一种不错的能量饲料。甘薯干的营养成分见表 2–10。

表 2–10　甘薯干的营养成分

项目	比例	项目	比例
干物质	87%	中性洗涤纤维	8.1%
粗蛋白质	4%	酸性洗涤纤维	4.1%
粗脂肪	0.8%	淀粉	64.5%
粗纤维	2.8%	钙	0.19%
无氮浸出物	76.4%	总磷	0.02%
粗灰分	3%	有效磷	—

资料来源：中国饲料成分及营养价值表，第 31 版，2020。

（2）甘薯的饲用价值。

新鲜甘薯多汁、味甜、适口性好，畜禽喜欢进食。对于猪来说，甘薯适口性好，甘薯对育肥猪及泌乳猪具有沉积脂肪及增加泌乳的功效，但是仔猪对甘薯的利用率较差，应当少用。对于反刍动物而言，甘薯对奶牛具有促进消化及增加产奶量的功效。无论甘薯是生还是熟，动物都喜食。但是甘薯熟喂能提高动物的能量及干物质的消化率，尤其是蛋白质的消化率。

新鲜甘薯不能进行冷冻，一般储存在 13 ℃左右的环境下，避免发芽、发霉。甘薯若保存不当，则会出现黑斑，黑斑甘薯味苦，含有毒性酮，食用变质甘薯会导致动物严重腹泻，因此在甘薯产量较大的地区，可将甘薯切片晾干，以便保存备用。

在日常饲养过程中，生长猪日粮中的甘薯干不能超过 15%，育肥猪日粮中的甘薯干不能超过 20%。雏鸡、肉鸡及其他禽类都不宜采用甘薯饲喂。而对于蛋鸡，可以在日粮添加少于 10% 的甘薯以补充蛋白质。

2. 木薯

木薯又叫树番薯，其茎干基部形成的块茎部分能生产淀粉及饲喂动物。木薯一般分为甜味种及苦味种。以鲜样计，苦木薯的氢氰酸含量为 250 mg/kg 以上，甜木薯仅为前者的 1/5，因此不需要进行脱毒处理。

（1）木薯的营养特性。

鲜木薯含水量为 70% 左右，干物质为 25%～30%。以干物质计，木薯中粗蛋白质的含量极低，约为 3.2%，且木薯所含的粗蛋白质中，大部分是非蛋白氮，故蛋白质品质不佳，缺乏蛋氨酸、胱氨酸、色氨酸，赖氨酸含量仅为 0.13%，蛋氨酸含量仅为 0.05%。木薯粗纤维含量较少，约为 2.5%，与玉米的粗纤维含量相当；而木薯中淀粉的含量为其鲜重的 25%～30%。晒干后的木薯中无氮浸出物的含量为 78%～88%，有效能值高于甘薯，是一种较好的能量饲料。虽然木薯中钙的含量约为 0.27%，高于玉米，但是严重缺乏磷，磷的含量是该类饲料中最低的，仅为 0.09%。木薯粉是木薯经粉碎、洗粉、晒（烘）干后的产物，内含粗蛋白质 2.51%、粗脂肪 1.14%、粗纤维 7.43%、粗灰分 3.77%、无氮浸出物 72.02%、钙 0.39%、磷 0.05%。在肉用仔鸡饲料中用 10%~16% 的木薯粉代替等能量值的谷物，对雏鸡的增重、饲料报酬、蛋白质耗量及成活率均无不良影响。

（2）木薯的饲用价值。

木薯中含有有毒物质，其主要成分为氰葡萄糖苷，它在酶的作用下，可生成剧毒的氢氰酸，其主要生成部位是木薯的皮层。据分析，每千克木薯块中含氰化物 10~370 mg。木薯皮中含毒量最高，每千克可达 560 mg。多食木薯可使动物中毒。因此，在实际饲喂时，应先对木薯进行脱毒处理，如在沸水中煮 15 min，可降低 95% 以上的毒性，或在 75 ℃下烘 7~8 h，可降低 60% 以上的毒性。

通常木薯干可用于配置畜禽平衡饲料的原料。木薯对鸡的饲用价值为玉米的 70%，通常鸡饲料中木薯的含量不应当超过 10%。生长猪日粮中的木薯用量不应超过 15%，育肥猪日粮中的木薯用量不应超过 20%。在日粮中添加的木薯如未超过 1/4，则对猪无毒，给猪、牛饲喂过多木薯则易引起下痢，乃至中毒。

3. 胡萝卜

胡萝卜，又称红萝卜、甘荀、丁香萝卜等，是一种营养丰富，尤其是胡萝卜素含量较为丰富的块根类植物，在我国各地均有一定规模的种植，不同颜色的胡萝卜营养成分见表 2-11。

表 2-11　不同颜色的胡萝卜营养成分的比较

品种	水分 /g	蛋白质 /g	粗纤维 /g	碳水化合物 /g	可溶糖 /g	钙 /g	磷 /g	胡萝卜素 /mg
紫色	84.9	0.835	2.225	6.23	3.48	58.9	66	5.73
橙色	88.3	0.741	1.714	4.94	2.55	45.5	57.1	4.34
黄色	87.3	0.738	2.08	5.49	3.17	63.4	58	2.52

注：表中数据为每 100 g 鲜重的含量。
资料来源：王羽梅. 胡萝卜营养成分的分析. 内蒙古农业科技，1996（S1）：34-35，39.

（1）胡萝卜的营养特性。

胡萝卜是畜禽补充维生素 A 的良好来源，每千克鲜胡萝卜中含有胡萝卜素 80 mg。通常情况下，胡萝卜不用于为畜禽提供能量，而是用于各种畜禽的维生素 A 原的供给，尤其对种公畜和繁殖母畜有良好的作用。胡萝卜富含糖类、脂肪、钙、磷、铁、胡萝卜素、维生素 A、维生素 B_1、维生素 B_2 等营养物质。在各类品类中，一般以橙色胡萝卜的胡萝卜素含量最高，各种胡萝卜所含能量为 79.5～1 339.8 kJ/100 g。

（2）胡萝卜的饲用价值。

研究表明，饲喂胡萝卜能提高奶牛的产奶性能，对牛奶风味也有一定程度的改进，并且在奶山羊的日粮中添加新鲜胡萝卜能减少羊奶的膻味。在羔羊肥育期补充维生素 A 有助于育肥，因此胡萝卜是很好的饲料。胡萝卜的饲喂量：鸡一般每天喂 20～30 g，成年猪一般日喂量可达 15 kg。

4. 甜菜

甜菜是我国主要的农作物之一，一般用来作为糖料作物。虽然甜菜本身作为制糖行业的重要来源，但是也是反刍动物优质的饲料来源。甜菜的根、渣、茎、叶均能作为饲料来源，并且营养丰富，适口性好。

（1）甜菜的营养特性。

甜菜根、渣、茎、叶均能作为饲料来源。一般而言，甜菜叶的粗蛋白质含量、钙磷含量均高于甜菜根、渣，其粗蛋白质含量达 22%。甜菜渣是甜菜洗净后，除去茎叶并进行萃取制得砂糖后余下的副产物，其主要成分是无氮浸出物，消化能值高，粗蛋白质含量较少且品质差，但是粗纤维含量较高，很适合作为反刍动物的饲料来源或进行青贮后饲喂。甜菜根、渣、茎、叶营养成分的含量见表 2-12。

表 2-12　甜菜根、渣、茎、叶营养成分的含量

原料	营养成分含量						
	粗蛋白质	粗脂肪	粗灰分	中性洗涤纤维	酸性洗涤纤维	钙	磷
甜菜根	5.07%	2.11%	3.14%	7.55%	3.43%	0.23%	0.09%
甜菜渣	11.57%	0.25%	3.65%	64.61%	40.39%	0.85%	0.07%
甜菜茎	11.78%	1.04%	17.55%	22.07%	9.52%	0.75%	0.05%
甜菜叶	21.93%	2.1%	20.1%	26.75%	6.36%	0.97%	0.17%

资料来源：潘军，迪力拜尔·阿木提，高腾云. 甜菜及其副产品的营养价值及瘤胃动态降解率. 江苏农业科学，2020（12）：163-167.

（2）甜菜的饲用价值。

各类甜菜所含有的无氮浸出物中主要是蔗糖，也含有少量的淀粉与果胶物质。由于糖用与半糖用甜菜含有大量蔗糖，故其块根一般不用作饲料，而是先用于制糖，然后以其副产品甜菜渣作为饲料。根据甜菜对不同动物的不同消化率，饲用甜菜喂牛，糖用甜菜喂猪最为适宜，但不宜喂种公羊和去势公羊，以免引起尿道结石。甜菜喂量不宜过多，也不宜单一饲喂。刚收获的甜菜不宜马上投喂，否则易引起下痢。在猪、牛大群饲养中，

一年四季都可喂青贮甜菜。

　　新鲜收获的甜菜茎、叶含水量较高，因此可以作为蛋白质含量较高的青绿饲料进行利用。并且与甜菜根、渣相比，甜菜茎、叶的粗蛋白质含量，以及钙、磷含量均较高。甜菜茎、叶由于含水量高、柔软，并且含有一定的糖分，因此适口性好，并且有较多研究表明，甜菜茎、叶能促进家畜消化。作为青绿饲料，甜菜茎、叶必须保持新鲜，不能长时间堆放，但是采摘后不能马上进行饲喂，否则易引起腹泻。使用甜菜饲喂时需要补充钙。

　　甜菜渣适口性好，直接饲喂能对母畜的泌乳能力产生促进效果。甜菜渣中中性洗涤纤维及酸性洗涤纤维含量均较高，能作为反刍动物的青贮饲料；甜菜渣含钙较丰富，且钙多于磷，多用于肥育牛。甜菜渣用于饲喂乳牛时应适量，过多时对生产乳制品（黄油与干酪等）的品质有不良影响；而且喂前宜先用 2 ~ 3 倍重的水浸泡，以避免干饲后在消化道内大量吸水而引起膨胀。甜菜渣中含有大量的游离有机酸，常能引起动物腹泻。

（二）块茎类饲料

　　常用的块茎类饲料有马铃薯、菊芋、球茎甘蓝等。

1. 马铃薯

　　马铃薯又称土豆、洋芋、地蛋和山药蛋等。虽然马铃薯在我国被广泛种植，但是一般用于人类食用及制作淀粉，较少用作饲料。

　　（1）马铃薯的营养特性。

　　鲜马铃薯的含水量为 75% 左右，干物质含量为 20% ~ 30%，其中淀粉含量为 70%，粗蛋白质含量为 8.6%，粗脂肪含量为 0.2%，粗纤维含量为 2.2%。马铃薯粗纤维含量低，而且主要是半纤维素，因此能量含量较高，是肥育猪良好的饲料之一。

　　以干物质计，马铃薯的粗蛋白质含量较甘薯高，与玉米相当，且蛋白质品质优于小麦。由于马铃薯淀粉含量高、粗纤维含量低，因此有效能值高，与玉米接近。

　　（2）马铃薯的饲用价值。

　　对于食草家畜而言，马铃薯熟喂以及生喂基本没有区别，生喂时应当切碎后饲喂。但是对于猪而言，生喂效果没有熟喂效果好，生喂可能会导致猪腹泻。值得注意的是，马铃薯含有龙葵精（一般情况含量极少），若发现马铃薯皮变为青色甚至发紫或者发芽，则不能用于饲喂家畜。马铃薯必须保存在干燥、凉爽、无阳光直射的地方，防止发芽变绿。如遇发芽变绿，应削去绿皮，挖掉芽眼，并放在水中浸泡 30 ~ 60 min，沥去残水，充分蒸煮。经过处理的马铃薯可以限量饲喂，但不能饲喂繁殖家畜。

2. 菊芋

　　菊芋，又称洋姜和姜不辣，属于菊科植物，作为饲料的地下块茎富含糖类，利用率较高；蛋白质含量较多，约占干物质的 11.8%；维生素含量比马铃薯高 1 ~ 2 倍。菊芋的总体营养价值要高于马铃薯。对于猪而言，饲喂一定量的菊芋能减少腹泻的发生，并降低猪粪尿的臭味。

三、瓜果类饲料

此类饲料中最具代表性的是南瓜。南瓜中虽干物质含量较低，但干物质中约 2/3 为无氮浸出物。按干物质计算，南瓜的有效能值与薯类相近，另外肉质越黄的南瓜，其胡萝卜素的含量越高，切碎的南瓜适合喂各种家畜，煮熟的南瓜更适合喂猪。

第四节 其他能量饲料

液体能量饲料主要包括油脂、糖蜜、乳清。

一、油脂

（一）油脂的类型

1. 动物性油脂

动物性油脂是以肉类加工厂的副产品（如脂肪、皮肤、骨头、内脏等）为原料，经过加热加压、分离处理或浸提而得到的。动物性油脂可以大大提高饲料的能量水平，其代谢能一般可达 35 MJ/kg，是玉米所含能量的 2.5 倍。此外，动物性油脂还可以改善饲料的适口性，减少饲料的粉尘污染。从家畜组织中提取的油脂通常熔点较高，在常温下呈固态。

海产动物油脂包括鱼油、鱼肝油，以及来自海洋哺乳动物的脂肪，主要是鲱鱼油、金枪鱼油、沙丁鱼油、鲸油。海产动物油脂可用作鱼饲料，但通常不用作牲畜和家禽饲料，因为鱼油富含多不饱和脂肪酸，容易氧化和酸败，并且具有难闻的腥味。然而，鱼油富含二十碳五烯酸（eicosapentaenoic acid，EPA）和二十二碳六烯酸（docosahexenoic acid，DHA），具有预防心脑血管疾病并增强智力等保健功效，作为饲料时可以富集到动物体内，生产对人类健康有益的功能产品。

2. 植物性油脂

在常温下大部分植物性油脂为液体状态，其与动物性油脂的最大区别是含有较多的不饱和脂肪酸，其代谢能值为 37 MJ/kg，比动物性油脂有效能值含量高。较为便宜可供饲用的植物性油脂为棕榈油，棕榈油常温下为红色固体物质，其脂肪酸组成以饱和脂肪酸居多而不饱和脂肪酸较少，其特性同一般植物性油脂不同而与猪油、牛油相似。棕榈油是良好的维生素 A 来源，另外还含有 500 ~ 800 mg/kg 的维生素 E。

由于植物性油脂价格较贵，有的地方用未经过精炼加工的初级油或在油脂精炼过程中水化脱胶的副产品作为饲料，但应注意其原料中的有毒有害成分不宜超标，如游离棉酚不得超过 0.03%。

3. 其他类油脂

（1）饲料级水解油脂：由制取食用油或肥皂等处理脂肪过程中所得的产品。

（2）粉末油脂：油脂经过特殊处理使其成粉状，以利于添加、储存和运输，但成本较高。

（二）油脂的营养特性

1. 高热能来源

油脂具有高能量的特性，其能量、代谢能约为碳水化合物和蛋白质的 2.25 倍。油脂的代谢能水平是玉米的 2.5 倍。添加油脂可以很容易地配制成高能饲料，这对肉鸡和仔猪尤其重要。

2. 必需脂肪酸的重要来源

常用油脂中的植物性油脂含有大量的必需脂肪酸。必需脂肪酸的缺乏会造成畜禽生殖功能、生产功能下降，皮肤角质化等问题。

3. 促进脂溶性维生素及色素的吸收

油脂能促进脂溶性维生素及色素的吸收，饲料中的色素及脂溶性维生素，如维生素 A、维生素 D、维生素 E、维生素 K 等，均需溶于脂肪后，才能被动物的肠道消化、吸收和利用。

4. 额外热能效应

油脂具有额外热能效应。例如，牛脂和大豆油的代谢能分别为 29 MJ/kg 和 35 MJ/kg，当两者等比混合后，代谢能变为 35 MJ/kg，结果并非两者的平均值，而是比两者的平均值更高。

5. 减缓动物热应激

油脂的体增热低于蛋白质和碳水化合物的体增热。因此，在饲料中添加油脂可以减少因新陈代谢引起的体温升高，使畜禽在高温环境下处于舒适状态，从而提高畜禽的耐热性，并且避免热应激带来的损失。

6. 其他非营养作用

在微量成分预混料中添加一定量（1% ~ 2%）的油脂可以减少粉尘，从而降低微量成分的损失。并且，在饲料制粒过程中油脂能起到润滑的作用，减少机械的磨损从而延长机械的使用寿命，节约成本。

（三）油脂的饲用价值

1. 猪

对于新生仔猪而言，在开食料中添加适量油脂（5%～10%）可提高饲料热能，改善饲料的适口性，以及提高仔猪的增重和抗寒能力。一般添加品质好的豆油效果较好。近年来的研究指出，中链甘油三酯（medium-chain triglyceride，MCT）极易被仔猪机体吸收，是仔猪的速效能源，用于新生仔猪饲料中可增强仔猪体质，降低仔猪死亡率。仔猪在断奶后第一周，对含不饱和脂肪酸较高的植物性油脂有更高的消化率。通常仔猪的日粮中以添加椰子油、乳脂和猪油为佳，大豆油及玉米油次之，牛脂最次。在保育期第2～3阶段，仔猪日粮中脂肪含量可以添加到8%，但应当注意选择含高比例短链脂肪酸及长链不饱和脂肪酸的植物性油脂。

对于母猪而言，在临产前和泌乳阶段饲料中添加大量油脂（10%～15%），于分娩前一周开始喂给，可改善初乳成分，提高初乳的乳脂率和泌乳量，提高仔猪的成活率、断奶窝重和断奶仔猪数，也可避免母猪失重，并能使其提早发情和改善受胎率。

肉猪饲料中添加3%～5%的油脂，可提高增重，改善饲料效率。但油脂添加过多会增加背膘厚度，降低胴体品质，一般肉猪体重达到60 kg后就不宜再用。添加油脂对饲料效率的改善，无论是在炎热夏季还是在寒冷的冬季，都有较明显的效果；但对增重的改善仅在夏季有效。另外，在使用油脂的时候需要注意使用量。相关研究表明，过量使用油脂或添加变质油脂会影响育肥猪的生长及胴体品质。

2. 鸡

鸡对油脂的利用率因油脂的来源、脂肪酸的构成及鸡的生长阶段的不同而异。鸡对必需脂肪酸的需要量高于牛、猪，因而含亚油酸较多的植物性油脂对鸡的饲用价值高于动物性油脂。

对于蛋鸡而言，在饲料中添加油脂能在提高蛋鸡生产性能的同时提高蛋的品质。在蛋鸡饲料中添加油脂，尤其是添加不饱和脂肪酸含量高的油脂，如大豆油、玉米油、米糠油等，可补充亚油酸，增加蛋重。在炎热的夏季，添加油脂可避免蛋鸡因酷热造成的食欲缺乏和产蛋率下降。但是，研究表明，当日粮中油脂含量过高时，会导致鸡蛋的香味、产蛋率、平均蛋重等指标受到负面影响，因此在添加油脂时，应当注意油脂种类及添加量。一般来说，在以玉米、豆饼为主的蛋鸡、育成鸡日粮中，因热能需求不高，必需脂肪酸基本满足要求，为降低饲养成本可考虑不添加油脂。

肉鸡日粮需要更高的能量浓度。添加适量的油脂可以满足肉鸡对代谢能的需求，并且可以显著提高肉鸡的日增重和饲料回报。由于肉鸡体内的大部分脂肪沉积都处于育肥阶段完成时期，因此从减少腹部脂肪的角度出发，建议在肉鸡的早期日粮中添加2%～4%的廉价油脂（如猪油），以提高肉鸡的生产性能和改善生产绩效；而在后期日粮中添加必需脂肪酸含量较高的油脂（大豆油、玉米油等），以改善肉质。

3. 反刍动物

反刍动物的日粮通常能量低，这可能导致动物能量负平衡，尤其是在哺乳期。通常，减轻负能量平衡的方法是通过增加精料的比例来增加日粮的能量。但是，这种方法很容易引起反刍动物的代谢性疾病，如腹胀和酮症等。用油脂饲料代替淀粉饲料可以增加日粮中的能量浓度，而不会影响反刍动物的健康。通常认为，在反刍动物泌乳初期和泌乳高峰期的饮食中添加 3% ~ 6% 的油脂为佳。过多油脂会影响反刍动物的食欲和瘤胃的发酵功能，并降低纤维素和其他营养物质的消化率。犊牛的代乳品中应使用足量的优质油脂（10% ~ 20%），可单独或组合使用牛油、猪油、椰子油、花生油等。然而，2 周龄以下的犊牛很难消化牛油中所含的硬脂酸，这很容易引起犊牛腹泻并影响发育，因此应引起注意。

值得注意的是，向日粮中直接添加油脂并不能很好地发挥油脂的效益，目前可以瘤胃保护性脂肪作为不影响瘤胃发酵且易被瘤胃的后消化系统消化、吸收、利用的能量来源，常见的瘤胃保护性脂肪有脂肪酸钙、氢化脂肪粉等。

（四）使用油脂时的注意事项

油脂的变质是指油脂在光、热、湿气、空气或微生物的作用下发生水解或氧化反应的过程。经过一系列复杂的变化后，油脂会产生挥发性的低分子醛、酮和酸，从而产生刺激性臭味。变质的油脂不仅会降低饲料的适口性，还会影响饲料的利用效率，降低消化率和增加牲畜的体重，严重时还会导致牲畜腹泻甚至死亡。因此，需要将油脂储存在密闭的低温容器中，使用时可以加入一些抗氧化剂，并且要注意不要使用变质或质量低的油脂，同时要注意油脂的纯度及稳定性。另外，若奶牛平均泌乳量低于 25.5 kg，则不必添加油脂；若泌乳量超过此值，则应添加油脂，以提高日粮的能量浓度。不同动物饲料中油脂的建议添加量见表 2-13。

表 2-13 不同动物饲料中油脂的建议添加量

动物	建议添加量
仔猪	5% ~ 10%
生长育肥猪	3% ~ 5%
妊娠泌乳猪	10% ~ 15%
肉鸡	5% ~ 8%
产蛋鸡	3% ~ 5%
奶牛	3% ~ 4%

资料来源：陈代文. 动物营养与饲料学. 2 版. 北京：中国农业出版社，2015.

二、糖蜜

糖蜜，也称为糖浆，是制糖过程中不能结晶的剩余部分。糖蜜的营养价值因加工材料的不同而不同。根据生产条件的不同，糖蜜可分为原糖蜜、A 型糖蜜和 B 型糖蜜。原糖蜜是指未精制的甜菜或甘蔗汁。A 型糖蜜和 B 型糖蜜是废糖蜜的中间体，在畜禽饲养过程中使用的糖蜜通常是废糖蜜。

（一）糖蜜的营养特性

一般糖蜜中仍含有一定量的蔗糖，并含有相当多的有机物和无机物，水分含量为 20%～30%，粗蛋白质含量为 4%～10%，其中大部分为氨化物。糖蜜中粗灰分含量较高，为 8%～10%。值得注意的是，糖蜜中钾的含量很高，为 2.4%～4.8%，在畜禽饲料中添加糖蜜可以解决豆粕饲料中钾含量较低的问题。

（二）糖蜜的饲用价值

饲料中添加适量的糖蜜可减少饲料粉尘和改善动物的生产性能。

糖蜜的适口性很好，但具有一定的轻泻作用，且黏度较大，因此在使用糖蜜时，应与其他饲料混合并注意添加量不能太大。相关研究表明，在猪日粮中添加糖蜜的量在 30% 以内时，随添加量的增加，猪的生产性能得到改善。家禽平衡日粮中糖蜜用量不宜超过 20%，如果用量超过 20%，则会导致家禽饮水量增加，有轻泻作用。

三、乳清粉

乳清是生产乳制品的副产品。乳清含水量很高，干物质含量仅有 5.3%，而干物质中主要是乳糖，乳清蛋白和乳脂含量不多，但干物质中 13%～17% 的蛋白质品质良好，是幼畜代乳料不可缺少的饲料成分。由于乳清的含水量很高，因此生产中通常使用经干燥后的乳清粉作为饲料原料。乳清粉是全乳除去乳脂和酪蛋白后干燥而成的乳制品之一。

（一）乳清粉的营养特性

乳清粉能提供幼龄动物非常容易利用的乳糖、优质乳蛋白及生物学效价很高的矿物质和维生素。据测定，乳清粉中粗蛋白质的平均含量为 12%，且蛋白质品质好，赖氨酸含量为 1.1%；粗灰分含量较高，为 9.7%，其中钙含量为 0.87%，钙、磷比例恰当，但钠含量较高，为 2.5%。

（二）乳清粉的饲用价值

目前，较多研究表明，饲喂乳清粉对断奶仔猪的生产性能及消化吸收能力具有促进作用。同时，也有研究表明，给羔羊饲喂一定量的乳清粉能促进其瘤胃组织发育。14 日龄断奶仔猪对饲料中不同乳清粉含量的反应见表 2-14。

表 2-14　14 日龄断奶仔猪对饲料中不同乳清粉含量的反应

性能指标	饲料乳清粉含量				
	15%	20%	25%	30%	35%
初重 /kg	3.544	3.618	3.618	3.618	3.618
末重 /kg	7.646	7.796	7.87	8.355	8.877
日增重 /g	134	149	153	172	187
日耗料 /g	254	265	276	302	310
耗料 / 增重	1.89	1.78	1.8	1.76	1.66

四、其他

液态副产品来源于人类食品工业。从营养的角度来看，它可以分为三类，即富含糖类、富含脂肪类和富含蛋白质类。其中，富含糖类的液态副产品最常用于动物生产。

在猪饲料中添加液态副产品对改善动物健康、降低死亡率、提高生产性能和降低养猪成本具有积极作用。

富含糖类的液态副产品有三种，即液态小麦淀粉、马铃薯蒸煮去皮后的副产品和干酪乳清。它们的相关化学成分见表 2-15。

表 2-15　三种富含糖类的液态副产品的化学成分分析　　　　　　　单位: g/kg

营养物质	液态小麦淀粉		马铃薯蒸煮去皮后的副产品		干酪乳清	
	平均值	标准差	平均值	标准差	平均值	标准差
干物质	251	14	144	17	52	10
有机物	978	2	924	18	890	28
粗脂肪	28	5	12	8	16	—
粗蛋白质	114	13	134	23	138	27
粗纤维	15	4	59	17	0	—
淀粉	406	90	435	102	0	—
糖类	148	53	29	14	580	—

注：表中物质含量以干物质计。

本章小结

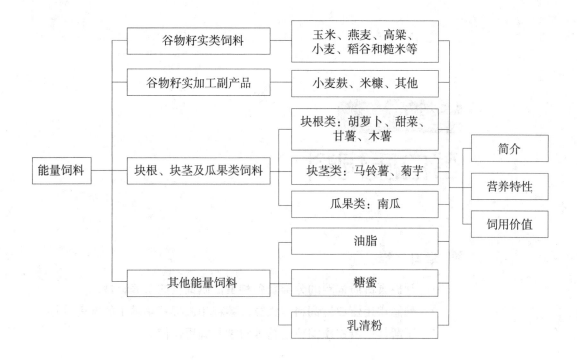

思考题

1. 什么是能量饲料？能量饲料包括哪几类？

2. 谷物籽实类饲料的营养特性是什么？

3. 为什么玉米是"饲料之王"？

4. 使用小麦和大麦喂鸡时应注意什么问题？

5. 小麦麸有哪些营养特性？小麦麸的饲用价值有哪些？

6. 米糠的营养特性是什么？使用时应注意什么问题？

7. 常用的液体能量饲料有哪些？它们的主要作用是什么？

第四章

蛋白质饲料

📖 **学习目标**

1. 掌握蛋白质饲料的分类及各种蛋白质饲料的营养特性。
2. 熟悉常用蛋白质饲料（大豆、菜籽粕、棉籽粕等）的营养特性。
3. 了解其他蛋白质饲料的营养特性及饲用价值。

蛋白质饲料是指饲料干物质中粗纤维含量小于18%、粗蛋白质含量大于或等于20%的一类饲料。蛋白质饲料包括四类：植物性蛋白质饲料、动物性蛋白质饲料、单细胞蛋白质饲料、非蛋白氮饲料。

第一节　植物性蛋白质饲料

植物性蛋白质饲料包括饼粕类、大豆籽实和淀粉工业副产品等。饼粕类饲料是含油多的植物籽实经提取油脂后的副产品。从油料籽实中提取油脂的方法一般有压榨法、浸提法和预压－浸提法等。用压榨法提取油脂后的副产品呈饼状，俗称油饼。用浸提法提取油脂后的副产品呈扁片状，俗称油粕。预压－浸提法是将机械压榨和溶剂浸提相结合的一种提取油脂的方法，其副产品也为扁片状的油粕。

一、植物性蛋白质饲料的营养特性

植物性蛋白质饲料包括大豆籽实、饼粕类和其他植物性蛋白质饲料，是动物生产中使用量最多、最常用的蛋白质饲料。该类饲料具有以下共同特点：

（1）蛋白质含量高，且质量较好。一般植物性蛋白质饲料中粗蛋白质含量为20%～50%，因种类不同差异较大。其蛋白质主要由球蛋白和清蛋白组成，且必需氨基酸含量和平衡程度明显优于谷蛋白和醇溶蛋白，因此蛋白质品质高于谷物类蛋白，蛋白质利用率是谷物类的1～3倍。

（2）脂肪含量变化大。油料籽实脂肪含量为15%～30%，非油料籽实脂肪只有1%左右。油料饼粕类脂肪含量因加工工艺不同差异较大，高的可达10%，低的仅1%左右。

（3）粗纤维含量不高，一般为3.8%～6.4%，基本上与谷物类籽实相近，油料饼粕类稍高些。

（4）矿物质元素中钙少磷多，且主要是植酸磷。

（5）维生素含量与谷物类相似，B族维生素较丰富，而维生素A、维生素D较缺乏。

（6）大多数含有一些抗营养因子，如抗胰蛋白酶因子、抗维生素因子，影响其饲用价值。

二、大豆籽实

1. 大豆籽实的营养特性

大豆籽实包括黄大豆和黑大豆。相比较而言，黑大豆的粗蛋白质、粗纤维含量略高于黄大豆，而其他营养物质含量略低于黄大豆，因此黄大豆的有效能值较高。大豆籽实中粗蛋白质含量为32%~40%。生大豆籽实中蛋白质多属于水溶性蛋白质（约为90%），加热后即溶于水。大豆籽实中氨基酸组成良好，植物蛋白质中普遍缺乏的赖氨酸含量较高，如黄大豆和黑大豆中赖氨酸的含量分别为2.30%和2.18%；但含硫氨基酸含量低。大豆籽实中脂肪含量高，为17%~20%；其中不饱和脂肪酸较多，亚油酸和亚麻酸占其脂肪总量的55%。其脂肪的代谢能约比牛油高29%。大豆籽实的油脂中存在磷脂，占1.8%~3.2%。大豆中碳水化合物含量不高，无氮浸出物仅为26%左右，其中蔗糖占无氮浸出物总量的27%；水苏糖、阿拉伯木聚糖、半乳糖分别占16%、18%、22%；淀粉在大豆中含量甚微，仅为0.4%~0.9%；纤维素含量为18%。阿拉伯木聚糖、半乳聚糖及半乳糖酸结合成黏性的半纤维素，存在于大豆细胞膜中，有碍消化。大豆籽实的矿物质元素中钾、磷、钠较多，但60%的磷为不能利用的植酸磷，铁含量较高。其维生素含量略高于谷实类，B族维生素含量较高，而维生素A、维生素D含量少。大豆籽实的营养成分及营养价值见表2-16。

表 2-16　大豆籽实的营养成分及营养价值

营养成分	含量	营养成分	含量
干物质	87.0%	维持净能（肉牛）/（MJ/kg）	9.03
粗蛋白质	35.5%	增重净能（肉牛）/（MJ/kg）	5.93
粗脂肪	17.3%	消化能（羊）/（MJ/kg）	16.36
粗纤维	4.3%	赖氨酸	2.20%
无氮浸出物	25.7%	蛋氨酸	0.56%
粗灰分	4.2%	胱氨酸	0.70%
中性洗涤纤维	7.9%	苏氨酸	1.41%
酸性洗涤纤维	7.3%	异亮氨酸	1.28%
钙	0.27%	亮氨酸	2.72%
磷	0.48%	精氨酸	2.57%
非植酸磷	0.3%	缬氨酸	1.50%
消化能（猪）/（MJ/kg）	16.61	组氨酸	0.59%
代谢能（猪）/（MJ/kg）	14.77	酪氨酸	0.64%
代谢能（鸡）/（MJ/kg）	13.56	苯丙氨酸	1.42%
产奶净能（奶牛）/（MJ/kg）	7.95	色氨酸	0.45%

资料来源：中国饲料成分及营养价值表，第31版，2020。

2. 大豆籽实的饲用价值

大豆籽实中含有多种抗营养因子，如胰蛋白酶抑制因子、大豆凝集素、胃肠胀气因子、植酸、尿酶及大豆抗原，这些物质或对动物的生长、生产产生不良影响，或对饲料中各种营养物质的利用产生不良影响。因此，大豆必须经过加工处理才能消除抗营养因子的不良作用。膨化大豆以适口性好、消化率高、抗原物质和抗营养因子含量低等优点被应用于早期断奶的仔猪饲料，部分或全部代替豆粕。

三、饼粕类饲料

饼粕类饲料是油料籽实经过脱油后的副产品。由于脱油方法的不同，所得副产品的名称不同，产品中所含营养成分的多少也不同。油料籽实经压榨法脱油后的副产品为饼，饼中油脂残留量较高，多在4%以上，而其他营养物质含量相对略低；油料籽实经浸提脱油后的副产品为粕，粕中残留的油脂很少，一般为1%左右。各种饼粕类饲料是应用广泛的饲料原料。

（一）大豆饼粕

大豆饼粕是以大豆为原料脱油后的副产品。由于制油工艺不同，通常将用压榨法取油后所得的饼状产品称为大豆饼；而将用浸提法取油、脱溶剂、干燥后得到的产品称为大豆粕。

大豆饼粕的加工方法有四种：液压压榨法、旋压压榨法、溶剂浸提法和预压后浸提法。压榨法取油的工艺主要分为两个过程：第一个过程为油料的清选、破碎、软化、轧胚，油料温度保持在60 ℃～80 ℃；第二个过程为料胚蒸炒（100 ℃～125 ℃）后再加机械压力，使油分离出。浸提法取油的工艺为：利用有机溶剂在55 ℃～65 ℃下浸泡料胚，提取油脂后将其残余烘干（105 ℃～120 ℃）而得到大豆粕。浸提法比压榨法可多取油4%～5%，且大豆粕中残脂少，易保存，为目前生产上主要采用的工艺。

1. 大豆饼粕的营养特性

大豆饼粕是使用最广泛、用量最多的植物性蛋白质饲料原料。大豆饼粕中富含畜禽所需要的必需氨基酸，尤其是限制性氨基酸，如赖氨酸的含量是生长肥育猪需要量的两倍，是蛋鸡需要量的四倍，蛋氨酸与胱氨酸之和是蛋鸡营养需要量的一倍以上。因此，大豆饼粕一直作为平衡饲料氨基酸需要量的一种良好饲料被广泛使用。在我国大豆饼粕是一种常规的饲料原料。大豆粕的营养成分及营养价值见表2-17。

2. 大豆饼粕的饲用价值

大豆饼粕适当加热后添加蛋氨酸，即鸡最好的蛋白质来源，适用于任何阶段的家禽，用于幼雏效果更好，其他饼粕类饲料原料不及大豆饼粕。加热不足的大豆饼粕能引起家禽胰脏肿大，发育受阻，添加蛋氨酸也无法改善，对雏鸡影响尤甚，这种影响随着动物年龄的增长而下降。适当处理后的大豆饼粕也是猪的优质蛋白质饲料原料，适用于任何种类、任何阶段的猪。因大豆饼粕中粗纤维含量较多，多糖和寡糖含量较高，幼畜体内无相应消化酶，故在人工代乳料中，应对大豆饼粕的用量加以限制，以小于10%为宜，否则易引起下痢。乳猪宜饲喂熟化的脱皮大豆粕，肥育猪无用量限制。以大豆粕为唯一的蛋白质源的饲料中，添加蛋氨酸可提高猪的生产性能，若同时添加蛋氨酸、赖氨酸和苏氨酸，可进一步提高猪的生产性能。

表 2-17 大豆粕的营养成分及营养价值

营养成分	大豆粕（一级）	大豆粕（二级）	营养成分	大豆粕（一级）	大豆粕（二级）
干物质	89.0%	89.0%	维持净能（肉牛）/（MJ/kg）	8.68	8.71
粗蛋白质	47.9%	44.2%	增重净能（肉牛）/（MJ/kg）	6.06	6.20
粗脂肪	1.5%	1.9%	消化能（羊）/（MJ/kg）	14.31	14.27
粗纤维	3.3%	5.9%	赖氨酸	2.99%	2.68%
无氮浸出物	29.7%	28.3%	蛋氨酸	0.68%	0.59%
粗灰分	4.9%	6.1%	胱氨酸	0.73%	0.65%
中性洗涤纤维	8.8%	13.6%	苏氨酸	1.85%	1.71%
酸性洗涤纤维	5.3%	9.6%	异亮氨酸	2.10%	1.99%
钙	0.34%	0.33%	亮氨酸	3.57%	3.35%
磷	0.65%	0.62%	精氨酸	3.43%	3.38%
非植酸磷	0.22%	0.21%	缬氨酸	2.26%	2.09%
消化能（猪）/（MJ/kg）	15.06	14.26	组氨酸	1.22%	1.17%
代谢能（猪）/（MJ/kg）	13.01	12.43	酪氨酸	1.57%	1.47%
代谢能（鸡）/（MJ/kg）	10.58	10.00	苯丙氨酸	2.33%	2.21%
产奶净能（奶牛）/（MJ/kg）	7.45	7.45	色氨酸	0.65%	0.57%

资料来源：中国饲料成分及营养价值表，第31版，2020。

大豆饼粕也是奶牛、肉牛的优质蛋白质饲料原料，各阶段牛饲料中均可使用，其适口性好，长期饲喂也不会引起动物厌食。动物采食过多大豆饼粕会有软便现象，但不会下痢。牛可有效利用未经加热处理的大豆饼粕，含油脂较多的大豆饼对奶牛有催乳效果，在人工代乳料和开食料中应加以限制。羊、马日粮中也可使用大豆饼粕，其效果优于生大豆。目前我国大豆饼粕用于反刍动物的量逐渐下降，代之以非蛋白氮和粗纤维含量高而价格低的饼粕类。在水产动物中，食草鱼及杂食鱼对大豆粕中蛋白质的利用率很高，可达90%左右，能够取代部分鱼粉作为蛋白质的主要来源。食肉鱼对大豆粕的利用率低，应尽量少用。

（二）棉籽饼粕

1. 棉籽饼粕的营养特性

棉籽饼粕是棉花籽实提取棉籽油后的副产品。棉籽完全脱壳后的棉仁脱油所制成的饼粕叫作棉仁饼粕。棉籽饼粕中粗纤维的含量主要取决于制油过程中棉籽的脱壳程度。国产棉籽饼粕粗纤维含量较高，为 13% 以上，有效能值低于大豆饼粕。而脱壳较完全的棉仁饼粕中粗纤维的含量约为 12%，代谢能水平较高。棉籽饼粕中粗蛋白质的含量较高，为 34% 以上，棉仁饼粕中粗蛋白质的含量为 41%~44%。棉籽饼粕的氨基酸中赖氨酸含量较低，仅相当于大豆饼粕的 50%~60%，蛋氨酸含量亦低，精氨酸含量较高，赖氨酸与精氨酸之比在 100:270 以上。棉籽饼粕的矿物质元素中钙少磷多，其中 71% 左右为植酸磷，含硒少。棉籽饼粕中维生素 B_1 含量较多，维生素 A、维生素 D 含量少。棉籽粕成分及营养价值见表 2-18。

表 2-18 棉籽粕成分及营养价值

营养成分	棉籽粕（一级）	棉籽粕（二级）	营养成分	棉籽粕（一级）	棉籽粕（二级）
干物质	90.0%	90.0%	维持净能（肉牛）/（MJ/kg）	7.44	7.35
粗蛋白质	47.0%	43.5%	增重净能（肉牛）/（MJ/kg）	4.73	4.69
粗脂肪	0.5%	0.5%	消化能（羊）/（MJ/kg）	13.05	12.47
粗纤维	10.2%	10.5%	赖氨酸	2.13%	1.97%
无氮浸出物	26.3%	28.9%	蛋氨酸	0.65%	0.58%
粗灰分	6.0%	6.6%	胱氨酸	0.75%	0.68%
中性洗涤纤维	22.5%	28.4%	苏氨酸	1.43%	1.25%
酸性洗涤纤维	15.3%	19.4%	异亮氨酸	1.41%	1.29%
钙	0.25%	0.28%	亮氨酸	2.60%	2.47%
磷	1.10%	1.04%	精氨酸	5.44%	4.65%
非植酸磷	0.38%	0.36%	缬氨酸	1.98%	1.91%
消化能/（MJ/kg）	9.41	9.68	组氨酸	1.28%	1.19%
代谢能（猪）/（MJ/kg）	8.28	8.43	酪氨酸	1.46%	1.05%
代谢能（鸡）/（MJ/kg）	7.78	8.49	苯丙氨酸	2.47%	2.28%
产奶净能（奶牛）/（MJ/kg）	6.53	6.44	色氨酸	0.57%	0.51%

资料来源：中国饲料成分及营养价值表，第 31 版，2020。

2. 棉籽饼粕的饲用价值

不同畜禽对游离棉酚的耐受力不同，猪的耐受力最差，鸡次之，反刍家畜耐受力最强，因此使用未脱毒的棉籽饼粕时，不同畜禽饲料可使用的限量不同。在使用棉籽饼粕时，应注意平衡饲料氨基酸，即在畜禽饲料中添加合成赖氨酸、苏氨酸、色氨酸或提高饲料粗蛋白质水平，均可降低棉酚的毒性，改善饲喂效果，提高动物的生产性能。

棉籽饼中含有另外一种抗营养因子——环丙烯脂肪酸，其对鸡蛋品质有不良影响，主要表现为蛋黄变硬，蛋清变为粉红色，不但降低了鸡蛋的商品价值，更重要的是降低了种鸡的产蛋率和种蛋的孵化率。而这种物质通常存在于棉籽饼的残油中，因此当蛋鸡饲料中使用棉籽饼时，其含油量应控制在 1% 以内。

解决棉籽饼毒性问题的根本途径是推广无毒或低毒棉花品种。目前我国正在逐年加大无毒棉花的种植面积，这对提高棉籽饼粕的利用率是十分重要的。

（三）菜籽饼粕

1. 菜籽饼粕的营养特性

菜籽饼粕是菜籽榨油后的副产品。菜籽饼粕含有较高的粗蛋白质，为 34% ~ 38%。其氨基酸组成平衡，含硫氨基酸较多，精氨酸含量低，精氨酸与赖氨酸的比例适宜，是一种氨基酸平衡良好的饲料。菜籽饼粕中粗纤维的含量较高，为 12% ~ 13%，有效能值较低。菜籽饼粕中的碳水化合物为不宜消化的淀粉，且含有 8% 的戊聚糖，雏鸡不能利用。菜籽外壳几乎无利用价值，是造成菜籽饼粕代谢能值低的根本原因。菜籽饼粕的矿物质元素中钙、磷含量均高，但大部分为植酸磷，富含铁、锰、锌、硒，尤其是硒含量远高于大豆饼粕。菜籽饼粕的维生素中胆碱、叶酸、烟酸、维生素 B_2、硫胺素含量均比大豆饼粕高，但胆碱与芥子碱呈结合状态，不易被肠道吸收。

此外，菜籽饼粕还含有硫代葡萄糖苷、芥子碱、植酸、单宁等抗营养因子，影响其适口性。

"双低"菜籽饼粕与普通菜籽饼粕相比，粗蛋白质、粗纤维、粗灰分、钙、磷等常规成分含量差异不大，但有效值略高，赖氨酸含量和消化率显著高于普通菜籽饼粕，蛋氨酸、精氨酸含量略高。菜籽粕营养成分及营养价值见表 2-19。

表 2-19　菜籽粕营养成分及营养价值

营养成分	含量	营养成分	含量
干物质	88.0%	维持净能/（肉牛）（MJ/kg）	6.56
粗蛋白质	38.6%	增重净能/（肉牛）（MJ/kg）	3.98
粗脂肪	1.4%	消化能（羊）/（MJ/kg）	12.05
粗纤维	11.8%	赖氨酸	1.30%
无氮浸出物	28.9%	蛋氨酸	0.63%

续表

营养成分	含量	营养成分	含量
粗灰分	7.3%	胱氨酸	0.87%
中性洗涤纤维	20.7%	苏氨酸	1.49%
酸性洗涤纤维	16.8%	异亮氨酸	1.29%
钙	0.65%	亮氨酸	2.34%
磷	1.02%	精氨酸	1.83%
非植酸磷	0.35%	缬氨酸	1.74%
消化能（猪）/（MJ/kg）	10.59	组氨酸	0.86%
代谢能（猪）/（MJ/kg）	9.33	酪氨酸	0.97%
代谢能（鸡）/（MJ/kg）	7.41	苯丙氨酸	1.45%
产奶净能（奶牛）/（MJ/kg）	5.82	色氨酸	0.43%

资料来源：中国饲料成分及营养价值表，第 31 版，2020。

2. 菜籽饼粕的饲用价值

菜籽饼粕中含有较多的赖氨酸，含硫氨基酸、色氨酸、苏氨酸等必需氨基酸也基本可满足动物的营养需要，但菜籽饼粕的营养价值却低于大豆饼粕。菜籽饼粕富含铁、锌、硒，总磷含量中有 60% 以上是植酸磷，难以被吸收利用。菜籽饼粕中还含有一些有毒物质，主要包括硫代葡萄糖苷的四种降解产物、芥子碱、单宁、植酸等，限制了其在畜禽饲料中的应用。菜籽饼粕常见的脱毒方法有碱处理法、水浸法、发酵法、热喷法等，但根本途径还需从普及应用无毒或低毒品种着手。我国于 20 世纪 70 年代开始引进培育双低菜籽（低芥酸低硫苷），而"双低"菜籽饼粕是以双低油菜籽为原料，经软化、蒸炒、预榨、溶剂浸出等工序加工而成的。与普通菜籽饼粕相比，双低菜籽饼粕的硫苷和芥酸含量大幅度降低，其饲用价值显著优于普通菜籽饼粕，营养价值与大豆饼粕相当。

（四）花生仁饼粕

1. 花生仁饼粕的营养特性

花生仁饼粕是以脱壳后的花生仁为原料，经脱油后的副产品。花生仁饼的粗蛋白质含量约为 44%。花生仁粕的粗蛋白质含量约为 47%。其蛋白质含量虽高，但有 63% 为不溶于水的球蛋白，而可溶于水的白蛋白仅占 7%。花生仁饼粕中精氨酸含量高达 5.2%，氨基酸组成不平衡，赖氨酸、蛋氨酸含量偏低，精氨酸含量在所有植物性饲料中最高，赖氨酸与精氨酸之比在 100：380 以上，饲喂家畜时适于和精氨酸含量低的菜籽饼粕、血粉等配合使用。在无鱼粉的玉米－豆粕型日粮中，产蛋鸡的第一、二、三、四位限制性氨基酸依次为蛋氨酸、亮氨酸、精氨酸、色氨酸。蛋氨酸、赖氨酸、色氨酸有合成品，可直接添加补充，而精氨酸无合成品，可用花生仁饼粕补其不足。花生仁饼粕的有效能值在饼粕类饲料中最高。其无氮浸出物中大多为淀粉、单糖、双糖和戊聚糖。其残余脂肪熔点低，脂肪酸以油酸为主，不饱和脂肪酸占 53%～78%。花生仁饼粕中钙、磷含量低，磷多为植酸磷，铁含量略高，其他矿物质元素较少。花生仁饼粕中胡萝卜素、维生素 D、维生素 C 含量低，B 族维生素较丰富，尤其烟酸含量高，约 174 mg/kg，维生素 B_2 含量低，胆碱含量为 1 500～2 000 mg/kg。

　　花生仁饼粕中含有少量胰蛋白酶抑制因子，且极易感染黄曲霉，产生黄曲霉毒素，引起动物中毒。我国《饲料卫生标准》（GB 13078—2017）中规定，花生仁饼粕黄曲霉毒素 B_1 的含量不得大于 0.05 mg/kg。花生仁饼及花生仁粕的营养成分及营养价值见表 2-20。

表 2-20　花生仁饼及花生仁粕的营养成分及营养价值

营养成分	花生仁饼	花生仁粕	营养成分	花生仁饼	花生仁粕
干物质	88.0%	88.0%	维持净能（肉牛）/（MJ/kg）	9.91	8.80
粗蛋白质	44.7%	47.8%	增重净能（肉牛）/（MJ/kg）	7.22	6.20
粗脂肪	7.2%	1.4%	消化能（羊）/（MJ/kg）	14.39	13.56
粗纤维	5.9%	6.2%	赖氨酸	1.32%	1.40%
无氮浸出物	25.1%	27.2%	蛋氨酸	0.39%	0.41%
粗灰分	5.1%	5.4%	胱氨酸	0.38%	0.40%
中性洗涤纤维	14.0%	15.5%	苏氨酸	1.05%	1.11%
酸性洗涤纤维	8.7%	11.7%	异亮氨酸	1.18%	1.25%
钙	0.25%	0.27%	亮氨酸	2.36%	2.50%
磷	0.53%	0.56%	精氨酸	4.60%	4.88%
非植酸磷	0.31%	0.33%	缬氨酸	1.28%	1.36%
消化能（猪）（MJ/kg）	12.89	12.43	组氨酸	0.83%	0.88%
代谢能（猪）（MJ/kg）	11.21	10.71	酪氨酸	1.31%	1.39%
代谢能（鸡）（MJ/kg）	11.63	10.88	苯丙氨酸	1.81%	1.92%
产奶净能（奶牛）（MJ/kg）	8.45	7.53	色氨酸	0.42%	0.45%

　　资料来源：中国饲料成分及营养价值表，第 31 版，2020。

2．花生仁饼粕的饲用价值

为避免黄曲霉毒素中毒，幼雏应避免使用花生仁饼粕，花生仁饼粕可用于成鸡。因其适口性好，可提高鸡的食欲，育成期可用 6%，产蛋鸡可用 9%，若补充赖氨酸、蛋氨酸或与鱼粉、大豆饼粕、血粉配合使用，效果更好。在鸡饲料中添加蛋氨酸、硒、胡萝卜素、维生素或提高饲料蛋白质水平，均可降低黄曲霉毒素的毒性。

花生仁饼粕是猪的优良蛋白质饲料，其适口性好。但因其赖氨酸、蛋氨酸含量低，饲用价值不及大豆饼粕。在满足肥育猪赖氨酸、蛋氨酸需要的前提下，花生仁饼粕可代替全部大豆饼粕，但为了防止下痢和体脂变软，用量宜低于 10%。为防止黄曲霉毒素中毒，哺乳仔猪的饲料中最好不用花生仁饼粕。花生仁饼粕对奶牛、肉牛的饲用价值与大豆饼粕相当。花生仁饼粕有通便作用，采食过多易导致软便。经高温处理的花生仁饼粕，蛋白质溶解度下降，可提高瘤胃未降解蛋白质的量，提高氮沉积量。

（五）向日葵仁饼粕

向日葵仁饼粕富含 B 族维生素、矿物质和多种氨基酸，是向日葵籽生产食用油后的副产品，可制成脱壳或不脱壳两种，是一种较好的蛋白质饲料。向日葵仁饼粕榨油工艺有压榨法和浸提法两种。

1．向日葵仁饼粕的营养特性

向日葵仁饼粕的营养价值取决于脱壳程度，完全脱壳的向日葵仁饼粕营养价值很高。向日葵仁饼和向日葵仁粕的粗蛋白质含量可分别达到 41%、46%，与大豆饼粕相当。但脱壳程度差的向日葵仁饼粕，营养价值较低。向日葵仁饼粕的氨基酸组成中，赖氨酸含量低，含硫氨基酸丰富。向日葵仁饼粕中，粗纤维含量较高，有效能值低；脂肪含量为 6%~7%，其中 50%~75% 为亚油酸；矿物质元素中钙、磷含量高，但磷以植酸磷为主，微量元素锌、铁、铜含量丰富；B 族维生素含量丰富，其中烟酸含量是所有饼粕类饲料中最高的（200 mg/kg 以上），泛酸、硫胺素和胆碱含量也很高。

向日葵仁饼粕中的难消化物质包括外壳中的木质素和高温加工条件下形成的难消化糖类。此外，还有少量的酚类化合物，主要是绿原酸，含量为 0.7%~0.82%，氧化后变黑，是饼粕色泽变暗的内因。绿原酸对胰蛋白酶、淀粉酶和脂肪酶有抑制作用，加入蛋氨酸和氯化胆碱可抵消这种不利影响。向日葵仁饼粕的营养成分及营养价值见表 2-21。

表 2-21　向日葵仁饼粕的营养成分及营养价值

营养成分	向日葵仁饼	向日葵仁粕	营养成分	向日葵仁饼	向日葵仁粕
干物质	88.0%	88.0%	维持净能（肉牛）/（MJ/kg）	5.99	6.60
粗蛋白质	29.0%	33.6%	增重净能（肉牛）/（MJ/kg）	3.41	3.90

续表

营养成分	向日葵仁饼	向日葵仁粕	营养成分	向日葵仁饼	向日葵仁粕
粗脂肪	2.9%	1.0%	消化能（羊）/（MJ/kg）	8.79	8.54
粗纤维	20.4%	14.8%	赖氨酸	0.96%	1.13%
无氮浸出物	31.0%	38.8%	蛋氨酸	0.59%	0.69%
粗灰分	4.7%	5.3%	胱氨酸	0.43%	0.50%
中性洗涤纤维	41.4%	32.8%	苏氨酸	0.98%	1.14%
酸性洗涤纤维	29.6%	23.5%	异亮氨酸	1.19%	1.39%
钙	0.24%	0.26%	亮氨酸	1.76%	2.07%
磷	0.87%	1.03%	精氨酸	2.44%	2.89%
非植酸磷	0.13%	0.16%	缬氨酸	1.35%	1.58%
消化能（猪）/（MJ/kg）	7.91	10.42	组氨酸	0.62%	0.74%
代谢能（猪）/（MJ/kg）	7.11	9.29	酪氨酸	0.77%	0.91%
代谢能（鸡）/（MJ/kg）	6.65	8.49	苯丙氨酸	1.21%	1.43%
产奶净能（奶牛）/（MJ/kg）	5.36	5.90	色氨酸	0.28%	0.37%

资料来源：中国饲料成分及营养价值表，第31版，2020。

2. 向日葵仁饼粕的饲用价值

肉用仔鸡尤其是生长前期的饲料以及仔猪饲料中最好不使用向日葵仁饼粕，因为向日葵仁饼粕中缺乏赖氨酸、苏氨酸等必需氨基酸，会影响氨基酸平衡，导致生长发育受阻。产蛋鸡和肥育猪可使用向日葵仁饼粕，但应适量供给，并注意补充维生素和赖氨酸。向日葵仁饼粕对于反刍家畜是一种良好的饲料，其使用效果可与棉籽饼粕相当。

（六）亚麻仁饼粕

1. 亚麻仁饼粕的营养特性

亚麻仁饼粕是亚麻籽经脱油后的副产品。亚麻仁饼粕的粗蛋白质含量较低，一般为32%~36%，且氨基酸组成不平衡，赖氨酸、蛋氨酸含量低，色氨酸、精氨酸含量高，赖氨酸与精氨酸之比为100∶250，因此，饲料中使用亚麻仁饼粕时，应添加赖氨酸或搭配赖氨酸含量较高的饲料。亚麻仁饼粕中粗纤维含量高，为8%~10%，热能值较低，代谢能仅为9.0 MJ/kg，其脂肪中亚麻酸含量为30%~58%。亚麻仁饼粕中钙、磷含量较高，硒含量丰富，是优良的天然硒源之一。

亚麻仁饼粕的维生素中胡萝卜素、维生素D含量少，但B族维生素含量丰富。亚麻仁饼粕中的抗营养因子包括生氰糖苷、亚麻籽胶、抗维生素 B_6 因子。生氰糖苷因在自身所含亚麻酶的作用下生成氢氰酸而有毒。其亚麻籽胶含量为 3%~10%，亚麻籽胶是一种可溶性碳水化合物，主要成分为乙醛糖酸，完全不能被单胃动物消化利用，故饲料中亚麻仁饼粕用量过多会影响畜禽食欲。亚麻仁饼粕的营养成分及营养价值见表 2-22。

表 2-22 亚麻仁饼粕的营养成分及营养价值

营养成分	亚麻仁饼	亚麻仁粕	营养成分	亚麻仁饼	亚麻仁粕
干物质	88.0%	88.0%	维持净能（肉牛）/（MJ/kg）	7.96	7.44
粗蛋白质	32.2%	34.8%	增重净能（肉牛）/（MJ/kg）	5.23	4.89
粗脂肪	7.8%	1.8%	消化能（羊）/（MJ/kg）	13.39	12.51
粗纤维	7.8%	8.2%	赖氨酸	0.73%	1.16%
无氮浸出物	34.0%	36.6%	蛋氨酸	0.46%	0.55%
粗灰分	6.2%	6.6%	胱氨酸	0.48%	0.55%
中性洗涤纤维	29.7%	21.6%	苏氨酸	1.00%	1.10%
酸性洗涤纤维	27.1%	14.4%	异亮氨酸	1.15%	1.33%
钙	0.39%	0.42%	亮氨酸	1.62%	1.85%
磷	0.88%	0.95%	精氨酸	2.35%	3.59%
非植酸磷	0.38%	0.42%	缬氨酸	1.44%	1.51%
消化能（猪）/（MJ/kg）	12.13	9.92	组氨酸	0.51%	0.64%
代谢能（猪）/（MJ/kg）	10.88	8.83	酪氨酸	0.50%	0.93%
代谢能（鸡）/（MJ/kg）	9.79	7.95	苯丙氨酸	1.32%	1.51%
产奶净能/（奶牛）（MJ/kg）	6.95	6.44	色氨酸	0.48%	0.70%

资料来源：中国饲料成分及营养价值表，第 31 版，2020。

2. 亚麻仁饼粕的饲用价值

鸡饲料中应尽量少用或不用亚麻仁饼粕，其用量达 5% 时，即可造成鸡食欲下降、生长受阻，用量达 10% 即有死亡现象。亚麻仁饼粕经水浸、高压蒸汽处理可缓解其毒害。用作猪饲料时，其饲用价值高于芝麻饼粕和花生仁饼粕，但因其氨基酸不平衡，需同其他优质蛋白质饲料配合使用，补充其缺乏的氨基酸后，可获得良好的饲养效果。其在肥育猪饲料中的用量为 8% 时，不会影响增重和饲料效率，但过多使用则会造成腹脂熔点下降，引起软脂现象，并导致 B 族维生素缺乏症。在母猪饲料中适当添加亚麻仁饼粗可预防便秘。亚麻仁饼粕是反刍动物良好的蛋白质来源,其适口性好,在牛羊饲料中均可使用。饲喂亚麻仁饼粕可提高肉牛肥育效果,提高奶牛产奶量,且可改善反刍动物被毛光泽。亚麻仁饼粕在犊牛、羔羊、成年牛羊及种用牛羊的饲料中均可使用,并可作为唯一的蛋白质来源,配合其他蛋白质饲料使用可预防乳脂变软。

第二节 动物性蛋白质饲料

动物性蛋白质饲料是一类蛋白质含量高、氨基酸组成全面、营养价值较高的饲料,主要指水产、畜禽、缫丝及乳品业等的加工副产品,包括鱼粉、肉骨粉、羽毛粉等。

一、动物性蛋白质饲料的营养特性

(1)粗蛋白质含量高(40%~85%)。动物性蛋白质饲料的氨基酸组成比较平衡,品质较好,营养价值较高。

(2)粗灰分含量高。动物的组织中含有大量的粗灰分,尤其是钙、磷含量丰富,如鱼粉中钙含量为6.52%,磷含量为3.55%,钙、磷不但比例合适,而且利用率高,因此这类饲料既可作为蛋白质补充料,也可作为钙磷补充料。

(3)B族维生素含量高。动物性蛋白质饲料的突出特点之一是B族维生素中的维生素 B_2、维生素 B_{12} 含量很高,除血粉外,动物性蛋白质饲料的每千克干物质中维生素 B_{12} 的含量为44.0~541.6 μg。同时其还含有一些促生长因子,饲料中使用部分此类饲料,对于幼龄畜禽的生长发育是十分必要的。

(4)蛋氨酸含量略显不足。从必需氨基酸的比例来看,此类饲料中蛋氨酸含量略有欠缺,个别饲料中还缺乏异亮氨酸,故在配合饲料中,动物性蛋白质饲料与其他饲料搭配使用,才能达到良好的饲喂效果。

(5)碳水化合物含量低,不含粗纤维。除少数动物性蛋白质饲料中含有一定量的碳水化合物外,大部分动物性蛋白质饲料中碳水化合物含量极少,尤其是粗纤维含量几乎为零。

(6)含有促进动物生长的动物性蛋白因子。

二、常用的动物性蛋白质饲料

(一)鱼粉

鱼粉是以全鱼或鱼的下脚料为原料,经过蒸煮、压榨、干燥、粉碎加工后的粉状物,这种粉状物称为普通鱼粉。若把制造鱼粉时产生的煮汁浓缩加工做成鱼汁再加到普通鱼粉中，经干燥粉碎即可得到全鱼粉。以鱼的下脚料制得的鱼粉称为粗鱼粉。

鱼粉是一种优质的蛋白质饲料。其蛋白质含量为 40% ~ 70%，一般进口鱼粉质量较好，蛋白质含量在 60% 以上（如秘鲁鱼粉、白鱼鱼粉）；脱脂全鱼粉中粗蛋白质的含量在 60% 以上。鱼粉蛋白质品质良好，氨基酸含量高、比例平衡，进口鱼粉赖氨酸含量为 5% 以上，高于国产鱼粉。鱼粉中粗灰分含量在 10% 以上，钙、磷含量高，比例适宜，且均为可利用的磷。鱼粉微量元素中碘、硒含量高，富含维生素 B_{12}、维生素 A、维生素 D、维生素 E 和未知生长因子。鱼粉的盐含量较高，一般为 3% ~ 5%，高的可超过 7%，含盐量较高的鱼粉在配合饲料中的用量应加以控制。在鱼粉的微量元素中，铁含量最高，其次是锌和硒，而其他微量元素含量偏低，但海产鱼中碘含量较高。鱼粉中的脂类含量一般为 6% ~ 12%，海产鱼中高度不饱和脂肪酸的含量较高，这些高度不饱和脂肪酸具有特殊的营养功能。

总之，鱼粉的蛋白质含量高，其消化率在 90% 以上，氨基酸组成平衡，利用率高。新鲜鱼粉的适口性良好，可促进畜禽的生长、改善饲料的利用率，是一种饲用价值较高的动物性蛋白质饲料。

（二）血粉

血粉是以畜禽的鲜血为原料，经脱水加工而成的粉状动物性蛋白质饲料。

血粉的蛋白质含量相当高，通常粗蛋白质含量在 80% 以上。优质血粉的赖氨酸含量为 6% ~ 7%，其含量比国产鱼粉赖氨酸含量高出 1 倍；含硫氨基酸含量为 1.7% 左右，与鱼粉相当；色氨酸含量为 1.11%，比鱼粉高 1 ~ 2 倍；组氨酸含量也较高。但其氨基酸组成不平衡，亮氨酸含量是异亮氨酸的 10 倍以上，赖氨酸利用率低，血纤维蛋白不易消化，因此血粉常需与植物性饲料混合使用。

血粉中钙磷含量较低，但磷的利用率高，微量元素铁的含量较高，可达 2 800 mg/kg，其他微量元素含量与谷物类饲料相近。

血粉味苦，适口性差，配合饲料中的用量不可过多，一般鸡饲料中以 2% 为宜，猪饲料中不得超过 5%。

我国商业行业标准《饲料用血粉》（LS/T 3407—1994）的技术要求中规定：感官要求血粉为干燥粉状物；具有本制品固有气味，无腐败变质气味；暗红色或褐色；能通过 2 ~ 3 mm 孔筛；不含砂石等杂质。

（三）肉骨粉

肉骨粉是使用动物屠宰后不易食用的下脚料，以及食品加工厂的残余碎肉、内脏、杂骨等为原料，经高温消毒、干燥、粉碎而成的粉状饲料。

原料的种类不同、加工方法不同、脱脂程度不同、储藏期不同，肉骨粉的营养价值不同。肉骨粉的粗蛋白质含量为 20% ~ 50%，粗脂肪含量为 8% ~ 18%，粗灰分含量为

26%～40%，赖氨酸含量为 1%～3%，含硫氨基酸含量为 3%～6%，色氨酸含量较低，不足 0.5%；一般肉骨粉的含磷量在 4.4% 以上，磷的利用率高。

总之，肉骨粉的氨基酸组成不平衡，氨基酸的消化率低，饲用价值不稳定，加之肉骨粉极易被沙门菌感染，因此其用量也应加以控制。一般鸡饲料中肉骨粉的用量以 6% 以下为宜，猪饲料中肉骨粉的用量以 5% 以下为宜，幼龄畜禽饲料中不宜使用肉骨粉。

（四）羽毛粉

羽毛粉是将家禽的羽毛净化消毒，再经蒸煮、酶解、粉碎或膨化制成的粉状动物性蛋白质饲料。

羽毛粉中，粗蛋白质含量为 80%～85%，含硫氨基酸含量居所有天然饲料之首，为 3.5% 以上，缬氨酸、亮氨酸、异亮氨酸的含量均居各种蛋白质饲料的前列，加工得当的羽毛粉是调配配合饲料中这些氨基酸的良好原料。但羽毛粉中赖氨酸、蛋氨酸、色氨酸的含量较低，氨基酸的利用率不高，且变化范围较大。羽毛粉中的粗脂肪含量为 2.2%，粗纤维含量为 0.7%，粗灰分含量为 5.8%，钙含量为 0.20%，磷含量为 0.68%。

（五）蚕蛹粉、蚕蛹饼

蚕蛹是蚕茧制丝后的残留物。蚕蛹经干燥、粉碎后可制得蚕蛹粉。蚕蛹脱脂后的剩余物为蚕蛹饼。

蚕蛹粉中粗脂肪含量较高，为 20%～30%，因此蚕蛹粉的有效能值较高，粗蛋白质含量为 55%～60%。蚕蛹饼中赖氨酸、蛋氨酸、胱氨酸、色氨酸含量较高，分别为 3%、1.5%、2.5%、1.2%。另外，蚕蛹粉的微量元素中锌的含量较高，约为 160 mg/kg。蚕蛹粉含有较高的脂肪，且脂肪中多为不饱和脂肪酸，因此不易保存，应就地销售。蚕蛹饼脱去了脂肪，因此粗脂肪含量明显下降，约为 3.1%，其余各项指标均比蚕蛹粉有所提高。蚕蛹饼比蚕蛹粉更易保存，但有效能值下降。

（六）其他动物性蛋白质饲料

动物性蛋白质饲料还包括皮革粉、乳产品、虾蟹糠、昆虫粉、蚯蚓粉等。

第三节　单细胞蛋白质饲料

一、单细胞蛋白质的概念及分类

单细胞蛋白质是单细胞或具有简单构造的多细胞生物蛋白质的总称。目前可供饲用的单细胞蛋白质饲料主要包括饲料酵母、藻类、非病原性细菌等。

二、各类单细胞蛋白质饲料的营养特性

(一) 饲料酵母

生产饲料酵母所用原料不同，其产品的营养价值也不同。一般这类单细胞蛋白质饲料的风干制品中含有 50%～60% 的粗蛋白质，且必需氨基酸中的赖氨酸、含硫氨基酸含量较高，赖氨酸含量为 5%～7%，含硫氨基酸含量为 2%～3%，其含量与鱼粉相近。饲料酵母中无氮浸出物的含量较高，约为 33.6%，其有效能值与玉米相当。饲料酵母中富含微量元素锌、硒、铁及 B 族维生素，维生素含量是一般饲料的几倍或几十倍，尤其是烟酸、胆碱、维生素 B_2、泛酸、叶酸含量较高，故可用作维生素补充料。饲料酵母中粗纤维和粗脂肪的含量与生产原料有关，一般粗灰分中钙少磷多。但由于饲料酵母的适口性较差，其生物学效价不如鱼粉。在单细胞蛋白质饲料中，饲料酵母的利用最多。饲料酵母按培养基不同常分为石油酵母、工业废液酵母（包括啤酒酵母、酒精废液酵母、味精废液酵母、纸浆废液酵母）。畜禽饲料中添加一定量的饲料酵母，可促进反刍家畜瘤胃微生物的生长，防止畜禽的胃肠道疾病，增进动物的健康，改善饲料的利用效率，提高畜禽的生产性能。

(二) 藻类

分离培养基或培养液后，干燥藻类单细胞蛋白质饲料中粗蛋白质的含量约为 60%，粗脂肪含量约为 10%，此类饲料蛋白质品质好、营养价值较高。此外藻类还含有约 50 种矿物质元素，尤其富含碘、钾、钠。同时藻类所含维生素种类多、数量大，特别是它还含有多种具有生物活性的物质。但由于生产成本较高，其实用性相对较差。

藻类的使用可以增加动物的增重，提高饲料转化率，减少畜禽的疾病。目前饲用的藻类主要有绿藻和蓝藻两种。绿藻呈单细胞球状，直径为 5～10 μm。蓝藻因呈相连螺旋状又称螺旋藻，长 300～500 μm。蓝藻易捕捞培养，色素和蛋白质的利用率高。从发展前景看，蓝藻有取代绿藻的趋势。

第四节　非蛋白氮饲料

一、非蛋白氮的概念及分类

非蛋白氮又称为氨化物，是一类非蛋白质的含氮化合物。

非蛋白氮包括有机非蛋白含氮化合物和无机非蛋白含氮化合物。有机非蛋白含氮化合物包括氨、酰胺、胺、氨基酸、肽类；无机非蛋白含氮化合物包括硫酸铵、氯化铵等盐类。虽然非蛋白氮种类较多，但生产中常用的是尿素类化合物，其属于有机酰胺类非蛋白含氮化合物。

二、常用非蛋白氮饲料

（一）尿素

尿素为白色、无臭、结晶状物质，味微咸苦，易溶于水，吸湿性强。纯尿素含氮量为 46%，一般商品尿素的含氮量为 45%。每千克尿素相当于 2.8 kg 粗蛋白质，或相当于 7 kg 大豆饼的粗蛋白质含量。试验证明，用适量的尿素取代牛、羊饲料中的蛋白质饲料，不仅可降低生产成本，还可提高生产力。瘤胃细菌能产生活性很强的脲酶，当尿素进入动物瘤胃后，很快被脲酶水解为氨和二氧化碳。尿素水解后的氨与饲料蛋白质降解产生的氨均可用于合成瘤胃微生物蛋白质。瘤胃微生物蛋白质在真胃和小肠内经酶的作用，转化为游离氨基酸，在小肠被吸收利用。

（二）缩二脲

缩二脲又称双缩脲，它是由尿素缓慢加热制成的产品。缩二脲中的含氮量为 41%，微溶于水，因此它的优点是安全可靠、氮的利用率高、适口性较尿素好、储存加工性能好。缩二脲对反刍家畜几乎是无毒的，但其价格较贵，饲喂时需要一定的适应期。

（三）异丁基双脲

异丁基双脲是继尿素、缩二脲之后生产的一种很好的非蛋白氮饲料，它在瘤胃中的降解速度比尿素慢得多，与大豆饼相当。

（四）脂肪酸尿素

脂肪酸尿素呈颗粒状或粉状，不吸湿、不黏结，容易与饲料混合。脂肪酸尿素不但可减缓尿素的分解，而且可为瘤胃微生物提供合成蛋白质所需的能量，是一种较好的非蛋白氮饲料。

（五）尿素磷酸盐

尿素磷酸盐呈酸性，在瘤胃中释放氨的速度缓慢，不会引起氨中毒。尿素磷酸盐在胃液中具有较强的脱氢酶活性，从而强化了饲料中营养物质的吸收和利用。此外，尿素磷酸盐除含有无机氮以外，还含有无机磷，是动物生长发育中不可缺少的营养元素。

（六）糖蜜脲

糖蜜脲是化学合成的液体非蛋白氮饲料，饲喂反刍家畜时可取代 1/3 的粗蛋白质。反刍家畜瘤胃微生物对糖蜜脲的分解速度缓慢，加之糖蜜可为瘤胃微生物提供一定的能量，且促进瘤胃微生物的大量繁殖，因此其对反刍家畜的生长、生产具有良好的作用。

使用非蛋白氮饲料时的注意事项如下：

（1）尿素与其他饲料混喂时，须混合均匀，否则会影响转化效率，甚至引起动物中毒。

（2）尿素饲喂次数也是影响尿素利用效率的因素之一，一般一天的尿素用量分多次、按规定时间饲喂效果较好。

（3）尿素适口性较差，加之反刍家畜瘤胃微生物对尿素也需一个适应过程，因此饲喂尿素时应经过2～3周后才按正常喂量进行饲喂。

（4）非蛋白氮饲料要防止雨淋发霉，另外饲喂尿素不能与饮水同时进行。

（5）切忌在反刍家畜空腹时饲喂大量尿素。

（6）尿素不能与生豆类、苜蓿籽等饲草混合饲喂。

（7）在饲喂反刍家畜尿素时，其饲料构成不要变化过大，对于病弱、幼龄的反刍家畜不要饲喂尿素类饲料。

本章小结

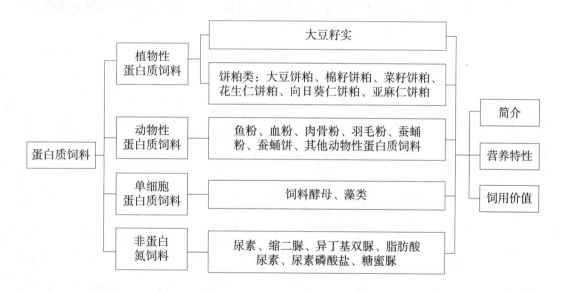

思考题

1. 蛋白质饲料是如何分类的？
2. 植物性蛋白质饲料的营养特性是什么？
3. 鱼粉的营养特性是什么？
4. 反刍家畜为什么能利用非蛋白氮？在生产中应如何饲喂反刍家畜非蛋白氮饲料？

第五章

矿物质饲料

📖 **学习目标**

1. 掌握矿物质饲料的分类及其作用。
2. 熟悉不同种类矿物质饲料的特点，并了解其在生产应用中需考虑的问题。

矿物质元素对动物机体有重要的生理作用，是组成动物骨骼和体内一些活性物质的成分。矿物质饲料用于补充动物对矿物质元素的需要，包括常量矿物质饲料、微量矿物质饲料和其他天然矿石。常量矿物质饲料有提供钙、磷、钠、氯、镁、硫的矿物质饲料，以及电解质补充饲料。微量矿物质饲料主要有铁源、铜源、锌源、锰源、碘源、硒源、钴源饲料，列入添加剂。其他天然矿石主要有沸石、麦饭石、膨润土等。

第一节 提供钙的矿物质饲料

钙占动物体重的 1%～2%，大约有 99% 的钙与氢氧化钙复合盐类以羟基磷灰石钙的形式存在于动物骨骼和牙齿中。钙除作为骨骼和牙齿的成分外，还参与动物机体的很多生理过程，如调节肌肉兴奋性、血液凝结、激活酶和信号传导等。提供钙的矿物质饲料主要有石粉、贝壳粉、蛋壳粉、石膏等。提供钙的矿物质饲料除可补充基础饲料中钙的不足外，还可以作为微量元素添加剂的载体。

一、石粉

石粉为天然的碳酸钙，是一种廉价的钙质补充料，其含钙量为 33%～39%。石灰石、白垩、方解石、白云石均可作为石粉原料，但其中还含有少量的其他矿物质元素。白云石含有大量的氧化镁，会影响畜禽体内钙和磷结合、降低畜禽采食量，还会引起畜禽腹泻，因此一定要慎重使用。天然石灰石，只要铅、汞、砷、氟的含量不超过安全系数，就可用作饲料。饲料级石粉中镁的含量不宜超过 0.5%，重金属元素砷的含量应在 0.5 mg/kg 以下。

将石灰石煅烧成氧化钙，加水调制成石灰乳，再与二氧化碳作用可生成沉淀碳酸钙。此产品细而轻，又称为轻质碳酸钙。中国饲料成分及营养价值表（2020 年第 31 版）给出，饲料级轻质碳酸钙中的钙含量为 38.42%。

石粉的用量应根据畜禽种类及生长阶段而定。一般畜禽配合饲料中石粉的添加量为 0.5%～2%，蛋鸡和种鸡饲料中石粉的添加量为 7%～8%。过量的石粉会导致动物对饲料有机营养物的消化率降低，对青年鸡的肾脏有害，使泌尿系统尿酸盐沉积过多而发生炎症，甚至形成结石。一般而言，石粉的粒度越小，其吸收率越高。猪饲料中石粉的粒度一般为 0.63～0.68 mm，禽饲料中石粉的粒度为 0.6～0.7 mm。蛋鸡饲料中，石粉粒度不可过细，一般为 1.5～2.0 mm。较粗的粒度有利于保证血液中的钙离子浓度，满足蛋壳形成的需要。过细的石粉会造成蛋壳变脆，颜色变浅，破、软蛋率增加。产蛋鸡饲料中的石粉要求粗细搭配，需注意粗粒会影响饲料混合的均匀度。

二、贝壳粉

贝壳粉是各种贝类外壳（蚌壳、蛤蜊壳、牡蛎壳、螺蛳壳等）经烘干粉碎而成的粉状或颗粒状补钙饲料，呈灰色、白色、灰褐色。贝壳粉的主要成分为碳酸钙，含钙量为32%～35%。由于贝壳粉本身含有一定量的有机物质，因此新鲜贝壳在加工过程中应注意严格消毒。贝壳粉可促进畜禽骨骼生长，增强消化功能，增加蛋、奶的产量，改善其品质，提高抗病能力。在蛋鸡、种鸡饲料中，贝壳粉的使用效果优于石粉。贝壳粉与石粉1∶1混合使用，能够提高蛋壳强度，减少破、软蛋率。

三、蛋壳粉

蛋壳粉是由禽蛋加工厂或种蛋孵化厂废弃的蛋壳，经干燥灭菌，粉碎而成。其主要成分为碳酸钙，含钙量为30%～40%，另含约7%的蛋白质及0.1%～0.4%的磷。蛋壳粉的利用率较高，使用蛋壳粉蛋鸡及种鸡所产蛋的蛋壳强度优于使用石粉。使用新鲜蛋壳生产蛋壳粉时也应注意严格消毒，以保证产品的质量。

四、石膏

石膏的主要成分是硫酸钙，通常是二水硫酸钙，为灰色或白色的结晶粉末。石膏中硫酸钙的钙含量为20%～23%，硫含量为16%～18%。饲料中添加1%～2%的石膏可预防鸡啄羽、啄肛。

第二节 提供磷的矿物质饲料

磷占动物体重的0.7%～1.1%，大约有80%的磷存在于骨骼和牙齿中，其余的磷储存于软组织和体液中，主要作为磷蛋白、核酸和磷脂的组成成分发挥作用。磷在动物体内的生理作用较多，除参与骨骼和牙齿形成之外，还以有机磷的形式参与到细胞核和肌肉活动中。富含磷的矿物质饲料主要有磷酸钙类、磷酸钠类和骨粉等。

一、磷酸氢钙

磷酸氢钙为白色或灰白色的粉末或颗粒状物质，分为无水盐（$CaHPO_4$）和二水盐（$CaHPO_4 \cdot 2H_2O$）。中国饲料成分及营养价值表（2020年第31版）给出，磷酸氢钙中磷含量为 18.00% ~ 22.77%，钙含量为 23.29% ~ 29.60%，可同时为畜禽提供钙和磷两种元素。磷酸氢钙中磷的利用率高，为 95% ~ 100%。磷酸氢钙可防止动物因缺乏钙磷而引起的各种疾病，保证动物快速生长，提高蛋鸡产蛋量，同时可以治疗佝偻病、软骨病、贫血病等。饲料中通常添加 1.0% ~ 2.5% 的磷酸氢钙。需要注意，磷和氟在自然界中共生，磷酸氢钙中氟元素的含量不应超过 0.18%。

二、磷酸二氢钙

磷酸二氢钙又称为磷酸一钙或过磷酸钙，其纯品为白色结晶粉末，多为一水盐 $[Ca(H_2PO_4)_2 \cdot H_2O]$，是磷酸钙盐中磷含量最高的一种矿物质饲料。在饲料级磷酸盐中，磷酸二氢钙中磷的生物学效价最高，具有水溶性，适合作为鱼虾类和禽类的主要钙磷来源。磷酸二氢钙含 24% 的磷和 15% 左右的钙，在配制饲料时用于调整钙磷平衡。

三、磷酸二氢钠

磷酸二氢钠为白色结晶状粉末，有无水（NaH_2PO_4）和二水物（$NaH_2PO_4 \cdot 2H_2O$）两种。无水磷酸二氢钠的磷含量约为 25%，钠含量约为 19%。因其不含钙，常被用在钙含量要求低的饲料中充当磷源，亦可调整高钙低磷配方。磷酸二氢钠具有潮解性，应保存于干燥处。

四、磷酸氢二钠

磷酸氢二钠为白色无味细粒状物质，其分子式为 Na_2HPO_4。无水磷酸氢二钠中磷含量为 18% ~ 22%，钠含量为 27% ~ 32.5%。其在饲料中的应用同磷酸二氢钠。

五、骨粉

骨粉是以骨为原料加工而成的一种矿物质饲料，含有丰富的矿物质。骨粉主要由羟基磷灰石 $[Ca_{10}(PO_4)_6(OH)_2]$ 晶体和无水型磷酸氢钙（$CaHPO_4$）组成。脱脂骨粉中钙含量约为 29.80%，磷含量约为 12.5%，磷利用率为 80% ~ 90%。骨粉除含有丰富的钙和磷外，还含有硫（2.4%）和微量元素，如钴、铜、铁、锰、硅、锌等。骨粉常用作饲料钙磷平衡调节剂。

骨粉分为煮骨粉、蒸骨粉、骨质磷酸盐、骨炭等。骨粉质量取决于有机物的脱去程度，有机物含量高的骨粉中钙、磷含量低，且易变质。由于原料质量变异较大、加工方式不同，骨粉质量相对不稳定。骨粉在猪、鸡配合饲料中的使用量为 1% ~ 3%。考虑到饲料安全，欧洲一些国家已明令禁止在饲料中添加骨粉。我国也在 2001 年 3 月 1 日起禁止在反刍动物饲料中添加骨粉。

1. 煮骨粉

煮骨粉是由动物骨头使用开放式锅炉煮沸，直至附着组织脱落，再经粉碎制成的。煮骨粉色泽发黄，骨胶溶出少，蛋白质和脂肪质量高，容易吸潮腐败，适口性差，贮藏期短暂。

2. 蒸骨粉

蒸骨粉是使用动物骨头经高压蒸汽加热，除去有机物（大量的蛋白质和脂肪）后，使骨头变脆，经过压榨、粉碎制得的产品。一般蒸骨粉中钙含量为 30% ~ 36%，磷含量为 11% ~ 16%，脱脂或脱胶差的骨粉中含有少量的蛋白质和脂肪，但其色泽洁白，易于消化，无特殊气味。

3. 骨质磷酸盐

骨质磷酸盐是将动物骨头用酸碱液处理后，再用石灰沉淀后干燥制成的产品。其磷含量为 11% 左右，钙含量为 28% 左右。

4. 骨炭

骨炭又称骨灰，是在密闭的容器中将骨头灰化而成的，其钙含量为 22%，磷含量为 11%。这是利用被细菌污染的骨骼的常用方法，充分燃烧可灭菌，易粉碎。

第三节 提供钠、氯的矿物质饲料

钠和氯主要存在于动物的体液和软组织中，占动物体重的 0.13% 和 0.11%。动物机体钠离子总量的 60% 分布于细胞外液中，氯离子在细胞内外均有分布。钠、氯对维持机体细胞正常渗透压、电解质平衡十分重要。常见的提供钠、氯的矿物质饲料有氯化钠、碳酸氢钠、硫酸钠等。

一、氯化钠

氯化钠作为饲料使用的主要形式是食盐，包括海盐、井盐和岩盐。纯净的氯化钠中含钠 39.7%，含氯 60.3%。添加氯化钠主要用于保持动物体的酸碱平衡，维持渗透压，增加饲料适口性，提高畜禽食欲，也可用于预防育肥猪育肥中后期咬尾的发生。

氯化钠通常是直接添加到基础饲料中的，因此在饲料的生产过程中要注意混合均匀。由于不同动物对氯化钠的耐受力不同，因此在动物的饲料中添加氯化钠时要注意适量，尤其是家禽。若饲料中配有一定比例的鱼粉，且鱼粉的氯化钠含量较高，在配合饲料中再添加氯化钠时，应扣除鱼粉的氯化钠含量。畜禽发育阶段不同，氯化钠添加量也不同。畜禽配合饲料中，氯化钠的用量一般为 0.25% ~ 0.5%。

二、碳酸氢钠

碳酸氢钠又称小苏打，为白色结晶状粉末，无臭，味略咸，是一种强碱弱酸盐，易溶于水。碳酸氢钠作为一种电解质添加剂和酸碱调节剂广泛应用于畜禽饲料中。在家禽饲料中添加一定量的碳酸氢钠，不但可以补充生产所需的钠离子，而且在炎热的夏季可以缓解热应激反应，改善蛋鸡的蛋壳质量，降低肉鸡死亡率，提高体增重。另外，碳酸氢钠作为碱化剂对反刍家畜也是十分重要的，其可以缓冲反刍家畜瘤胃内过低的 pH，保证瘤胃的正常功能。尤其是高产反刍奶牛在大量采食精饲料的情况下，必须适量补充碳酸氢钠。

三、硫酸钠

无水硫酸钠为无色透明棱状或长方形结晶体，其钠含量在 32% 以上，可作为无氯钠源满足畜禽对钠的需求。家禽饲料中添加硫酸钠，有利于羽毛的生长发育，防止啄羽。

第四节 提供镁、硫的矿物质饲料

镁大约占动物体重的 0.05%，动物体内 60%～70% 的镁以磷酸盐形式参与骨骼和牙齿的构成，25%～40% 的镁与蛋白质结合形成络合物，存在于软组织中。动物体内硫的含量为 0.15%～0.2%，主要存在于含硫氨基酸（胱氨酸、半胱氨酸和蛋氨酸）、含硫维生素（硫胺素和生物素）及激素（胰岛素）中，仅少量以无机形式存在。动物被毛、角和爪中含硫丰富，家禽和羊的被毛中硫含量为 3%～5%。

一、氧化镁及其他镁源

氧化镁是一种较好的、应用较广泛的镁源，这是因为它的生物学价值高，物理特性好，价格也较便宜。氧化镁为微白色粉末，其镁含量为 55%，镁的相对含量高。对于反刍家畜，氧化镁的利用率高于硫酸镁。

其他镁源有硫酸镁、碳酸镁、醋酸镁、柠檬酸镁等。

镁作为常量元素添加剂，通常用于反刍家畜的饲料中。

二、提供硫的矿物质饲料

在反刍家畜饲料中使用非蛋白氮时，通常需要添加硫。常用的提供硫的矿物质饲料有硫酸盐类和硫黄粉。日粮中硫的补充量一般不超过日粮干物质的 0.05%。硫酸盐不能作为猪、成年家禽硫的来源，需要用含硫氨基酸等有机形式来补充硫。

第五节　其他天然矿石

天然矿石除含有多种矿物质元素外，还具有吸附性、离子交换性、流动分散性、黏结性等特性，主要的天然矿石包括沸石、麦饭石、膨润土、凹凸棒等。

一、沸石

沸石中含有 20 余种常量及微量元素，它具有多孔隙、多通道的特殊结构，以及吸附、交换、催化、耐酸、耐热性能。因此，沸石具有如下作用：减缓营养物质通过消化道的速度，促进动物对营养物质的消化、吸收，提高生产性能；防治动物疾病，减少死亡率；改善饲养环境，减少水体污染；增进动物产品质量；减少养殖场粪臭，防止氨气挥发。

沸石可用于猪、家禽和反刍家畜的饲料中，并可取得良好的饲喂效果。

二、麦饭石

麦饭石中含有近 20 种常量元素和微量元素，具有良好的溶出性和吸附性，因此水浸后的麦饭石可以为人畜提供 20 余种矿物质元素，同时吸附对人畜有害的重金属及其他组分，从而提高动物的生产性能；并且麦饭石对动物产品的异味有明显的抑制作用，还可净化池塘，减少水产动物的死亡率和畸形率。

麦饭石可用于猪、家禽、牛及水产动物的养殖，并可获得良好的饲喂效果。

三、膨润土

膨润土中含有磷、钙、铁、铜、锰等元素。它具有膨胀性、分散性、悬浮性、润滑性、黏结性、吸附性、交换性、催化性等特性，因此可以提高畜禽的生产性能，促进食欲，提高饲料转化率。膨润土还可用作颗粒饲料的黏结剂以及各种微量成分的载体，起稀释作用。

目前膨润土主要用于家禽养殖，尤其是肉鸡饲料中添加效果较好。

四、凹凸棒

凹凸棒具有悬浮性和多孔性，含有多种微量元素。因此，它可用于补充畜禽微量元素的不足，延长饲料在动物消化道内的存留时间，改善畜禽的卫生环境，提高预混料的混合质量。

凹凸棒添加于猪、鸡饲料中，可提高增重和产蛋率。

✎ 本章小结

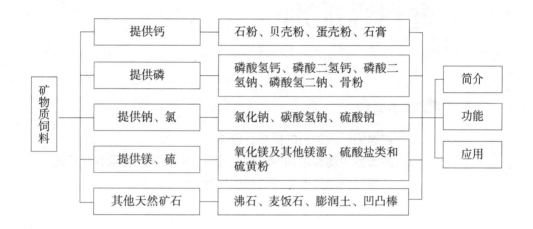

✎ 思考题

1. 既能为动物补充钙又能为动物补充磷的常量矿物质饲料有哪些？这些饲料在使用时各自应注意什么问题？

2. 如果动物日粮中缺钙而不缺磷，应选择什么样的饲料进行补充？这类饲料在使用时有什么需要注意的问题？

3. 反刍家畜饲料中通常还需要补充哪些常量元素？为什么？

4. 在使用氯化钠时应注意什么问题？

第六章

饲料添加剂

📖 学习目标

1. 掌握饲料添加剂的概念及分类。
2. 熟悉各种饲料添加剂的理化性质、生物学功能及作用机理。
3. 了解饲料添加剂应用的管理规定。

第一节　饲料添加剂概述

一、饲料添加剂的概念

《饲料工业术语》（GB/T 10647—2008）中对饲料添加剂的定义：饲料添加剂是指为满足特殊需要而在饲料加工、制作、使用过程中添加的少量或者微量物质。在《饲料和饲料添加剂管理条例》中，饲料添加剂是指在饲料加工、制作、使用过程中添加的少量或者微量物质。二者分别从目的和应用过程给出饲料添加剂的定义，但都强调了饲料添加剂在饲料中剂量微小的特点。

饲料添加剂对提高配合饲料的饲养效果具有重要作用，在现代饲料工业发展中举足轻重。据统计，2020年我国饲料添加剂产量为1 390.8万吨，饲料添加剂产品总产值约占饲料工业总产值的9.9%。

二、饲料添加剂的作用与分类

1. 饲料添加剂的作用

饲料添加剂的种类不同，其所起的作用也有所不同。一般而言，饲料添加剂有以下几方面的作用。

（1）促进动物生长发育，保障动物健康。

（2）完善饲料营养，提高饲料转化率。

（3）提高饲料的适口性，增加动物的采食量。

（4）保证或改善饲料品质，防止饲料质量下降。

（5）改善畜禽产品的品质，提高其商品价值。

（6）改进饲料加工性能，提高饲料加工品质

2. 饲料添加剂的分类

按添加剂的主要作用，可将其分为营养性饲料添加剂和非营养性饲料添加剂。根据GB/T 10647—2008，营养性饲料添加剂指用于补充饲料营养成分的少量或者微量物质；非营养性饲料添加剂指为保证或改善饲料品质，促进饲养动物生产，保障动物健康，提高饲料利用率而加入饲料的少量或者微量物质。营养性饲料添加剂包括饲料级氨基酸、维生素、微量矿质元素、酶制剂、非蛋白氮等。非营养性饲料添加剂包括一般饲料添加剂和药物饲料添加剂。

在《饲料和饲料添加剂管理条例》中，饲料添加剂包括营养性饲料添加剂和一般饲

料添加剂。营养性饲料添加剂是指为补充饲料营养成分而掺入饲料中的少量或者微量物质，包括饲料级氨基酸、维生素、矿物质微量元素、酶制剂、非蛋白氮等。一般饲料添加剂是指为保证或者改善饲料品质、提高饲料利用率而掺入饲料中的少量或者微量物质。

《饲料添加剂品种目录（2013）》给出了十三大类添加剂，包括氨基酸、氨基酸盐及其类似物，维生素及类维生素，矿物元素及其络（螯）合物，酶制剂，微生物，非蛋白氮，抗氧化剂，防腐剂、防霉剂和调节剂，着色剂，调味和诱食剂，黏结剂、抗结块剂、稳定剂和乳化剂，多糖和寡糖，其他。

无论采用何种分类方法，其目的均为正确、合理地使用饲料添加剂。

三、饲料添加剂的管理

随着饲料工业的不断发展，饲料添加剂的种类不断增加。饲料添加剂的安全性、环保性、有效性必须依照法律、法规确定，并通过监督管理加以控制。

1. 饲料添加剂相关的法规和标准

我国饲料添加剂相关的法规涉及条例及管理办法、规范使用管理、生产许可、申报评审、进口登记等。

饲料添加剂相关条例及管理办法有《饲料和饲料添加剂管理条例》（2017 修订）、《饲料和饲料添加剂生产许可管理办法》（2013 修订）、《饲料添加剂和添加剂预混合饲料产品批准文号管理办法》（2012）、《新饲料和新饲料添加剂管理办法》（2016 修订）、《进口饲料和饲料添加剂登记管理办法》（2017 修订）。

饲料添加剂相关的规范使用管理有《饲料添加剂品种目录（2013）》《饲料添加剂安全使用规范》等。《饲料添加剂品种目录（2013）》于 2013 年由农业部公告第 2045 号发布，后经农业农村部多次修订。《饲料添加剂安全使用规范》于 2009 年由农业部公告第 1224 号发布，2017 年第 2625 号修订。

饲料添加剂的国家标准和行业标准，目前共有 120 多项。

2. 新饲料添加剂的申请

国家鼓励研制新饲料添加剂。新饲料添加剂应当遵循科学、安全、有效、环保的原则，保证新饲料添加剂的质量安全。《新饲料添加剂申报材料要求》（2019 修订）于 2019 年由农业农村部公告第 226 号公告发布。《新饲料添加剂申报材料要求》主要包括申报材料摘要，产品名称及命名依据、类别，产品组分及其鉴定报告、理化性质及安全防护信息，产品功能、适用范围和使用方法，生产工艺、制造方法及产品稳定性试验报告，产品质量标准草案、编制说明及检验报告，安全性评价材料要求，有效性评价材料要求，对人体健康可能造成影响的分析，标签式样、包装要求、贮存条件、保质期和注意事项、中试生产总结和"三废"处理报告、联合申报协议书等内容。

综合各国的饲料法规，对饲料添加剂生产、销售、使用的规定和管理条件的基本内容概括如下：

① 新的饲料添加剂的生产需要遵循一定的审批程序。

② 新产品的审查除进行饲养效果检验外，还必须进行包括致癌、致畸、致突的三致试验的安全性评价及对人和环境影响的评价。

③ 上述两项内容通过后，由管理机构公布批准可使用的饲料添加剂品种和规格。

④ 对批准使用的饲料添加剂的使用对象和使用剂量进行限定。

⑤ 在对动物体内饲料添加剂的代谢情况和残留毒理学等进行检验后，对使用的剂型和使用动物的停药期做出明确的规定。

⑥ 有些国家还对饲料添加剂间的配伍关系进行了规定。

四、药物饲料添加剂退出及饲料禁抗

我国现已全面开展药物饲料添加剂退出行动。我国制定发布了农业农村部第 194 号和 246 号公告，自 2020 年 1 月 1 日起，停止生产、进口促生长类药物饲料添加剂（中药类除外）；自 2020 年 7 月 1 日起，停止生产含有促生长类药物饲料添加剂（中药类除外）的商品饲料；废止相关品种标准，注销相关产品批准文号。

药物饲料添加剂是为预防、治疗动物疾病而掺入载体或者稀释剂的兽药的预混合物质，主要包括抗球虫药类、驱虫剂类、抑菌促生长类等。我国共批准过 33 种药物饲料添加剂（《饲料药物添加剂使用规范》，2001 年农业部第 168 号公告，已废止）。其中，6 种早已禁用，14 种抗球虫药和两种中兽药均由"兽药添字"改为"兽药字"。2020 年的全面禁抗，实际上仅涉及剩下的 11 种添加抗生素的预混剂（杆菌肽锌、黄霉素、维吉尼亚霉素、那西肽、阿维拉霉素、吉他霉素、土霉素钙、金霉素、恩拉霉素、亚甲基水杨酸杆菌肽、喹烯酮）。

近年来，我国在动物中限制及停止使用抗生素的行动明显加速。2015 年农业部发布第 2292 号公告，停止生产用于食品动物的洛美沙星、培氟沙星、氧氟沙星、诺氟沙星。2015 年年底，农业部撤销了 5 089 个兽药批准文号。2017 年 4 月 30 日，我国全面禁止硫酸粘杆菌素在饲料中作为生长促进剂。2018 年 1 月 12 日，农业部发文（农业部第 2638 号公告）停止喹乙醇、氨苯肿酸、洛克沙肿等 3 种兽药在食用动物中的使用。2018 年，农业部颁布《兽用抗菌药使用减量化行动试点工作方案（2018—2021 年）》。方案规划用 3 年时间，减少兽用抗菌药和药物饲料添加剂的使用，兽用抗菌药使用量实现零增长，兽药残留和动物细菌耐药问题得到有效控制。2019 年农业农村部第 194 号公告规定，禁止所有促生长抗生素（包括人畜共用和动物专用的促生长抗生素）在饲料中添加使用。而美国并未禁止动物专用的促生长抗生素，只是禁止了人畜共用的促生长抗生素。2019 年农业农村部第 246 号公告，注销 15 类共计 561 个药物饲料添加剂。

第二节　营养性饲料添加剂

营养性饲料添加剂用于补充饲料营养素不足。将其添加到配合饲料中，可平衡饲料营养成分，提高饲料转化率，直接对动物发挥营养作用。营养性饲料添加剂包括微量元素添加剂、维生素添加剂、氨基酸添加剂、非蛋白氮添加剂。

一、微量元素添加剂

目前使用的微量元素添加剂主要包括铁、铜、锌、锰、硒、碘、钴七种微量元素。单胃动物一般补充前六种微量元素，反刍动物还需额外补充钴元素，以满足瘤胃微生物合成维生素 B_{12} 的需求。

微量元素添加剂主要是化学产品，包括无机微量元素和有机微量元素。无机微量元素大多为高纯度化工合成产品，且大部分为硫酸盐，而碳酸盐、氯化物和氧化物较少。无机来源的微量元素和估测的相对生物学利用率见表 2–23。有机微量元素为有机酸盐或氨基酸盐，又可分为金属氨基酸络合物、金属特定氨基酸络合物、金属氨基酸螯合物、金属多糖络合物、金属蛋白盐。与无机微量元素相比，有机微量元素的生物利用效率更高，对环境友好，但价格较高。

表 2–23　无机来源的微量元素和估测的相对生物学利用率

微量元素与来源		化学分子式	元素含量	相对生物学利用率
铁（Fe）	一水硫酸亚铁	$FeSO_4 \cdot H_2O$	33.0%	100%
	七水硫酸亚铁	$FeSO_4 \cdot 7H_2O$	20.1%	100%
	碳酸亚铁	$FeCO_3$	48.3%	15% ~ 80%
	三氧化二铁	Fe_2O_3	70.0%	0
	六水氯化铁	$FeCl_2 \cdot 6H_2O$	20.7%	40% ~ 100%
	氧化亚铁	FeO	77.8%	——
铜（Cu）	五水硫酸铜	$CuSO_4 \cdot 5H_2O$	25.6%	100%
	碱式氯化铜	$Cu_2（OH）_3Cl$	59.7%	100%
	氧化铜	CuO	80.0%	0 ~ 10%
	无水硫酸铜	$CuSO_4$	39.9%	100%

续表

微量元素与来源		化学分子式	元素含量	相对生物学利用率
锰（Mn）	一水硫酸锰	$MnSO_4 \cdot H_2O$	32.5%	100%
	氧化锰	MnO	77.5%	70%
	二氧化锰	MnO_2	63.2%	35%~95%
	碳酸锰	$MnCO_3$	47.8%	30%~100%
锌（Zn）	一水硫酸锌	$ZnSO_4 \cdot H_2O$	36.3%	100%
	氧化锌	ZnO	80.2%	50%~80%
	七水硫酸锌	$ZnSO_4 \cdot 7H_2O$	22.6%	100%
	碳酸锌	$ZnCO_3$	52.0%	100%
	氯化锌	$ZnCl_2$	47.8%	100%
碘（I）	碘酸钙	$Ca（IO_3）_2$	65.1%	100%
	碘化钾	KI	76.5%	100%
	碘酸钾	KIO_3	59.3%	—
	碘化铜	CuI	66.5%	100%
硒（Se）	亚硒酸钠	Na_2SeO_3	45.7%	100%
	十水硒酸钠	$Na_2SeO_4 \cdot 10H_2O$	21.4%	100%
钴（Co）	六水氯化钴	$CoCl_2 \cdot 6H_2O$	24.8%	100%
	七水硫酸钴	$CoSO_4 \cdot 7H_2O$	21.0%	100%
	一水硫酸钴	$CoSO_4 \cdot H_2O$	34.1%	100%
	一水氯化钴	$CoCl_2 \cdot H_2O$	39.9%	100%

资料来源：中国饲料成分及营养价值表，第31版，2020。

（一）铁源

可用于补充铁元素的添加剂有硫酸亚铁、柠檬酸铁络合物、富马酸亚铁、乳酸亚铁、氯化亚铁、氯化铁、三氧化二铁、碳酸亚铁、蛋氨酸铁络（螯）合物、甘氨酸铁络（螯）合物、氨基酸铁络合物、酵母铁、蛋白铁（反刍动物除外）等。配合饲料或全混合日粮中，铁元素的推荐剂量为：猪，40~100 mg/kg；鸡，35~120 mg/kg；牛，10~50 mg/kg；羊，30~50 mg/kg；鱼类，30~200 mg/kg。配合饲料或全混合日粮中，铁元素的最高限量为：仔猪（断奶前），250 mg/（头·d）；家禽，750 mg/kg；牛，750 mg/kg；羊，

500 mg/kg；宠物，1 250 mg/kg。

1. 硫酸亚铁

硫酸亚铁是目前使用最多的铁源。七水硫酸亚铁呈淡蓝色结晶或结晶粉末，易吸潮结块，使用前必须进行干燥处理。七水硫酸亚铁包被产品的开发，使其稳定性和有效性提高，但价格较高。一水硫酸亚铁呈白色或淡黄色结晶粉末，不易吸潮，加工性能好。硫酸亚铁的水溶液在空气中易被氧化，若温度升高则氧化速度加快，其生物学效价随之迅速降低。硫酸亚铁的生物学效价较好。

2. 富马酸亚铁

富马酸亚铁又称延胡索酸亚铁，属于有机铁，其含铁量为 32.9%，呈微红橙至微红褐色，在欧美及日本作为补铁的饲料添加剂。

3. 柠檬酸铁络合物

柠檬酸铁络合物属于有机铁，其中六水柠檬酸亚铁多用作饲料添加剂，呈白色或乳白色粉末，在空气中较稳定。这类产品不但可为动物提供铁元素，而且其中的柠檬酸可调节饲料的酸度，有利于动物的消化，同时具有防腐、抗氧化功能。

总之，有机铁与无机铁相比具有毒性低、利用率高、加工特性好的优点，但价格相对较高，只有少数用于幼畜饲料和疾病治疗等特殊情况。而氨基酸螯合铁更易于动物对铁的吸收，尤其是用于哺乳母猪饲料，可保证哺乳仔猪从母乳中得到适量的铁源并达到预防仔猪贫血的目的。

（二）铜源

可用于补充铜元素的添加剂有氯化铜、硫酸铜、碱式氯化铜、蛋氨酸铜络（螯）合物、赖氨酸铜络（螯）合物、甘氨酸铜络（螯）合物、氨基酸铜络合物、羟基蛋氨酸类似物络（螯）合铜、酵母铜等。配合饲料或全混合日粮中，铜元素的最高限量为：仔猪（≤25 kg），125 mg/kg；犊牛（开始反刍之前），15 mg/kg；其他牛，30 mg/kg；绵羊，15 mg/kg；山羊，35 mg/kg；甲壳类动物，50 mg/kg；其他动物，25 mg/kg。

1. 硫酸铜

硫酸铜属于无机铜源，其生物利用效率较高，是首选补铜剂之一。最常用的五水硫酸铜为蓝色结晶、颗粒或粉末状物质。硫酸铜的相对生物学效价高于氧化铜、氯化铜与碳酸铜，但易潮解结块。硫酸铜最大的优点是生物学效价高、成本低，因此在生产中使用最广泛。

2. 其他铜源

其他铜源包括氯化铜、碱式氯化铜、氧化铜、葡萄糖酸铜、醋酸铜、碱式碳酸铜、蛋氨酸铜等。碱式氯化铜的生物学效价高于硫酸铜，同时避免了硫酸铜的某些缺点，如碱式氯化铜无氧化性、不易吸潮结块、铜含量高等。

总之，各种铜源的生物学效价不同。对于猪、鸡，无机铜中硫酸铜的生物学效价最高，碳酸铜和氧化铜次之。对于反刍家畜，氯化铜的生物学效价最高，硫酸铜、碳酸铜和氧化铜次之。有机铜和氨基酸螯合铜的生物学效价均高于无机铜，但价格昂贵。由于高铜排放对环境有影响，目前已经提出了饲料或日粮中铜的限量。

（三）锌源

可用于补充锌元素的添加剂有氧化锌、氯化锌、碳酸锌、硫酸锌、乙酸锌、碱式氯化锌、乳酸锌、蛋氨酸锌络（螯）合物、赖氨酸锌络（螯）合物、氨基酸锌络合物、羟基蛋氨酸类似物络（螯）合锌等。配合饲料或全混合日粮中，锌元素的最高限量为：仔猪（ ≤ 25 kg ），110 mg/kg；母猪，100 mg/kg；其他猪，80 mg/kg；犊牛代乳料，180 mg/kg；水产动物，150 mg/kg；宠物，200 mg/kg；其他动物，120 mg/kg。

1. 硫酸锌

硫酸锌属于无机锌源。其中七水硫酸锌为白色结晶或粉末，含锌量为 22.7%；一水硫酸锌也是白色结晶或粉末，含锌量为 36.4%。因为七水硫酸锌比一水硫酸锌更易吸潮结块，不利于加工，所以一水硫酸锌在生产中更受欢迎。

2. 氧化锌

氧化锌为白色或淡黄白色粉末，含锌量为 80.3%。氧化锌不易潮解，稳定性好，储存时间长，加工特性好，因此在生产中应用广泛。

（四）锰源

可用于补充锰元素的添加剂有氯化锰、氧化锰、硫酸锰、碳酸锰、磷酸氢锰、蛋氨酸锰络（螯）合物、氨基酸锰络合物、羟基蛋氨酸类似物络（螯）合锰、酵母锰等。在这些锰源中，二价锰易被动物吸收，碳酸锰的生物学效价与硫酸锰相近，氯化锰较差。配合饲料或全混合日粮中，锰元素的最高限量为：鱼类，100 mg/kg；其他动物，100 mg/kg。

1. 硫酸锰

硫酸锰属于无机锰源，一水硫酸锰含锰量为 32.5%，四水硫酸锰含锰量为 24.6%，七水硫酸锰含锰量为 19.8%。上述锰源均为淡红色，结晶水多则颜色深，吸湿性强，加工性能差，生产上多使用一水硫酸锰。

2. 氧化锰

氧化锰属于无机锰源，其化学性质稳定，有效成分含量较高，价格相对较低，可取代硫酸锰。

（五）碘源

可用于补充碘元素的添加剂有碘化钾、碘化钠、碘酸钾、碘酸钙等。饲料中的碘酸钙可为动物补充碘和钙元素，而且稳定性和适口性都较好，易被动物吸收利用，特别适合生产高碘蛋。配合饲料或全混合日粮中，碘元素的最高限量为：蛋鸡，5 mg/kg；奶牛，

5 mg/kg；水产动物，20 mg/kg；其他动物，10 mg/kg。

1. 碘化钾

碘化钾属于无机碘源，含碘量为 76.4%，呈白色或无色结晶或粉末，其利用效率较高，但稳定性较差，在空气中暴露会游离出碘而呈褐黄色，部分碘会形成碘酸盐，可通过添加保护剂使之稳定。碘化钾是我国主要使用的碘添加剂。

2. 碘酸钾

碘酸钾含碘量为 59.3%，基本不吸水，稳定性强，生物学效价与碘化钾相似。但对猪要慎用。

3. 乙二胺二氢碘化钾

乙二胺二氢碘化钾稳定性好，生物学效价高，可用于各种饲料作为碘添加剂。饲料中添加高剂量乙二胺二氢碘化钾可防治腐蹄病。

（六）硒源

可用于补充硒元素的添加剂有亚硒酸钠、酵母硒。配合饲料或全混合日粮中，硒元素的最高限量为 0.5 mg/kg。

1. 亚硒酸钠

亚硒酸钠的含硒量为 45.7%，有剧毒。由于动物对硒的需要量低，动物的需要量与中毒剂量间差异小。

2. 酵母硒

酵母硒源于发酵生产。酵母可在含无机硒的培养基中发酵培养，将无机硒转化为有机硒。酵母硒中，有机硒含量 ≥ 0.1%，无机硒含量不得超过总硒的 2.0%。

（七）钴源

可用于补充钴元素的添加剂有氯化钴、乙酸钴、硫酸钴、碳酸钴（适用于反刍动物、猫、狗）。硫酸钴、碳酸钴和氯化钴均常用，且三者的生物学效价相似，但硫酸钴、氯化钴贮藏太久易结块，而碳酸钴可长期储存，不易结块。配合饲料或全混合日粮中，钴元素的最高限量是 2 mg/kg。

1. 氯化钴

无水氯化钴的含钴量为 45.4%，六水氯化钴的含钴量为 24.8%。氯化钴是我国主要使用的钴添加剂，但由于动物对钴的需要少，因此在使用前应将氯化钴制成预混料，并与其他饲料混合均匀后再饲喂，以确保安全。

2. 硫酸钴

经脱水处理的硫酸钴，吸湿性低，便于饲料加工，其含钴量为 34.1%。

总之，选择微量元素添加剂的原料时应满足以下基本要求：

（1）有效性：具有较高的生物学效价，容易被动物消化、吸收、利用。

（2）安全性：有毒有害物含量不能超过标准，以保证饲喂安全。

（3）稳定性：有稳定的货源，在饲料加工与储存中稳定性较好，与常规原料无配伍禁忌。

（4）适口性：适口性较好，不影响畜禽采食。

（5）环境友好性：动物采食后排泄出机体，不会对环境产生有害作用。

目前微量元素添加剂严重超量添加问题已越来越受到人们的关注，它不仅造成微量元素资源的浪费，而且严重污染环境，影响人们的健康。有机微量元素添加剂可提高微量元素的利用率，具有广阔的发展前景。

二、维生素添加剂

维生素是维持动物正常生理功能和生命必不可少的一类低分子有机化合物。每种维生素都有其他物质所不能替代的特殊营养生理功能。已用于饲料的维生素至少有 15 种，包括维生素 A（包括胡萝卜素）、维生素 D（包括维生素 D_2 和维生素 D_3）、维生素 E（包括 α- 生育酚、β- 生育酚和 γ- 生育酚）、维生素 K、维生素 B_1、维生素 B_2、维生素 B_6、维生素 B_{12}、烟酸和烟酸胺、泛酸、胆酸、叶酸、生物素、维生素 C 和肌醇。

（一）产品种类

由于维生素的化学性质决定了它的稳定性较差，加之动物对某些维生素的需要量低，因此，作为维生素添加剂的原料，很多是经过加工处理后的产品。

（1）纯制剂：稳定性较好的维生素（如 B 族维生素），单一高浓度制剂多为含其化合物在 95% 以上的纯品制剂。

（2）包被制剂：又称稳定性制剂，一般脂溶性维生素和维生素 C 极不稳定，除添加抗氧化剂外，需经包被，以提高其稳定性。

（3）稀释制剂：利用脱脂米糠等载体或稀释剂制成的各种浓度的维生素预混合饲料。

（二）各种维生素添加剂种类

各种维生素添加剂种类及其活性成分含量见表 2-24。

表 2-24　各种维生素添加剂种类及其活性成分含量

种类	外观	粒度 /（个 /g）	活性成分含量	水溶性
维生素 A、乙酸脂	淡黄到红褐色球状颗粒	10 万 ~100 万	50 万 IU/g	在温水中弥散
维生素 D_3	奶黄色细粉	10 万 ~100 万	10 万 ~50 万 IU/g	在温水中弥散
维生素 E、乙酸脂	白色或淡黄色细粉或球状颗粒	100 万	50%	吸附制剂，不能在水中弥散
维生素 K_3	白色粉末	100 万	50% 甲萘醌	溶于水

续表

种类	外观	粒度 /（个 /g）	活性成分含量	水溶性
盐酸维生素 B$_1$	白色粉末	100 万	98%	易溶于水，有亲水性
硝酸维生素 B$_1$	白色粉末	100 万	98%	易溶于水，有亲水性
维生素 B$_2$	橘黄色到褐色细粉	100 万	96%	很少溶于水
维生素 B$_6$	白色粉末	100 万	98%	溶于水
维生素 B$_{12}$	浅红色到浅黄色粉末	100 万	0.1% ~ 1.0%	溶于水
泛酸钙	白色到浅黄色粉末	100 万	98%	易溶于水
叶酸	黄色到浅黄色粉末	100 万	97%	水溶性差
烟酸	白色到浅黄色粉末	100 万	99%	水溶性差
生物素	白色到浅褐色粉末	100 万	2%	溶于水，在水中弥散
氯化胆碱（液态制剂）	无色液体	—	70%、75%、78%	易溶于水
氯化胆碱（固态制剂）	白色到褐色粉末	因载体不同而异	50%	部分溶于水
维生素 C	无色结晶，白色到淡黄色粉末	因粒度不同而异	99%	溶于水

（三）其他维生素添加剂

肌醇一般指内消旋肌醇，又称环己六醇，为白色晶体，溶于水，有甜味，其在生物体内通常以两种形式存在，如肌醇六磷酸盐和磷脂酰肌醇。肌醇的作用效果与生物素类似，因此，肌醇属于 B 族维生素的范畴。肌醇具有多种生物学功能。肌醇常作为促生长剂添加到饲料中，以维持畜禽正常生理功能和促进动物生长。肌醇是水产动物必需的营养物质，缺乏时会导致鱼类生长缓慢、贫血和鱼鳍腐烂。

三、氨基酸添加剂

从氨基酸的化学结构看，除甘氨酸外，α- 氨基酸均有 D 型和 L 型之分。由于动物体内的蛋白质均由 L 型氨基酸和甘氨酸组成，因此动物一般只对 L 型氨基酸吸收良好，而对 D 型氨基酸的吸收率较低，但蛋氨酸除外。

（一）赖氨酸

赖氨酸是各种动物的必需氨基酸，是猪的常用饲料中最易缺乏的一种氨基酸。赖氨酸只有 L 型才具有活性，补充赖氨酸的添加剂有 L- 赖氨酸、液体 L- 赖氨酸（L- 赖氨酸含量不低于 50%）、L- 赖氨酸盐酸盐、L- 赖氨酸硫酸盐及其发酵副产物（L- 赖氨酸含量不低于 51%）。配合饲料或全混合日粮中，赖氨酸的推荐用量为 0～0.5%。

饲料中常用的赖氨酸添加剂是 L- 赖氨酸盐酸盐。L- 赖氨酸盐酸盐为白色或浅褐色粉末，无味或微有特殊气味，易溶于水，难溶于乙醇和乙醚。作为饲用赖氨酸产品，通常赖氨酸盐的纯度为 98.5%，相当于含 L- 赖氨酸 78.8% 以上。目前用作饲料的赖氨酸盐酸盐的生产方法有发酵法和化学合成 - 酶法两种。

（二）蛋氨酸

蛋氨酸是必需氨基酸中唯一含硫的氨基酸。其 D 型和 L 型具有同等生物活性，均可被动物吸收利用。补充蛋氨酸的添加剂有 DL- 蛋氨酸、L- 蛋氨酸、蛋氨酸羟基类似物及其钙盐、N- 羟甲基蛋氨酸钙。鸡的配合饲料或全混合日粮中，蛋氨酸的最高限量为 0.9%。

1. DL- 蛋氨酸

DL- 蛋氨酸的商品形式为白色至淡黄色结晶，可溶于稀酸、稀碱，难溶于 95% 的乙醇，不溶于乙醚。DL- 蛋氨酸产品中蛋氨酸的含量应为 98.5%。DL- 蛋氨酸的合成方法有很多种，目前主要以甲硫醇和丙烯醛（由甲醇和丙烯制得）为原料进行化学合成。配合饲料或全混合日粮中，DL- 蛋氨酸的推荐用量为 0～0.2%。

2. DL- 蛋氨酸羟基类似物

羟基蛋氨酸是蛋氨酸的前体物质，它虽然不含有氨基，但具有在动物体内酶的作用下转化为蛋氨酸的碳架，因此具有蛋氨酸的生物活性。DL- 蛋氨酸羟基类似物为褐色黏稠液体，有硫化物气味，其产品的 DL- 蛋氨酸羟基类似物含量为 88%。这种产品比 DL- 蛋氨酸价格低、对环境的污染小。使用时可利用喷雾器将其直接喷入饲料后混合均匀，操作时应避免该产品直接接触皮肤。配合饲料或全混合日粮中，DL- 蛋氨酸羟基类似物的推荐用量为：猪，0～0.11%；鸡 0～0.21%；牛，0～0.27%。推荐用量是以 DL- 蛋氨酸羟基类似物的含量计算的，而非产品用量。

3. DL- 蛋氨酸羟基类似物钙盐

DL- 蛋氨酸羟基类似物钙盐是由羟基蛋氨酸与钙盐中和而成的，其外观为褐色粉末或颗粒，有硫化物的特殊气味。DL- 蛋氨酸羟基类似物钙盐产品中蛋氨酸羟基钙盐的含量为 95%，蛋氨酸羟基类似物的含量为 84%，可同时为动物补充蛋氨酸和钙。DL- 蛋氨酸羟基类似物钙盐代替蛋氨酸使用，按质量计算，其效果相当于蛋氨酸的 65%～86%。

4. N- 羟甲基蛋氨酸钙

N- 羟甲基蛋氨酸钙，又称保护性蛋氨酸，其外观为白色粉末，有硫化物的气味，适用于反刍动物。它对反刍家畜瘤胃微生物的降解有保护作用，可提高蛋氨酸的利用率。此产品中蛋氨酸的含量应为 67.6%。

（三）色氨酸

色氨酸一般是继赖氨酸、蛋氨酸后，畜禽饲料中最易缺乏的必需氨基酸。补充色氨酸的添加剂有 L- 色氨酸和 DL- 色氨酸。配合饲料或全混合日粮中，色氨酸的推荐用量为：畜禽，0 ~ 0.1%；鱼类，0 ~ 0.1%；虾类，0 ~ 0.3%。

L- 色氨酸外观为白色或淡黄色粉末，无臭或略有异味，难溶于水。L- 色氨酸由发酵生产，其产品中色氨酸的含量应达到 98%。DL- 色氨酸的相对生物活性只有 L- 色氨酸的50% ~ 80%。色氨酸主要用于仔猪代乳料的配制，以提高仔猪的抵抗力，少量用于母猪和产蛋鸡。

（四）苏氨酸

常用于补充苏氨酸的添加剂是 L- 苏氨酸。L- 苏氨酸为无色或白色结晶体，易溶于水。目前使用蛋白水解法、微生物发酵法和化学合成酶法制得 L- 苏氨酸。其产品中苏氨酸的含量应达到 97.5%。

（五）甘氨酸

甘氨酸是所有氨基酸中结构最简单的一种氨基酸，是幼禽极易缺乏的必需氨基酸。甘氨酸产品的外观为白色结晶或结晶性粉末，口味略甜，易溶于水。甘氨酸在饲料生产中主要用作甜味剂，以达到促进动物食欲的目的。甘氨酸的生产应用化学合成法，采用碳酸氢铵和氰化钠的工艺制备。

（六）其他氨基酸添加剂

其他氨基酸添加剂有 L- 丙氨酸、L- 精氨酸、L- 精氨酸盐酸盐、L- 酪氨酸、L- 亮氨酸、异亮氨酸、缬氨酸、丝氨酸、胱氨酸、L- 脯氨酸、天冬氨酸、苯丙氨酸、谷氨酸、谷氨酸钠、谷氨酰胺、牛磺酸等。

四、非蛋白氮添加剂

非蛋白氮是指除蛋白质、肽及氨基酸以外的含氮简单化合物，一般用于反刍动物饲料中。非蛋白氮添加剂有尿素、碳酸氢铵、硫酸铵、液氨、磷酸二氢铵、磷酸氢二铵、异丁叉双脲、磷酸脲、氯化铵、氨水等。配合饲料或全混合日粮中，尿素的最高限量为 1%。

第三节　非营养性饲料添加剂

非营养性饲料添加剂是加入饲料中用于改善饲料转化率、保证饲料质量和品质、有利于动物健康或代谢的一些非营养性物质。

一、饲用酶制剂

饲用酶制剂是将一种或多种用生物工程技术生产的酶与载体和稀释剂采用一定的加工工艺生产的一种饲料添加剂。目前，饲用酶制剂有近 20 多种，我国饲用酶制剂年需要量在 1 万吨以上。

（一）饲用酶制剂的种类

1. 单一酶制剂

① 非淀粉多糖酶：纤维素酶、内切木聚糖酶（戊聚糖酶）、内切 β- 葡聚糖酶、甘露聚糖酶、β- 半乳糖苷酶、果胶酶等。

② 植酸酶。

③ 淀粉酶：α- 淀粉酶、β- 淀粉酶、麦芽糖酶、糖化酶等。

④ 蛋白酶：胃蛋白酶、胰蛋白酶、菠萝蛋白酶、木瓜蛋白酶等。

⑤ 脂肪酶。

2. 复合酶制剂

复合酶制剂由一种或几种单一酶制剂为主体，配合其他单一酶制剂混合而成，或由一种或几种微生物发酵获得。

① 以蛋白酶、淀粉酶为主的复合酶制剂，主要用于补充动物内源酶的不足。

② 以 β- 葡聚糖酶为主的复合酶制剂，主要用于大麦和燕麦为主的饲料。

③ 以纤维素酶、果胶酶为主的复合酶制剂，主要作用是破坏植物细胞壁，使细胞壁中的营养物质释放出来。

④ 以纤维素酶、蛋白酶、淀粉酶、糖化酶、葡聚糖酶、果胶酶为主的复合酶制剂，有助于增强消化作用。

（二）饲用酶制剂的作用及其机理

（1）破坏植物细胞壁，提高营养物质的消化利用率。细胞壁是由纤维素、半纤维素、果胶等组成的一种复杂聚合物。除食草动物外，其他动物均不能消化这类物质，这严重影响了植物饲料中淀粉、蛋白质等营养物质的消化利用。饲用酶制剂可破坏饲料中的植物细胞壁，使细胞中的营养物质释放出来，提高饲料中能量和蛋白质的消化利用率。

（2）降低消化道食糜黏性，减少疾病的发生。构成植物细胞壁的非淀粉多糖物质能够结合大量水，增加消化道食糜的黏度，降低蛋白质、淀粉等营养物质的消化吸收率。在饲料中添加饲用酶制剂可降低食糜黏稠度，缩小胰脏和胃肠道体积，降低氮排放量，提高畜禽的生产性能。

（3）消除抗营养因子。有些饲料组分（如纤维和植酸磷）是无法被动物内源酶消化的，同时还会产生抗营养作用。添加饲用酶制剂可部分或全部消除抗营养因子造成的不良影响。

（4）补充内源酶的不足，激活内源酶的分泌。消化功能正常的成年动物，能分泌足量的可消化饲料中的淀粉、蛋白质、脂类等营养物质的酶。但早期幼小畜禽，内源酶分泌不足，可适当添加饲用酶制剂来弥补这一缺陷。

（三）常用的饲用酶制剂

1. 淀粉酶和蛋白酶

淀粉酶和蛋白酶主要包括 α- 淀粉酶、β- 淀粉酶、异淀粉酶、麦芽糖酶、糖化酶，以及胃蛋白酶、胰蛋白酶、木瓜蛋白酶、菠萝蛋白酶、真菌蛋白酶、细菌蛋白酶。这些酶原本存在于动物体内，但幼龄畜禽消化功能不健全，导致体内自身酶分泌不足。饲料中添加一定量的饲用酶制剂可激活仔猪、雏鸡等幼龄动物体内酶的分泌，同时促进饲料中淀粉、蛋白质的消化吸收。

2. 植酸酶

植物性饲料中存在植酸，植酸具有很强的螯合性，它既可以影响矿物质元素钙、磷、铁、锌、铜、锰等的利用，也可以影响蛋白质、氨基酸、脂肪的利用，同时造成动物体内的氮、磷大量排出体外，污染环境。为此饲料中添加一定量的植酸酶，可提高饲料中氮、磷及其他营养物质的利用率，减少环境污染。

3. 寡糖分解酶

寡糖分解酶主要为 α- 半乳糖苷酶，其可将豆粕中的棉籽糖、水苏糖水解为单糖而被家禽利用，以提高饲料的代谢能值，减少寡糖在家禽消化道产生的胃肠胀气。

4. 纤维素酶和半纤维素酶

纤维素酶和半纤维素酶又称非淀粉多糖酶，包括 α- 阿拉伯糖苷酶、β- 葡萄糖苷酶、β- 葡聚糖酶、β- 木聚糖酶、甘露聚糖酶、半乳聚糖酶等。其作用是减少麦类饲料中非淀粉多糖的含量，降低食糜黏稠度，主要用于以大麦、小麦为主的饲料中。

由于饲用酶制剂是生物活性物质，具有很强的特异性，因此使用这类添加剂时应注意，所选饲用酶制剂的作用条件应与动物消化道的内环境相适应，要根据动物的特性、使用的目的、日粮的组成选择适合的饲用酶制剂，注意饲料加工、贮藏对饲用酶制剂的不良影响。

二、益生素

益生素是一类通过改善肠道微生态平衡而有益于宿主动物的活微生物，具有预防腹泻、促进生长和提高饲料转化率等作用。我国又称其为微生态制剂或饲用微生物添加剂。

（一）益生素的作用机理

1. 调控胃肠道微生态

益生素能调整动物消化道内环境，恢复和维持消化道内正常微生物区系的平衡，促进胃肠道有益微生物的生长，与有害菌竞争性排斥，抵抗病原菌定植，改变致病菌的基因表达，保证动物消化功能正常和健康，充分发挥动物的生产潜力。

2. 产生活性物质及抗菌物质

益生素可以产生非特异性免疫调节因子，提高动物的免疫功能。其代谢产物，如乳酸、过氧化氢等，可抑制肠道致病菌。益生素还可以合成消化酶类、维生素、微生物蛋白质，产生活性因子，既能增加动物的消化能力，又能促进动物的生长。

（二）常用的益生素

目前，配合饲料中使用的益生素主要有乳酸菌（尤其是嗜酸性乳酸菌）、粪链球菌、芽孢杆菌属、酵母菌等。《饲料添加剂品种目录（2013）》中的微生物及适用范围见表2-25。此外，丁酸梭菌已被批准使用，目前处于监测期。

表 2-25　饲料添加剂目录中的微生物及适用范围

微生物	适用范围
地衣芽孢杆菌、枯草芽孢杆菌、两歧双歧杆菌、粪肠球菌、屎肠球菌、乳酸肠球菌、嗜酸乳杆菌，干酪乳杆菌、德氏乳杆菌乳酸亚种（原名：乳酸乳杆菌）、植物乳杆菌、乳酸片球菌、戊糖片球菌、产朊假丝酵母、酿酒酵母、沼泽红假单胞菌、婴儿双歧杆菌、长双歧杆菌、短双歧杆菌、青春双歧杆菌、嗜热链球菌、罗伊氏乳杆菌、动物双歧杆菌、黑曲霉、米曲霉、迟缓芽孢杆菌、短小芽孢杆菌、纤维二糖乳杆菌、发酵乳杆菌、德氏乳杆菌保加利亚亚种（原名：保加利亚乳杆菌）	养殖动物
产丙酸丙酸杆菌、布氏乳杆菌	青贮饲料、牛饲料
副干酪乳杆菌	青贮饲料
凝结芽孢杆菌	肉鸡、生长肥育猪和水产养殖动物
侧孢短芽孢杆菌（原名：侧孢芽孢杆菌）	肉鸡、肉鸭、猪、虾

（三）益生素的合理使用

益生素产品本身的质量和使用效果与很多因素有关。益生素产品中的活菌制剂在生产、运输和贮藏过程中，其活性易受环境因素（温度、水分、酸碱度等）的影响。益生素进入消化道后若不能抵抗胃酸、胆盐等，就无法发挥其功效。为此必须考虑活菌制剂的稳定性、饲料的成分、饲料加工调制的方法、储存的条件和时间、动物消化道的内环境及药物添加剂的使用等对有益微生物的影响问题。也就是说，应根据不同的动物种类和特点、饲料是否进行制粒加工、动物饲养的环境条件、饲料中有无其他不相容成分等情况来考虑是否使用益生素及选择何种益生素。

三、酸化剂

酸化剂在畜禽饲料中的应用越来越多。酸化是指人为地将无机酸或有机酸单独或混合后添加到畜禽饲料或饮水中，以降低其 pH 的过程。饲料的酸化通过加入酸化剂来解决。酸化剂可防止或控制饲料中霉菌的繁殖，保持饲料的新鲜度，从而提高饲料的适口性和营养物质的消化利用效率。常用的酸化剂包括乳酸、富马酸、丙酸、柠檬酸、甲酸、山梨酸等。

（一）酸化剂的分类

1. 单一酸化剂

① 有机酸化剂：柠檬酸、延胡索酸、乳酸、丙酸、苹果酸、山梨酸、甲酸、乙酸等及其盐类，使用较广泛的是柠檬酸和延胡索酸。

② 无机酸化剂：盐酸、硫酸、磷酸，目前磷酸应用更多。

2. 复合酸化剂

复合酸化剂是利用几种特定的有机酸和无机酸复合而成的，能迅速降低饲料 pH，保持良好的缓冲值和生物活性，平衡饲料添加成本。复合酸化剂具有用量少、成本低、酸度强、酸化效果快、作用效果佳等特点。

（二）酸化剂的作用

（1）补充幼年动物胃酸分泌不足，降低胃肠道 pH，促进无活性的胃蛋白酶原转化为有活性的胃蛋白酶。

（2）减缓饲料通过胃的速度，延长蛋白质在胃中的消化时间，有助于营养物质的消化吸收。

（3）杀灭肠道内有害微生物或抑制有害微生物的生长和繁殖，改善肠道内微生物菌群，减少疾病发生。

（4）改善饲料适口性，刺激动物唾液分泌，增进食欲，提高采食量，促进增重。

（5）某些酸也是能量代谢的重要中间产物，可直接参与体内代谢。

目前，酸化剂的作用机理还未完全明确，选用酸化剂时应结合饲料类型、动物品种和年龄，确定最佳应用剂量。

四、寡糖

寡糖亦称低聚糖，是指由 2~10 个单糖经脱水缩合，以糖苷键连接形成的具有直链或支链的低度聚合糖类的总称。寡糖是一种益生元，其主要作用是促进有益菌的增殖、清除病原菌毒素、调节机体免疫功能等。

常用的寡糖类添加剂有低聚木糖、果寡糖、壳寡糖、低聚壳寡糖、甘露寡糖、半乳甘露寡糖等。褐藻酸寡糖、低聚异麦芽糖是两种新批准尚处于监测期的添加剂。

五、植物提取物

植物提取物是指从植物整体或部分提取的具有某种生物学功能的成分，其具有调节畜禽机体代谢功能、改善机体器官功能、提高免疫力的作用。

（一）植物提取物的活性成分

1. 生物碱

生物碱是存在于生物体内的一类含氮的碱性化合物。此类化合物多有特殊且显著的生理功能。含生物碱的中草药有黄连、金银花、甘草等。

2. 苷类

苷类是指水解后生成糖和非糖化合物的物质。苷类中草药包括陈皮、金银花、甘草等，具有抗炎、抑菌、免疫调节等生物学功能。

3. 多糖

由超过 10 个单糖组成的化合物称为多糖。多糖是主要的免疫活性物质。从植物中分离提取出的多糖种类繁多，研究较多的有人参多糖、黄芪多糖、香菇多糖、猪苓多糖、茯苓多糖等。

4. 多酚

多酚是一类广泛存在于植物体内具有多个羟基酚类的植物成分的总称，是植物体内重要的次生代谢产物，具有多元酚结构，主要通过莽草酸和丙二酸途径合成。多酚类化合物主要存在于植物的皮、根、壳、叶和果实中。植物多酚的生物学功能主要包括抗氧化、降血脂、抗炎和抗菌等。

5. 挥发油

挥发油是植物组织经水蒸馏得到的挥发性物质的总称，也称为精油。挥发油取自草本植物的花、叶、根、果实、种子等部位，具有抗菌、杀虫、抗氧化、免疫调节等作用。

6. 黄酮类

黄酮类指两个苯环通过三个碳原子相互连接而成的一系列化合物的总称。黄酮类化合物广泛存在于植物的各个部位，尤其是花、叶部位。约 20% 的中草药中都含有黄酮类化合物。

（二）植物提取物的作用

（1）抗菌作用。现已证明有 400 多种中草药具有杀菌、抑菌作用，50 多种中草药对病毒有抑制作用。植物提取物的抑菌效果取决于使用剂量和浓度。

（2）抗氧化作用。

（3）免疫调节作用。

（4）其他作用。植物中有些活性芳香成分可改善饲料风味，刺激畜禽采食行为，促进畜禽消化酶和消化液的分泌，以及提高营养物质的利用效率。

（三）常用的植物提取物添加剂

目前，《饲料添加剂品种目录（2013）》中的植物提取物有9种，它们分别有不同的适用范围。植物提取物包括天然类固醇萨洒皂角苷（源自丝兰）、天然三萜烯皂角苷（源自可来雅皂角苷）、糖萜素（源自山茶籽饼）、苜蓿提取物（有效成分为苜蓿多糖、苜蓿黄酮、苜蓿皂甙）、杜仲叶提取物（有效成分为绿原酸、杜仲多糖、杜仲黄酮）、淫羊藿提取物（有效成分为淫羊藿苷）、4，7-二羟基异黄酮（大豆黄酮）、紫苏籽提取物（有效成分为α-亚油酸、亚麻酸、黄酮）、植物甾醇（源于大豆油或菜籽油，有效成分为β-谷甾醇、菜油甾醇、豆甾醇）。

六、饲料品质调节剂

（一）饲料保存剂

这类饲料添加剂可以改善饲料的化学性质和物理性质，使饲料稳定性提高、保存期延长、加工特性良好。

1. 抗氧化剂

抗氧化剂是为防止或延缓饲料中的某些活性成分氧化变质而掺入饲料的添加剂。饲料中含有的较高水平的油脂、脂溶性维生素、胡萝卜素或类胡萝卜素容易被空气中的氧所氧化，从而使饲料中的营养成分被破坏，饲料的适口性下降，甚至导致饲料酸败变质，形成对动物体有毒害作用的物质。因此，在饲料中添加一定量的抗氧化剂，可延缓或防止饲料被氧化、提高饲料的稳定性、延长饲料的保存期。

抗氧化剂一般自身为易氧化物，它必须在氧化作用发生之前或开始时才能起到良好的作用。常用的抗氧化剂有：

① 乙氧基喹啉。乙氧基喹啉为黄色或黄褐色黏稠液体，不溶于水，易溶于丙酮、乙醚、异丙醇、三氯甲烷及正丁烷等有机溶剂，遇空气或光，颜色逐渐变深，呈暗褐色，黏度增加，有特殊臭味。乙氧基喹啉是目前应用最广泛的一种人工合成抗氧化剂，是首选的饲料抗氧化剂，主要用于饲用油脂、苜蓿粉、鱼粉、动物副产品、维生素及预混料等。

② 丁羟基茴香醚。丁羟基茴香醚在常温下为白色或微黄色结晶状粉末，有特殊酚类

臭味及刺激性气味，不溶于水，可溶于乙醇、丙酮及丙二酸等。丁羟基茴香醚与乙氧基喹啉作用相似，一般不在畜禽体内沉积。丁羟基茴香醚是油脂的抗氧化剂，此外还具有较强的抗菌特性。其主要用于食用油脂、饲用油脂、黄油、维生素等。

③ 丁羟基甲苯。丁羟基甲苯为白色微黄块状或粉末晶体，无臭无味，不溶于水及甘油，易溶于甲醇、乙醇、丙酮、棉籽油及猪油等。丁羟基甲苯对动物无害，是一种应用广泛的脂溶性酚类抗氧化剂，主要用于油脂、含油较高的食品、维生素添加剂等。

④ 苯甲酸、酒石酸、苹果酸、柠檬酸本身虽无抗氧化作用，但可与金属离子络合，使之不产生催化氧化作用，故将其列入抗氧化剂的增效剂。

抗氧化剂的使用趋势为：将各种脂溶性抗氧化剂按比例配伍成复合抗氧化剂，以取得协同的抗氧化效果。

一般用作抗氧化剂的物质必须具备：低浓度即可生效；抗氧化剂及其氧化物与饲料中的成分作用后不产生有毒有害物质，不致使饲料产生异味、异臭；在饲料中的存在量易于测定；价格便宜；与油脂或含油脂的饲料易于混合均匀。

2. 防霉、防腐剂

防霉、防腐剂是为延缓或阻止饲料发酵和腐败、霉菌繁殖而掺入饲料的添加剂。饲料在高温高湿的条件下，容易因微生物的繁殖而发生腐败霉变，这不仅影响饲料的适口性，还会降低饲料的营养价值，另外霉菌分泌的毒素还会引起动物中毒。因此，在高湿多雨的条件下，饲料中必须添加一定量的酸性防霉、防腐剂，它可降低饲料的pH，防止微生物繁殖，同时部分有机酸还可提供能量。

常用的防腐、防霉剂有丙酸及其盐类、山梨酸及其盐类、甲酸及其盐类、苯甲酸及其盐类、乳酸及其盐类、富马酸、脱水醋酸等，其中丙酸钙更经济有效。与抗氧化剂一样，目前防霉、防腐剂的使用趋势也是将多种制剂进行配伍，以提高防腐防霉效果，甚至将此类添加剂与抗氧化剂组合，以使防腐系统更加完善。

3. 青贮饲料添加剂

在青贮原料填入青贮窖时，可以添加一些物质以抑制青贮原料中有害微生物的繁殖，使青贮窖内pH尽快下降，尽量减少青贮原料中营养物质的损失，提高粗饲料的利用价值。

青贮饲料添加剂的主要作用：

① 抑制好氧杂菌，避免氧化作用造成的营养物质损失。

② 防止青贮饲料腐败霉烂，促进乳酸菌发酵，增加乳酸含量，降低青贮饲料酸度，保障青贮饲料的品质。

③ 提高营养物质含量，完善青贮饲料的营养组成。

④ 加入某些酸后，其与青贮饲料中的盐类物质作用，游离出许多有机酸，如苹果

酸、延胡索酸、柠檬酸等，能够提高青贮饲料的适口性和消化率。

（二）饲料加工辅助剂

1. 抗结块剂

抗结块剂又称流散剂，是为使饲料或饲料添加剂具有较好的流动性而添加到饲料中的物质。当饲料中含有吸湿性较强的物质时，其在加工、贮藏过程中就易结块，影响饲料及其产品的品质，加入一定量的抗结块剂，即可改善饲料的物理特性。

常用的抗结块剂为天然或人工合成的无水硅酸盐类，如硬脂酸钙、硬脂酸钾、硬脂酸钠、硅藻土、脱水硅酸、硬玉、硅酸钙、高岭土、二氧化硅等。无水硅酸盐类难以被动物消化吸收，因此在饲料中的添加量不宜过高。

2. 黏结剂

黏结剂又称制粒添加剂，是为促进粉状饲料成型、维持颗粒形态而掺入饲料的添加剂。黏结剂对鱼、虾饵料的生产十分重要。它可以增加饲料在水中的漂浮时间，提高水产动物的采食量，减少水体污染，保证鱼、虾的健康和正常生长。

常用的黏结剂有磺酸木质素、丙二醇、α-淀粉、褐藻酸钠、琼脂、阿拉伯胶、瓜尔胶、蚕豆胶、羧甲基纤维素及其钠盐、聚丙烯酸钠、膨润土及其钠盐等。其中，褐藻酸钠是目前鱼、虾饵料中应用较普遍的黏结剂；α-淀粉虽然也是很好的黏结剂，但由于鱼、虾不能很好地利用淀粉，因此鱼、虾饵料中不能添加过量的淀粉，否则会引起肝肿大、发育不良等疾病。

3. 吸附剂

吸附剂通常用于将液体饲料生产为粉状饲料的过程中。这些物质富有孔状结构，因此能较好地吸附液体物质或细粉。吸附剂包括天然矿物粉和天然植物粉，作为吸附剂时，它们不易粉碎过细，以免破坏孔状结构。

常用的吸附剂有蛭石、氢化黑云母、凹凸棒、玉米芯粉、稻壳粉、麸皮、大豆皮粉等。

4. 乳化剂

乳化剂是为了改变添加剂的溶解性，使脂溶性物质在水中形成稳定均匀的乳浊液而添加到饲料中的物质。乳浊液多为酯类，具有亲水性，是介于油与水之间的物质。

常用的乳化剂有甘油脂肪酸酯、山梨醇脂肪酸酯、蔗糖脂肪酸酯、聚氧乙烯脂肪酸山梨糖醇酯、聚氧乙烯脂肪酸甘油酯等。乳化剂的添加量一般为油脂的 1%~5%。

5. 疏水、防尘及抗静电剂

疏水、防尘及抗静电剂是为了消除静电、减少饲料粉尘污染而掺入饲料中的物质。通常这些物质为油脂、液体石蜡及矿物质油等，其一般添加量在 3% 以下。在某些湿度较大的地区，这些物质还可起到疏水的作用，防止饲料产品吸湿。

（三）着色剂、调味和诱食剂

1. 着色剂

着色剂是为改善动物产品或饲料色泽而掺入饲料的添加剂。目前着色剂广泛用于蛋鸡、肉鸡饲料中，以改善蛋黄、皮肤的颜色；也用于鱼、虾饵料中，以增加皮肤、肌肉的颜色；还可用于产奶牛的饲料中，以改善奶油的色泽。

着色剂包括天然着色剂和人工合成着色剂。作为饲料添加剂的着色剂主要是微生物生产的叶黄素和化学合成的类胡萝卜素及其盐生物。几种常见的着色剂如下。

① β- 胡萝卜素。β- 胡萝卜素是从深色蔬菜、胡萝卜中提取的天然色素，也可由合成法制取。其既能作为饲料增色剂，又有强化营养的作用。

② β，β- 胡萝卜素 -4，4- 二酮。β，β- 胡萝卜素 -4，4- 二酮又称斑蝥黄，主要以β- 胡萝卜素或维生素 A 乙酸酯为主要原料经化学合成制得，是商品加丽素红的主要成分。

③ β- 阿朴 -8′- 胡萝卜素酸乙酯。其是商品加丽素黄的主要成分。

④ 其他着色剂还有天然叶黄素（源自万寿菊）、辣椒红、虾青素（适用于水产养殖动物）。

2. 调味和诱食剂

调味和诱食剂是用于改善饲料的适口性、增进饲养动物食欲的添加剂。饲料中添加调味和诱食剂的主要目的是：

① 在饲料中添加具有动物喜好的特殊气味的物质，可刺激其嗅觉器官，引诱动物采食饲料，主要用于开食料、代乳料、更换饲料。

② 改善饲料的适口性，增进动物的采食量。

③ 诱导动物早日采食饲料，可及早锻炼幼畜的消化器官，使幼畜的消化功能更加完善。

④ 在应激条件下添加调味和诱食剂，可维持动物的正常采食量，减少应激的不良影响。

⑤ 在加药的患病动物饲料中添加调味和诱食剂，可通过增加动物采食量而保证药物的食入剂量。

常见的调味和诱食剂有甜味物质、香味物质及其他类。

（1）甜味物质。甜味物质包括糖精、糖精钙、糖精钠、山梨糖醇、索马甜等。其中，糖精在配合饲料中的用量不能超过 150 mg/kg，索马甜不能超过 5 mg/kg。

（2）香味物质。香味物质包括食品用香料、牛至香酚，其可以改变和提高饲料的风味。

① 柠檬醛：人工合成的香料，有强烈的类似无萜柠檬油的香气，适用范围广，常用于猪、牛、鱼类饲料香味的调配。

②香兰素（香草粉）：人工合成的香料，具有香荚豆特有的气味，适用于猪、禽、奶牛饲料香味的调配，但高剂量使用可抑制畜禽生长及使肝、脾、肾肿大。

③乙酸异戊酸（香蕉水）：人工合成的香料，具有类似香蕉及生梨的香气，适用于猪、奶牛、肉牛等饲料的香味调配。

④L-薄荷醇：天然香精，具有薄荷油特有的清凉香气，适用于猪、奶牛等饲料香味的调配，在适宜范围内不会对畜禽生长发育及生产性能产生不良影响。

⑤甜橙油：从芸香科植物甜橙的果皮中提取而来，有清甜的橙子果香和温和的芳香味，主要用于猪、奶牛等饲料香味的调配。

（3）其他类：包括谷氨酸钠（味精）、5′-肌苷酸二钠，5′-鸟苷酸二钠、大蒜素，在猪的饲料中添加0.1%的谷氨酸钠可提高猪的食欲。

本章小结

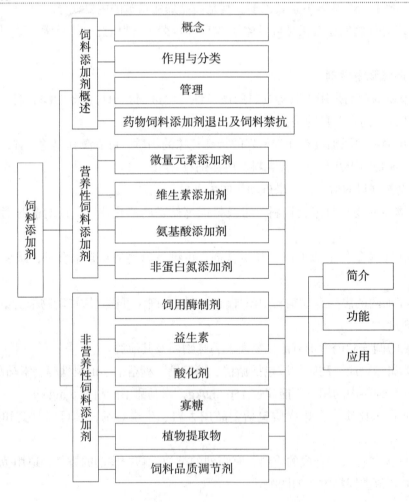

✎ 思考题

1. 饲料添加剂的概念是什么？它有哪些作用？
2. 饲料添加剂是如何分类的？各自主要包括哪些添加剂？
3. 为了改善饲料的加工特性，可以选择哪些饲料添加剂？
4. 饲用酶制剂的作用及其机理是什么？
5. 什么是益生素？如何合理使用益生素？

第三篇
饲料配制

该部分主要介绍了动物营养需要和饲养标准、配合饲料的分类、浓缩饲料和预混料的配方设计，以及配合饲料的生产工艺流程。通过本篇内容的学习，学生应熟悉饲养标准的相关指标及其应用，掌握动物的营养需要与饲养标准，为在实际生产中应用饲料配制技术奠定基础。

第一章

动物营养需要与饲养标准

📖 **学习目标**

1. 掌握动物营养需要和饲养标准的基本概念。
2. 熟悉饲养标准的相关营养指标及其应用。
3. 了解各国动物的饲养标准的区别。

　　动物营养学不仅要研究各种营养物质的作用、利用规律，还要研究和阐明动物对每一种营养物质的需要量，而这种需要量按动物的种类加以归纳，以表格的形式定期修改发布，供生产和研究使用。世界各国的动物营养学家与大型的营养和育种公司会通过对生产实践和研究数据进行定期归纳总结，制定营养需要标准，供生产者参考。本章在介绍饲料营养物质与动物营养的基本理论和规律的基础上，进一步介绍了动物的营养需要及饲养标准，为正确使用饲养标准打下基础。

第一节　动物营养需要与饲养标准的基本概念

一、营养需要

　　营养需要也称为营养需要量，指动物在适宜的环境条件下，正常、健康生长或达到理想生产成绩对各种营养物质种类和数量的最低要求，它是一个群体平均值，不包括为可能增加需要量而设定的保险系数。营养需要具体是指每头（只）动物每天对能量、蛋白质、矿物质和维生素等营养物质的需要量。不同种类的动物在不同生理状态、不同生产水平及不同环境条件下对营养物质的需要量不同，因此需要对特定动物的营养需要做出规定，以便指导生产。衡量营养需要的指标有增重及产品产量、养分沉积量或产出量、理化指标等。

　　营养需要的研究方法有综合法和析因法两种。综合法是根据"维持需要和生产需要"统一的原理，采用饲养实验、代谢实验及生物学方法笼统确定某种畜禽在特定生理阶段、生产水平下对某一营养物质的总需要量。综合法会综合考虑动物的维持需要和生产需要，一般采用剂量反应试验，通过设置不同的饲料营养水平进行动物生长试验，测定生长或代谢指标，进一步利用线性模型、二次曲线模型、折线模型等，构建动物的营养需要与生长性能指标或繁殖性能指标之间的关系，从而建立营养需要的动态经验模型。例如，国内开展的关于商品猪或地方品种猪能量需要和氨基酸需要的评定工作均基于综合法。综合法具有直接、客观、便于应用的优点，但不能剖分构成需要的各种成分。

　　析因法根据"维持需要和生产需要"分开的原理，分别测定维持需要和生产需要，各项需要之和即畜禽的营养总需要量，即营养总需要量＝维持需要＋生产需要。析因法能剖分出构成需要的营养物质的利用效率，是建立营养需要动态模型的典型方法，具有普遍指导意义。析因法应用时需要清楚营养物质利用的途径和效率，难度较大，不适合大多数微量营养物质需要量的确定。一般情况下，综合法确定的需要量大于析因法，综合法可用于验证析因法的结果。例如，构建猪能量需要模型的主流方法包括综合法和析因法，通过两种方法，可以分别建立营养需要的经验模型和机理模型。

二、饲养标准

饲养标准是指根据动物的种类、性别、年龄、体重、生产阶段、生产性能及生产目的，规定每天每头（只）动物正常获取的各种营养物质的量。饲养标准是根据大量饲养实验结果和动物生产实践的经验总结的，对特定动物所需营养物质在数量上的叙述或说明，为合理设计饲料提供了技术依据。饲养标准或营养需要推荐量在最低需要量的基础上加了一定的保险系数。一个饲养标准包括畜禽不同生理状态和生产水平下的营养需要或供给量，因此饲养标准又称营养需要量，包括该种畜禽的常用饲料营养价值表。

《中华人民共和国标准化法》规定，对在农业、工业、服务业以及社会事业等领域需要统一的技术要求，应制定标准。我国饲养标准的种类按标准发生作用的范围或标准的审批权限可分为国家标准、行业标准、地方标准和企业标准四大类。其中国家标准是由国务院标准化行政主管部门制定的，代号为 GB，如《猪营养需要量》（GB/T 39235—2020）。

对于没有国家标准而又需要在全国某个行业范围内统一的技术要求，可制定行业标准。NY 为农业行业标准的代号。例如，2004 年发布的《猪饲养标准》（NY/T 65—2004）、《鸡饲养标准》（NY/T 33—2004）、《奶牛饲养标准》（NY/T 34—2004），2020 年由农业农村部发布的农业行业标准《黄羽肉鸡营养需要量》（NY/T 3645—2020）。

对于没有国家标准和行业标准而又需要在省、自治区或直辖市范围内统一的工业产品的安全、卫生要求，可制定地方标准。企业生产的产品若没有国家标准或行业标准，则可制定企业标准。2019 年国家标准化管理委员会、民政部制定了《团体标准管理规定》。团体标准是依法成立的社会团体为满足市场和创新需要，协调相关市场主体共同制定的标准。

此外，国内外大型育种公司根据自己培育出的优良品种或品系的特点，制定的符合该品种或品系营养需要的饲养标准，称为专用标准。例如，美国艾维茵国际家禽育种有限公司为其培育的艾维茵肉鸡制定的艾维茵肉鸡饲养标准，美国海兰国际公司为其培育的海兰系列蛋鸡制定的饲养标准，北京市华都峪口禽业有限责任公司为其培育的京系列蛋鸡制定的营养标准。

第二节　饲养标准的指标及其应用　⊙

一、饲养标准的指标

饲养标准的内容一般包括说明、动物营养需要量、饲料营养价值表、典型配方等部分。说明主要介绍标准的范围、术语和定义、研究方法、研究条件、标准特点、使用方法及建议等。动物营养需要量是标准的主要内容。饲料营养价值表是标准的主要内容之一，通常按畜种列出常用饲料的各种概略营养物质的含量、能值、一些纯营养物质的含量及某些营养物质的消化率或利用率等。典型配方可供实践参考。

饲养标准中提供的营养指标有能量（代谢能、消化能、净能等）、蛋白质（粗蛋白质、可消化粗蛋白质）、蛋白能量比、粗脂肪、粗纤维、钙、磷（有效磷、总磷）、各种氨基酸、各种微量元素和维生素等。这些营养指标的不足和过量都会对动物的生产性能产生不良影响。

（一）饲养标准中的指标体系

饲养标准中的指标体系包括能量指标体系、蛋白质指标体系、氨基酸指标体系、其他指标体系（采食量、维生素、矿物质元素及非营养素指标）。

（二）饲养标准中的营养指标

1. 能量

动物体内的能量来源于饲料中的碳水化合物、脂肪、蛋白质。由于饲料存在消化利用率问题，因此就有消化能、代谢能、净能之说。饲料能量含量可用总能、消化能、代谢能、净能表示。一般家禽对能量的需要用代谢能表示；猪对能量的需要，有的国家用消化能表示，有的国家用代谢能表示，如中国、美国、加拿大等用消化能表示，而欧洲国家多用代谢能表示；反刍动物对能量的需要多用净能表示。我国奶牛饲养标准中用奶牛能量单位和产奶净能表示奶牛能量需要，对肉牛能量需要用肉牛能量单位和净能体系指标来表示。由于净能与动物产品直接相关，使用净能指标可以准确预测畜产品的产量。因此，采用净能指标评定动物的能量需要将成为营养学发展的趋势。

2. 粗蛋白质

猪、鸡一般用粗蛋白质表示对蛋白质的需要。牛一般用可消化粗蛋白质表示对蛋白质的需要。畜禽对粗蛋白质的需要量的单位一般是 g，配合饲料用百分数表示。

3. 氨基酸

动物需要的氨基酸有必需氨基酸和非必需氨基酸。饲养标准中列出了必需氨基酸的需要量。必需氨基酸的需要量有的用每天每头（只）需要多少表示，有的用单位营养物质浓度表示。对于单胃动物，蛋白质营养实际是氨基酸营养，用可利用氨基酸表示动物对蛋白质的需要量也是今后发展的方向。用小肠可吸收有效氨基酸表示牛、羊对蛋白质的需要是发展趋势。

4. 维生素

非反刍动物饲养标准列出了对部分或全部脂溶性和水溶性维生素的需要，反刍动物饲养标准只列出了对部分或全部脂溶性维生素的需要。一般脂溶性维生素需要量用国际单位 IU 表示，而水溶性维生素需要量用 mg/kg 或 μg/kg 表示。

5. 矿物质元素

饲养标准列出了常量元素和微量元素的给量。常量元素主要列出了钙、磷、锌、钠、氯需要量，用百分数表示。钙、磷及钠用 g 表示，猪禽强调有效磷的需要量。微量元素列出了铁、锌、铜、锰、碘、硒需要量。猪禽饲养标准规定了铁、铜、锌、锰、硒、碘等的需要量，反刍动物饲养标准还列出了钴的需要量。微量元素一般用 mg/kg 表示。

6. 采食量

采食量以干物质或风干物质采食量表示。干物质是指在 105 ℃ 条件下的烘箱内烘干后剩余的物质。风干物质是指饲料自然风干或在 60 ℃ ~ 70 ℃ 烘箱内烘干失去部分水分后的物质。通常以 24 h 采食的饲料干物质量表示动物的采食量。饲养标准根据动物营养原理和大量试验结果，科学地规定了动物不同生长（或生理）阶段的采食量。动物采食饲料的多少影响其生产性能和饲料转化率。采食量少，动物生产水平下降，饲料中用于维持的有效能比例增大，饲料转化率降低；采食量过高，动物体内沉积过多脂肪，不利于饲料转化率的提高。动物所需营养物质必须通过采食饲料而获得，动物年龄越小，生产性能越高，采食量占体重的百分比越高。因而，采食量也是确定动物适宜营养需要不可缺少的资料。

在考虑动物采食量的同时，还要注意日粮的营养物质浓度，如果日粮营养物质浓度过高，可能因主要营养物质的需要量已经满足，而造成采食量的不足。因此在确定日粮配方时，应正确协调采食量和营养物质浓度之间的关系。

7. 其他营养指标

新的饲养标准还对某些非营养性添加剂提出了指导性意见。猪禽饲养标准规定了亚油酸量，单位是 g 或采用百分含量。

（三）饲养标准的表达

饲养标准中数值的表达方式：一是表示为每头（只）动物每天的需要量；二是表示为单位饲料中营养物质的浓度，通常以饲料风干或饲料干物质为基础，单位有 %、mg/kg、MJ/kg、IU 等；三是以单位能量或蛋白质表示营养物质含量，如蛋白能量比、某种必需氨基酸占粗蛋白质的百分含量等；四是以单位体重或代谢体重对营养物质的需要量表示，动物饲养中的维持营养需要常用该表示方式；五是用生产力表示，以单位质量或相应质量的产品所需供给的营养物质的量表示，如奶牛每产 1 kg 奶需要粗蛋白质 58 g。

二、饲养标准的应用

（一）饲养标准的使用

饲养标准是经过大量的科学试验总结出来的，它高度概括和总结了营养研究和生产实践的最新进展，具有很强的科学性和广泛的指导性，是设计饲料配方的指南和科学依据。饲养标准使用的意义与作用在于，提高动物的生产效率，提高饲料资源的利用效率，推动动物生产的发展，提高养殖的科学管理水平。

饲养标准既具有科学性和先进性，又具有可变性、条件性和局限性。在生产实践中影响动物营养需要的因素很多，如动物的个体差异、饲料及其营养物质含量和可利用性变化、饲料加工贮藏中的营养损失、环境因素、疾病因素等。饲养标准并不能保证饲养者能合理饲养好所有动物，实际生产中影响动物营养需要的因素不可能都在制定饲养标准的过程中加以考虑。这些在饲养标准中未考虑的影响因素只能结合具体情况，按饲养标准规定的原则灵活应用。可见，饲养标准规定的数值并不是固定不变的，它随着饲养标准制定条件以外的因素而变化。因此，在根据饲养标准设计饲料配方时，对饲养标准要正确理解、灵活应用。不同地区、不同季节的畜禽生产性能及饲料中营养物质含量、环境温度、经营方式都有差异。应用饲养标准时，应根据实际生产水平、饲养条件，对饲养标准中的营养定额酌情进行调整。因此，饲养标准在实践应用中具有二重性——科学性与灵活性，即选用合适的饲养标准和掌握好应用标准营养定额的灵活性。

目前使用的营养需要量标准是在满足动物对维持健康最低需求的基础上，主要考虑能使动物达到一定生产水平的营养需要量。因此，为了满足动物的高水平营养需要，通常的做法是在某种营养物质需要量平均值的基础上加一个安全系数即该营养物质需要量的推荐标准。此外，应根据不同畜禽的不同生理特点及营养需要特点，合理确定其对不同营养物质的需要量。例如，随环境等条件变化，调整能量水平；注意蛋白质等营养与能量保持一定的关系、限制性氨基酸的提供、反刍动物小肠中可吸收氨基酸的含量、特定动物日粮中脂肪的添加、不同动物所需要的不同矿物质元素、应激条件下维生素的添加等。

精准饲养是当前畜牧业关注的热点和未来的发展趋势。精准饲养基于群体内动物的年龄、体重和生产潜能等方面的不同，以个体对营养物质的不同需求为依据，制定饲养标准，在适当的时间给群体中的每个个体提供适量且适宜的营养。实现精准饲养的前提是准确评定饲料原料的营养价值和动物营养需要量的精准评估。

1. 能量

配制动物的日粮常以能量为起点。日粮的能量浓度常是确定日粮中其他营养物质的基础，日粮中缺乏能量会影响动物的生产性能。饲养标准中的能量单位因动物而异，家禽常以代谢能表示，猪以消化能表示，奶牛以产奶净能表示，肉牛以增重净能表示。

家禽对能量的需要受许多因素影响，如品种、性别、周龄、营养状态、日粮及环境因素等。一般肉鸡比同体重的蛋鸡基础代谢高，因此对能量的需要也高。鸡的基础代谢率在前4周龄内随鸡龄的增加而增大，4周龄后逐渐下降，到达性成熟时又增大。成年鸡基础代谢保持相对恒定。性别也影响鸡对能量的需要，成年公鸡每千克代谢体重的维持能量需要比母鸡要高30%。资料证明，日粮中能量不足时，鸡对能量的利用率比较高。

环境温度过高或过低都会增加家禽对能量的需要量。

日粮中的碳水化合物是家禽的重要能量来源，玉米、高粱、小麦、大麦等是家禽碳水化合物的重要来源。这些饲料中的碳水化合物主要是淀粉，易被家禽消化利用；但碳水化合物中还有纤维素、半纤维素和木质素等，由于家禽难以消化利用饲料中的粗纤维，因此其对家禽的能量贡献少。对于 0 ~ 6 周龄的仔鸡，纤维素、半纤维素、本质素含量高的饲料尽量少用。0 ~ 6 周龄的仔鸡消化道功能发育还不完善，消化能力比较弱，消化道容积又比较小，但是新陈代谢比较旺盛，生产速度又快，对营养物质的需要量比较高，因此应尽量选用易消化的饲料，如玉米、豆粕、豆粉等。代谢能体系是目前用于家禽饲料原料能值评定的成熟体系，在家禽营养和饲料配方中被广泛使用。但和净能体系相比，代谢能体系降低了不同原料能值评定的准确性，因为它忽略了不同原料成分在家禽摄食和消化过程中的体增热差异对原料能值评价的影响。因此，近几年家禽营养学界的研究者认为，在家禽饲料配方中使用净能体系具有重要的意义。

对于产蛋鸡，7 ~ 18 周龄时消化系统发育基本完成，但生长速度仍然比较快。由于鸡日后的产蛋量与鸡的胫骨长度和体重有关，为了避免体重增加过快，对这一时期的鸡应限制营养物质进食量，可以饲喂一些粗纤维含量高的饲料。这一时期也是降低饲料成本、充分利用饲料资源的时期。产蛋期是获取经济效益的关键时期，尤其是产蛋高峰期，因此要注意能量进食量，以保证产蛋量。肉鸡能量需要量比蛋鸡高，因此一般应在日粮中添加油脂，以满足肉鸡对能量的需要，否则会影响肉鸡生长。

影响猪对能量的需要量的因素有日粮因素、环境因素、活动程度、群体大小等。当日粮中蛋白质含量过高或蛋白质品质不佳时，猪对能量的需要量提高；环境温度过高或过低都会增加猪对能量的需要量。

青年牛能量供给不足将导致生长受阻和初情期延迟；而乳牛能量供给不足，将导致产奶量下降；严重的长期能量不足还可引起繁殖功能衰退。

2. 蛋白质和氨基酸

蛋白质和必需氨基酸是动物饲养标准的重要营养指标，一般常用粗蛋白质和可消化粗蛋白质表示。饲料提供足够的必需氨基酸和氮用于合成非必需氨基酸的能力决定了饲料蛋白质水平的合适程度。谷物饲料提供的蛋白质不能满足动物的需要，还必须供给动物其他来源的蛋白质，如豆粕、鱼粉等，以保证动物获得足够量的平衡合理的必需氨基酸。

猪、鸡饲养标准中列出的必需氨基酸的需要量常以日粮的百分比或每天每头（只）动物需要多少克表示。要想获得最佳的生产性能，日粮中就必须提供足够数量的必需氨基酸。

应用饲养标准时要注意，家禽对蛋白质和氨基酸的需要随生长或生产性能的不同变化很大。另外，家禽对蛋白质、氨基酸的需要也受环境温度的影响：环境温度过高，家禽采食量下降，蛋白质和氨基酸占口粮的百分比就应提高；在较冷的环境条件下，日粮中蛋白质和氨基酸的百分比应下调，以确保适宜的蛋白质和氨基酸的摄入量。日粮中蛋白质的浓度会影响家禽对各种必需氨基酸的需要，一般随着日粮蛋白质浓度的增加，家禽对必需氨基酸的需要量增加（占日粮的百分比），若以占蛋白质的百分比计算，这种影响很小。

反刍动物由于瘤胃微生物可以合成瘤胃微生物蛋白质，因此对必需氨基酸的需要不像猪、鸡那样重要。对于高产动物，还需要较多的来自精料补充料的瘤胃未降解蛋白质。这些瘤胃未降解蛋白质和微生物蛋白质通过瘤胃到达真胃、小肠，被消化为游离氨基酸并被肠黏膜吸收。也可以说，小肠中可吸收氨基酸的含量对保证高产动物的生产性能非常重要。

3. 脂肪

脂肪常添加在肉仔鸡饲料中，以提高日粮的能量浓度和肉仔鸡的生产性能。脂肪所含能值是碳水化合物的 2.25 倍，添加脂肪可有效地提高日粮的能量浓度。另外，日粮中添加脂肪还可提高猪、鸡对其他营养物质的利用率。新生仔猪体脂含量较低，在其日粮中添加脂肪能改善仔猪的生长性能，但添加量过多对仔猪生长不利，添加量一般不超过5%。此外，脂肪酸链越长、饱和脂肪酸含量越高，脂肪利用率越低；植物性油脂比动物性油脂的利用率高。随仔猪年龄增长，仔猪对脂肪的利用率增加。

饲养标准中未列出动物对脂肪的需要量，但猪、鸡饲养标准中列出了对亚油酸的需要量。已证明亚油酸是唯一需要从日粮中供给的必需脂肪酸，一般植物性油脂中含量丰富，亚油酸缺乏并不常见。

4. 矿物质元素

猪、鸡的饲养标准中列出了 12 种矿物质元素，包括钙、磷、钠、氯、钾、镁、铜、碘、铁、锰、硒和锌。反刍动物还需要硫、钴和钼。日粮中钙过多会干扰磷、镁、锰、锌等矿物质元素的吸收利用。对于非产蛋鸡来说，钙和非植酸磷（有效磷）的比例为 2：1 左右较合适；但产蛋鸡对钙的需要量高，钙和非植酸磷的比例应达到 12：1。以玉米－豆粕为主的猪的日粮中，钙、磷的比例为 1：1～1.5：1。

日粮中钠、氯、钾的比例对酸碱平衡很重要，钠、氯、钾对动物的生长及骨骼发育、蛋壳品质和氨基酸的利用很重要。一般猪、鸡饲料中不会缺钾。因为牧草中含钾量比较高，所以放牧家畜不会缺钾。玉米青贮和精饲料中钾的含量低于动物的需要量，因此以玉米青贮和精饲料为主的日粮可能会缺钾。因此，在动物生产中要注意补充钾，特别是在热应激期更应注意补充。钠、氯以食盐形式进行补充。

反刍动物可能会发生镁的缺乏症，尤其是放牧家畜，特别是在富含钾肥和氮肥的草地上放牧时更要注意。

硫是含硫氨基酸、维生素 B_1 和生物素的组成成分，硫元素还存在于维持动物组织正常功能所需的许多其他化合物中。动植物细胞中的硫和氮之间有密切关系，含蛋白质较高的饲料中通常硫含量也高，大部分能够满足蛋白质需要的日粮也能够提供足够的硫。当给反刍动物饲喂非蛋白氮或玉米青贮时，可能会发生硫的缺乏，因为非蛋白氮取代了部分富含蛋白质的饲料，而这些富含蛋白质的饲料通常是硫的来源。瘤胃微生物可利用硫合成氨基酸、维生素 B_1 和生物素。

钼在生产中发生缺乏症的现象比较少见。

一般饲料中铁、铜、锌、锰、硒、碘、钴的含量不能满足动物的需要，必须在饲料中补加。

5. 维生素

反刍动物的日粮需要补充维生素 A、维生素 D、维生素 E。瘤胃微生物可合成维生素 K 和 B 族维生素，因此除幼龄反刍动物外，反刍动物一般不会缺乏这些维生素。如果反刍动物的日粮中有相当数量的优质饲草，一般也不会缺乏维生素 A、维生素 D、维生素 E，因为优质牧草中含有维生素 A 前体物、β- 胡萝卜素和维生素 E，干草中含有维生素 D。如果饲喂青贮饲料或缺乏阳光照射，就需要在日粮中添加脂溶性维生素。

猪、鸡体内合成的维生素 C，一般可满足自身需要，其只有在应激状况下才需要补充维生素 C；而维生素 A、维生素 D、维生素 E、维生素 K、维生素 B_2、泛酸、胆碱、烟酸、维生素 B_6、生物素、叶酸、维生素 B_{12} 都要进行补充。

（二）饲养标准的发展动态

国际上饲养标准的制定与应用已有 100 多年的历史。直至 20 世纪初，饲养标准仍局限于概略养分。美国饲养标准起始于 20 世纪 40 年代，由国家科学研究委员会（national research council，NRC）承担了汇编养殖动物饲养标准的工作。NRC 最新的饲养标准是 2012 版的《猪的营养需要》。英国也设立了相应的研究机构——农业科学研究委员（agricultural research council，ARC）以制定英国养殖动物的饲养标准。

我国于 1976 年由农林部科教局组织成立了饲养标准研究协作组，开始对猪饲养标准、鸡饲养标准、奶牛饲养标准、肉牛饲养标准进行起草工作。2004 年农业部发布了《猪饲养标准》（NY/T 65—2004）、《鸡饲养标准》（NY/T 33—2004）、《奶牛饲养标准》（NY/T 34—2004）、《肉羊饲养标准》（NY/T 816—2004）、《肉牛饲养标准》（NY/T 815—2004）等多项行业标准。近年来，我国畜禽饲养标准得到不断补充和完善，极大地促进了动物饲养的标准化进程。我国于 2012 年发布了《肉鸭饲养标准》（NY/T 2122—2012）。2014 年全国畜牧业标准化技术委员会下达了制定国家推荐标准《猪营养需要量》的任务，新版《猪营养需要量》（GB/T 39235—2020）于 2020 年发布，并于 2021 年 6 月 1 日实施。2020 年，农业农村部发布了农业行业标准《黄羽肉鸡营养需要量》（NY/T 3645—2020），于 2020 年 11 月 1 日实施。

饲养标准在其发展过程中有不同的含义。早期的饲养标准基本上是直接反映动物在实际生产条件下摄入营养物质的数量，适用范围较窄。现行饲养标准更为准确和系统地表述了实验研究确定的特定动物能量和营养物质的定额数值。

三、动物饲养标准

（一）猪饲养标准

目前国际上常用来参考的猪饲养标准包括美国《猪的营养需要》[NRC（2012）第十一版]、丹麦《猪营养需要标准》[*Nutrient Requirement Standards*（2016）]、《巴西家禽与猪饲料成分及营养需要》[*Brazilian Tables for Poultry and Swine*（2017）] 等。我国于2020年发布了新版《猪营养需要量》（GB/T 39235—2020）。标准中的营养需要量分为瘦肉型猪营养需要量、脂肪型猪营养需要量、肉脂型猪营养需要量，涵盖仔猪和生长肥育猪、母猪（妊娠母猪、泌乳母猪、后备母猪）、公猪（后备公猪、成年种用公猪）的营养需要量。根据不同体重阶段，以每头猪每天的营养需要量和每千克饲料中营养物质的含量（或百分含量）表示。标准中的饲料原料成分及营养价值表包括猪常用饲料原料列表、猪常用饲料原料描述及营养价值，猪常用不同来源油脂的特性与能值，不同来源氨基酸添加剂中粗蛋白质、氨基酸的含量及其能值，猪常量矿物质饲料中矿物元素的含量，不同来源微量元素添加剂中微量元素的含量及其生物学利用率，猪常用维生素的来源及其单位换算关系。

GB/T 39235—2020突出了我国猪的品种特点，除了瘦肉型猪外，还涵盖了脂肪型和肉脂型猪的营养需要。该标准将脂肪型猪定义为宰前活重为70~95 kg时，胴体瘦肉率低于45%的猪只，包括我国大部分地方猪种及其杂交猪种。该标准将肉脂型猪定义为宰前活重为85~100 kg时，胴体瘦肉率为45%~55%的猪只，涵盖了胴体瘦肉率介于瘦肉型和脂肪型之间的猪只。与NY/T 65—2004相比，GB/T 39235—2020重新划分了瘦肉型猪的生理阶段，也细分了脂肪型和肉脂型猪的阶段。例如，该标准将瘦肉型仔猪和生长育肥猪按体重划分为6个阶段，即3~8 kg、8~25 kg、25~50 kg、50~75 kg、75~100 kg和100~120 kg；将脂肪型仔猪和生长育肥猪按体重划分为5个阶段，即3~6 kg、6~15 kg、15~30 kg、30~50 kg和50~80 kg；将肉脂型仔猪和生长育肥猪按体重划分为5个阶段，即3~8 kg、8~20 kg、20~35 kg、35~60 kg和60~100 kg。美国NRC（2012）第十一版《猪的营养需要》中将生长猪划分为7个阶段，即5~7 kg、7~11 kg、11~25 kg、25~50 kg、50~75 kg、75~100 kg、100~135 kg。可以看出，GB/T 39235—2020对瘦肉型仔猪阶段的划分没有美国NRC（2012）第十一版《猪的营养需要》详细。与美国NRC（2012）第十一版《猪的营养需要》相比，GB/T 39235—2020还提供了后备母猪和后备公猪的营养需要，提供了净能的需要量，保留了粗蛋白质需要量，而不是总氮需要量。在饲料原料成分表方面，GB/T 39235—2020以每个饲料原料单独一张表格的形式列出了89个猪常用饲料原料的概略养分和营养价值指标，增加了主要油脂饲料和氨基酸饲料的有关成分和营养价值，增加了有机微量元素的生物学利用率。与美国 NRC（2012）第十一版《猪的营养需要》相比，GB/T 39235—2020 还突出了我国饲料原料资源的特点，并给出了氨基酸和有效能值的预测模型。此外，GB/T 39235—2020 应用了近年来氨基酸平衡的研究成果，注重环保和精准营养，能够降低饲料蛋白质用量，减少氮排放。通过模型化实现动态营养需要是猪营养需要研究发展的一个重要方向。

（二）鸡饲养标准

目前国际上常用来参考的鸡饲养标准包括美国 NRC《家禽营养需要》（2012）、《巴西家禽与猪饲料成分及营养需要》（2017）等。我国现行的有关标准为《鸡饲养标准》（NY/T 33—2004）。该标准中的营养需要部分包括蛋用鸡的营养需要、肉用鸡的营养需要、黄羽肉鸡的营养需要。其中，蛋用鸡的营养需要适用于轻型和中型蛋鸡，肉用鸡的营养需要适用于专门化培育的品系，黄羽肉鸡的营养需要适用于地方品种和地方品种的杂交种。该标准给出了不同周龄鸡只的体重与耗料量，营养需要量根据周龄和阶段以每千克饲料中的营养物质含量或百分含量表示。此外，该标准中还包括中国禽用饲料成分及营养价值表、常用矿物质饲料中矿物质元素的含量、常用维生素类饲料添加剂产品有效成分含量、鸡日粮中矿物质元素的耐受量。我国于 2020 年发布了《黄羽肉鸡营养需要量》（NY/T 3645—2020），该标准内容包括黄羽肉鸡的营养需要量、黄羽肉鸡种用母鸡的营养需要量、常用饲料原料成分及营养价值表。NY/T 3645—2020 中的营养需要量根据日龄或周龄以每千克饲料中的营养物质含量或百分含量表示。此外，我国于 2020 年发布了《产蛋鸡和肉鸡配合饲料》（GB/T 5916—2020），增设了配合饲料中粗蛋白质、总磷上限值，以降低配合饲料中蛋白质的含量，倡导高效低蛋白日粮体系应用。国内外鸡的饲养标准指标均包括代谢能、粗蛋白质、钙、磷、有效磷、食盐、13 种氨基酸、13 种维生素、亚油酸、6 种微量元素。我国家禽饲养标准中还列出了蛋白能量比；NRC 饲养标准列出了可利用氨基酸指标、饲料中氨基酸及有效氨基酸含量和需要量的估算回归模型。

NY/T 33—2004 将肉用仔鸡划分为 3 个阶段，即 0~3 周龄、4~6 周龄和 7 周龄以上。蛋用鸡的营养需要按生长蛋鸡和产蛋鸡分别列出。生长蛋鸡分为 3 个阶段，即 0~8 周龄、9~18 周龄和 19 周龄至开产。产蛋鸡分为开产至高峰期（>85%）、高峰后（<85%）和种鸡。在生产中应根据鸡的品种、饲料资源、饲养管理条件、全价配合饲料的加工方式、当地习惯等确定划分几个阶段饲养。我国饲养标准规定的营养需要量一般低于 NRC 饲养标准及一些专用标准。在生产中一般是根据我国饲养标准并参考 NRC 饲养标准设计饲料配方的，设计饲料配方时最好有一定的安全系数。所谓安全系数，是指高于饲养标准的给值。设置安全系数是为了补偿用于原料变动、环境变化、疾病等引起的对营养物质的增加量，这些既满足了营养需要又有安全系数的数值，叫作"推荐水平"或饲料允

许量。一般专用饲养标准规定的营养指标中已含有安全系数，因此其给值比较高，生产中可根据具体条件进行调整。

肉用鸡是根据生长速度快和饲料转化率高等指标选育得到的。为了防止其胴体过肥，有时采取限制饲养方法，因此对其的营养物质需要量要适当下调，另外获得最大生长和获得最大饲料转化率所需的营养物质也不同。影响产蛋鸡营养需要的因素很多，如鸡舍温度、品种、体格大小、产蛋率等，因此在生产中要根据具体情况调整蛋鸡的营养需要。生长蛋鸡获得营养物质的最终目的是保证以后的产蛋性能，而在生长期要控制其体重的增长，防止过早地达到成年体重，以免影响以后的产蛋量，但生长期营养水平过低，也会影响以后的产蛋量。

（三）奶牛饲养标准

目前国际上常用来参考的奶牛饲养标准包括美国 NRC 第 7 版《奶牛营养需要》（2001），我国现行的是 2004 版《奶牛饲养标准》（NY/T 34—2004）。NRC 第 7 版（2001）《奶牛营养需要》预测了奶牛的营养需要，以及对满足奶牛营养需要的饲料的内在品质进行了评价。而之前的版本中讲述的只是概略的营养需要量和饲料成分表，未考虑环境因素、动物体况、饲喂特点和饲料等各种影响动物生产性能的因素。

NY/T 34—2004 中的营养需要部分包括成年母牛维持的营养需要、母牛妊娠最后四个月的营养需要、生长母牛的营养需要、生长公牛的营养需要、种公牛的营养需要，还给出了每产 1 kg 奶的营养需要。该标准按奶牛的不同体重和奶的乳脂率给出了所需要的营养物质的量。其中，能量以奶牛能量单位和产奶净能表达，蛋白质需要以可消化粗蛋白质和小肠可消化粗蛋白质表达。此外，其还提供了奶牛常用饲料的成分与价值表，按种类分为青绿饲料类，青贮类，块根、块茎，青干草类，农副产品，谷实类，糠麸类，豆类、油饼类、糟渣类，动物性饲料，矿物质饲料。

较之前的版本，NY/T 34—2004 引进了新的营养物质指标，如中性洗涤纤维（neutral detergent fiber，NDF）、可发酵中性洗涤纤维（fermentable neutral detergent fiber，FNDF）、酸性洗涤纤维（acid detergent fiber，ADF）、有机物（organic matter，OM）、瘤胃可发酵有机物质（fermentable organic matter，FOM）、瘤胃降解蛋白质（rumen degradable protein，RDP）、瘤胃未降解蛋白质（undegradable protein，UDP）、瘤胃微生物蛋白质（ruminal microbial crude protein，RMCP）、小肠粗蛋白质等。NY/T 34—2004 也提出了瘤胃能氮平衡的概念和尿素有效用量的计算模型，为合理添加非蛋白氮提供了计算方法。

（四）肉牛饲养标准

我国现行的相关标准是 2004 年农业部颁布的农业行业标准《肉牛饲养标准》（NY/T 815—2004）。该标准规定了肉牛对日粮干物质进食量、净能、小肠可消化粗蛋白质、矿物元素、维生素需要量的标准。该标准中营养需要部分包括生长肥育牛的每日营养需要量、生长母牛的每日营养需要量、妊娠母牛的每日营养需要量、哺乳母牛的每日营养需要量、哺乳母牛每千克4%标准乳中的营养含量、肉牛对日粮微量矿物元素需要量。能量以肉牛能量单位和净能需要量体系指标表示，如综合净能需要量、维持净能需要量（net energy for maintenance，NEm）、增重净能需要量（net energy for gain，NEg）、泌乳净能需要量（net energy for lactation，NEl）等。蛋白质和氨基酸主要以小肠可消化粗蛋白质需要量和肉牛小肠可吸收氨基酸需要量表示。肉牛常用饲料成分与营养价值部分给出了青绿饲料，块根、块茎、瓜果类，干草类，农副产品类，谷实类，糠麸类，饼粕类，糟渣类，矿物质饲料类饲料的成分和营养价值表。

本章小结

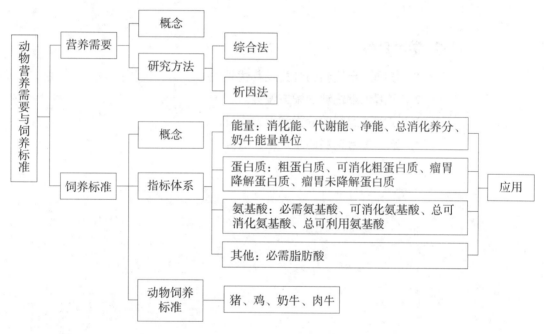

思考题

1. 什么是营养需要和饲养标准？
2. 生产中如何使用饲养标准？
3. 饲养标准有哪些主要营养指标？
4. 各国饲养标准有哪些不同？

第二章

配合饲料的配制

📖 **学习目标**

1. 掌握配合饲料的分类及其优越性。
2. 了解浓缩饲料的配方设计。
3. 了解预混料的分类和配方设计。
4. 掌握配合饲料的生产工艺流程。

第一节　配合饲料概述

一、配合饲料的概念

配合饲料是指根据动物饲养标准及饲料原料的营养特点，结合实际生产情况设计配方，并根据饲料配方将各种饲料原料按一定的比例均匀混合的饲料产品。

配合饲料是工厂化大批量生产的产品，其品质优劣影响很大，除直接关系畜牧业发展外，还与人类健康及环境保护有密切关系。因此，监督和规范配合饲料生产是十分必要的，只有监督和规范好配合饲料生产，才能保证配合饲料的营养性及安全性。

二、配合饲料的分类

（一）按营养成分和用途分类

配合饲料按照营养成分和用途可分为全价配合饲料、添加剂预混合饲料、浓缩饲料、反刍动物精料补充饲料和代乳料等。

（1）全价配合饲料即通常所说的配合饲料，是由能量饲料、蛋白质饲料、矿物质饲料及添加剂预混料按一定比例混合而成的，是一种可用于直接饲喂单胃动物的营养平衡饲料。

（2）添加剂预混合饲料（简称预混料），是由一种或多种饲料添加剂在加入配合饲料前与适当比例的载体或稀释剂配制而成的均匀混合物。预混料是配合饲料的组成成分，不能单独作为饲料直接饲喂动物，一般在配合饲料中占 0.5% ~ 5%，只有通过与其他饲料原料配合使用，才能发挥作用。

不同动物预混料的组成成分不同，不能随便混喂，而且不能随意超量使用，以防止动物出现中毒现象。

（3）浓缩饲料是将蛋白质饲料，钙、磷及氯化钠等矿物质饲料，预混料，按配方制成的均匀混合物。浓缩饲料的蛋白质含量很高，一般为 40% 左右，因此不能直接饲喂动物，必须与一定比例的能量饲料混合，才可制成全价配合饲料或精料。浓缩饲料一般占全价配合饲料的 20% ~ 40%。

（4）反刍动物精料补充饲料是由浓缩饲料配加能量饲料制成的。与全价配合饲料不同的是，它是用来饲喂反刍动物的，不过饲喂反刍动物时要加入大量的青绿饲料、粗饲料，且反刍动物精料补充饲料与青粗饲料的比例要适当。该种饲料用于补充反刍动物采食青粗饲料、青贮饲料时的营养不足。

（5）代乳料又称人工乳，是专门为哺乳幼畜配制的，用于替代白然乳的一种特殊全价配合饲料，其目的是降低幼畜的培养成本，同时节约大量商品乳。

（二）按饲料形状分类

根据饲料形状不同，配合饲料可分为五种主要类型：粉料、颗粒饲料、碎粒料、压扁饲料、膨化饲料。生产实践中，配合饲料的形状取决于配合饲料的营养特性、饲喂对象及饲喂环境等。

1. 粉料

粉料是配合饲料最常用的形式，适合于各种配合饲料类型。粉料生产加工工艺简单，加工成本较低，易与其他种类饲料搭配使用；但生产及饲喂过程中粉尘污染大，损失量较多，加工、贮藏和运输等过程中营养成分易受外界环境的干扰而失活，引起动物挑食，造成饲料浪费。不同动物对粉料粒度的要求不同，国标对粉料粒度的规定如下。

（1）猪配合饲料应有99%通过2.80 mm分析筛，但不得有整粒谷物，1.40 mm分析筛筛上物不得大于15%。

（2）鸡配合饲料用于肉用仔鸡前期、产蛋后备鸡前期时应有99%通过2.80 mm分析筛，但不得有整粒谷物，1.40 mm分析筛筛上物不得大于15%。

鸡配合饲料用于肉用仔鸡中后期、产蛋后备鸡中后期时应有99%通过3.35 mm分析筛，但不得有整粒谷物，1.70 mm分析筛筛上物不得大于15%。

鸡配合饲料用于产蛋鸡时应全部通过4.00 mm分析筛，但不得有整粒谷物，2.00 mm分析筛筛上物不得大于15%。

（3）微量元素预混料应全部通过0.44 mm分析筛，0.216 mm分析筛筛上物不得大于20%；维生素预混料、复合预混料应全部通过1.21 mm分析筛，0.61 mm分析筛筛上物不得大于10%。

（4）浓缩饲料应全部通过2.26 mm分析筛，1.21 mm分析筛筛上物不得大于10%。

反刍动物精料补充饲料的粒度目前尚存争议，有人主张哺乳牛<1.0 mm，幼牛和乳牛<2.0 mm。但近期的研究发现，反刍动物精料补充饲料的粒度对营养效果、饲料转化率影响不甚明显，相反适当增大粒度会提高饲养效果和饲料转化率。

2. 颗粒饲料

颗粒饲料是指以粉料为基础经过蒸汽调制加压处理而制成的颗粒状配合饲料，多为圆柱形，也有角状。这种饲料容量大，适口性好，可提高动物单位时间的采食量，避免动物挑食，保证了饲料营养的全价性，饲料报酬高，同时避免了饲料在储存、运输过程中出现的组分分离现象。但加工过程中由于加热加压处理，颗粒饲料中的部分维生素、酶等的活性受到影响。颗粒饲料主要适于作为幼龄动物、肉用型动物的饲料和鱼的饵料。

颗粒饲料的直径与动物种类和年龄有关。我国一般采用的颗粒饲料的直径范围：用于肉鸡和产蛋后备鸡时为1~2.5 mm，用于成鸡时为4.5 mm；用于仔猪时为4~6 mm，用于育肥猪时为 8 mm，用于成年母猪时为 12 mm；用于小牛时为 6 mm，用于成牛时为 15 mm；用于鱼生长前期时为 4 mm，用于鱼生长后期时为 6 mm。

颗粒饲料的长度一般为其直径的 1 ~ 1.5 倍（鱼为 2 ~ 2.5 倍）。

3. 碎粒料

碎粒料是颗粒饲料的一种特殊形式，即将生产好的颗粒饲料经过压辊式破碎机破碎成 2 ~ 4 mm 大小的碎粒。这类饲料主要是为了解决生产小动物颗粒饲料时的费工、费时、产量低等问题，它具有颗粒饲料的各种优点。

4. 压扁饲料

压扁饲料是将籽实饲料去皮（反刍动物可不去皮），加入 16% 的水，通过蒸汽加热到 120 ℃左右，然后压成扁片状，经冷却干燥处理，再加入各种所需的饲料添加剂制成的扁片状饲料。压扁饲料可改善饲料的适口性，提高饲料的消化率和利用效率。压扁饲料可单独饲喂动物，使用方便，效果良好。

5. 膨化饲料

将混合好的粉料加水、加温变成糊状，同时在 10 ~ 20 s 内加热到 180 ℃，通过高压喷嘴挤出，由于压力迅速下降，造成饲料膨胀多孔，然后切成适当大小即可成为膨化饲料。膨化饲料适口性好，易于消化吸收，是幼龄动物的良好开食饲料。同时膨化饲料密度小，多孔，保水性好，是水产养殖上的最佳浮饵。

除上述五种不同物理性状的饲料外，还有液体饲料、块状饲料等。

（三）按饲喂对象分类

配合饲料按照饲喂对象可分为猪用配合饲料、鸡用配合饲料、鸭用配合饲料、牛羊用配合饲料、特种畜禽用配合饲料等。

三、配合饲料的优越性

（1）配合饲料科技含量高，能最大限度地发挥动物的生产潜力，增加动物的生产效益。

配合饲料生产是根据动物的营养需要、消化特点及饲料的营养特性配制包括百万分之一计量甚至更小单位计量的微量营养成分的饲料产品的过程。配合饲料生产使饲料中各种营养成分之间比例适当，能充分满足不同动物的营养需要。配合饲料生产正朝着企业化、集团化方向发展，这些企业、集团一般都有一批饲料配方设计、饲料生产和管理技术人员，为及时应用营养学、饲料学等最新现代科技成果奠定了基础。另外，实践中应科学合理地选用各种饲料添加剂，使之具有预防疾病、保健促生长作用，减少动物各种疾病的发生，从而最大限度地发挥动物的生产潜力，使动物生长快、产品产量高、饲料成本低、饲料消耗少、饲养周期短，最终提高饲料转化率、增加生产效益。发展和推广使用配合饲料是现代养殖业实现高产、优质、低消耗、高效益的必经之路。

（2）使用配合饲料能充分、合理、高效地利用各种饲料资源。

配合饲料的原料种类多、数量大，既包括人类可食的谷物，也包括人类不能利用的其他物质，如榨油工业的下脚料——饼粕类饲料，粮食加工的下脚料——米糠与麸皮，屠宰业的下脚料——血粉与肉骨粉，发酵酿造业、制药业等的剩余废物——酒糟与药渣，以及鱼粉、蚯蚓粉、单细胞蛋白、藻类、鸡粪肮、叶粉、草粉等。这些人类不能利用的物质经过动物的合理转化，最终变成了人类可食用的畜禽产品，避免了动物与人类争夺粮食，扩大了饲料资源，降低了饲料成本，增加了养殖业的经济效益，同时增加了人类赖以生存的食物的数量，有助于维持生态平衡、保护环境。

（3）配合饲料产品质量稳定，饲用安全、高效、方便。

配合饲料在专门的饲料加工厂生产，采用特定的计量和加工设备，加工工艺科学，计量准确，混合均匀，粒度适宜，质量标准化，保证了产品的质量。同时随着配合饲料质量管理水平的不断提高，饲料生产企业对所生产产品的饲养效果负有保证责任，对不合格产品负责赔偿损失，极大地提高了配合饲料的质量，保证了饲用的安全性，防止了饲料营养不足、缺乏、过量或中毒等。另外，养殖场（户）可直接给畜禽饲喂配合饲料，避免了饲料原料的采购、运输、贮藏与加工等环节。

（4）使用配合饲料，可减少养殖业的劳动支出，实现机械化养殖，促进现代养殖业的发展。

由专门的生产企业集中生产配合饲料，节省了养殖企业或养殖户大量的设备和劳动支出。同时配合饲料具有优质高效、使用方便的特点，通常可以直接饲喂或稍加混合、调制后饲喂，有利于养殖企业采用半机械化、机械化与自动化的饲养方式，加快了动物养殖现代化进程，有利于我国现代养殖业的发展。

第二节　浓缩饲料概述及配方设计

一、浓缩饲料的概念及意义

浓缩饲料是以蛋白质饲料为主，加上矿物质饲料和预混料配制而成的混合饲料。此类饲料不能直接饲喂猪、鸡，因为其粗蛋白质含量很高，通常在40%左右，而且除能量以外的其他营养指标均较高，所以在使用浓缩饲料时必须按一定比例添加能量饲料，从而配制营养价值全面且平衡的饲料。

在浓缩饲料中添加能量饲料可以将其转化为全价配合饲料，其中能量饲料可以使用养殖户自产的谷物籽实及其副产品，由于养殖户可以就近利用能量饲料，减少了大部分饲料的运输费，这对降低饲料成本是非常重要的。另外，浓缩饲料使用方便，只要按一定比例添加能量饲料，即可保证畜禽的生长发育及生产性能的营养需要，它是提高养殖户的饲养效果及饲料转化率、增加农民的收益、减少饲料浪费的一种重要途径。

二、单胃动物浓缩饲料配方设计

1. 由全价配合饲料配方推算浓缩饲料配方

采用此法设计浓缩饲料配方的先决条件是拥有全价配合饲料配方。若有全价配合饲料配方，则可直接推算浓缩饲料配方；但若无全价配合饲料配方，则需根据动物种类、生产性能、饲养标准、饲料原料种类等条件首先配制全价配合饲料配方，然后推算浓缩饲料配方。

例如，设计 0~4 周龄肉鸡的浓缩饲料配方时，其全价配合饲料配方见表 3-1。

表 3-1　0~4 周龄肉鸡全价配合饲料配方

原料	比例	原料	比例
玉米	55.1%	脱氟磷酸钙	2.60%
大豆饼	39.6%	食盐	0.25%
植物油	0.75%	多维预混料	0.50%
贝壳粉	0.70%	微量元素预混料	0.50%

浓缩饲料的推算步骤如下。

（1）将所有能量饲料的比例之和从全价配合饲料配方中扣除。本配方中只有玉米是能量饲料，其比例为 55.1%，故 100% - 55.1% = 44.9%，也就是说其他饲料原料比例之和为 44.9%。

（2）用其余饲料原料在全价配合饲料配方中的比例除以 44.9%，折算成在 100% 的浓缩饲料中的比例，即为浓缩饲料配方，计算结果见表 3-2。

表 3-2　0~4 周龄肉鸡浓缩饲料配方

原料	比例	原料	比例
大豆饼	88.20%	脱氟磷酸钙	5.79%
植物油	1.67%	多维预混料	1.11%
贝壳粉	1.56%	微量元素预混料	1.11%
食盐	0.56%		

（3）在其产品包装上标明使用比例，如每45 kg浓缩饲料应配合55 kg玉米混合均匀，供0~4周龄肉鸡使用。

2. 直接设计浓缩饲料配方

浓缩饲料配方的设计步骤：首先，确定全价配合饲料中能量饲料和浓缩饲料的比例及能量饲料的原料组成，一般情况下，能量饲料与浓缩饲料的比例为（30~40）:（60~70）；其次，从饲养标准中将所有能量饲料所含营养成分含量扣除，并除以浓缩饲料在全价配合饲料中的比例，即浓缩饲料配方应达到的营养水平；最后，采用全价配合饲料配方的设计方法，即可设计出浓缩饲料配方，并标明使用方法。

直接设计浓缩饲料配方时要求配方人员对浓缩饲料的比例、原料的选择及设计方法有所了解，这样才能充分利用饲料资源，降低饲料成本。

三、反刍动物浓缩饲料配方设计

反刍动物浓缩饲料配方设计与单胃动物浓缩饲料配方设计的不同之处是首先要用青粗饲料满足部分营养需要，再与饲养标准相比，不足的营养成分由精料混合料来提供，而精料混合料的配方过程与单胃动物的配方过程是一样的。

反刍动物饲料以青粗饲料为主，以精料混合料作为满足其营养需要的辅助原料。以奶牛为例，不同时期的营养需要不同：泌乳期日粮中的精料补充料要占到干物质采食量的50%左右，泌乳高峰期则要达到60%以上，同时需要满足能量和钙的需要。

以日产20 kg、乳脂率为3.5%的标准乳，体重为600 kg的奶牛为例，以玉米、麦麸、豆饼、青贮玉米、野干草、矿物质等为主要原料，反刍动物浓缩饲料配方设计的步骤如下。

（1）计算奶牛对饲料干物质的平均日采食量。奶牛对饲料干物质的平均日采食量取决于其体重和泌乳量，高产奶牛对饲料干物质的平均日采食量占其体重的3.2%~3.5%，即饲料干物质平均日采食量 = 600 × 3.5% = 21（kg）。

（2）参照饲养标准，确定奶牛每天营养物质的需要量（见表3-3）。

表3-3　奶牛每天营养物质的需要量

名称	产奶净能/MJ	粗蛋白质/g	钙/g	磷/g
维持需要	43.1	559	36	27
产奶需要	87.9	2400	126	84
合计	131	2959	162	111

资料来源：陈代文. 动物营养与饲料学. 2版. 北京：中国农业出版社，2015.

粗纤维需占饲料干物质平均日采食量的 13% ~ 14%。食盐按照 0.05 克/（千克体重·天）及 2 克/千克奶补给，则需要：$600 \times 0.05 + 2 \times 20 = 70$（g）。

（3）查询饲料原料营养价值表，供选饲料原料的营养成分见表 3-4。

表 3-4 供选饲料原料的营养成分

原料	干物质	产奶净能/（MJ/kg）	粗蛋白质/（g/kg）	粗纤维/（g/kg）	钙/g	磷/g
玉米	86%	7.56	89	19	0.2	2.7
麦麸	87%	6.23	157	89	1.1	9.2
豆饼	87%	7.86	409	47	3.0	4.9
青贮玉米	22.7%	1.13	16	69	1.0	0.6
野干草	90.8%	3.51	58	335	4.1	1.9
骨粉	96%	—	—	—	364	164
碳酸钙	99%	—	—	—	400	—

日粮配方方程式：x_1（玉米 50%、麦麸 50%）$+ x_2$（豆饼 100%）$+ x_3$（青贮玉米 50%、野干草 50%）$+ x_4$（骨粉 100%）。求得 $x_1 = 8.07$，$x_2 = 2.39$，$x_3 = 10.2$，$x_4 = 0.27$。

（4）计算各饲料原料的量。

玉米：$8.07 \times 50\% \div 86\% = 4.69$（kg）。

麦麸：$8.07 \times 50\% \div 87\% = 4.64$（kg）。

豆饼：$2.39 \div 87\% = 2.75$（kg）。

青贮玉米：$10.2 \times 50\% \div 22.7\% = 22.47$（kg）。

野干草：$10.2 \times 50\% \div 90.8\% = 5.62$（kg）。

骨粉：$0.27 \div 96\% = 0.28$（kg）。

（5）调整钙、磷比例。骨粉添加使配合饲料中磷含量过多（超出 28 g），需要减少骨粉，并增加同等含量碳酸钙（0.17 kg）即可平衡钙磷比例。

（6）制定奶牛日粮配方（见表 3-5）。

表 3-5 奶牛日粮配方

原料	玉米	麦麸	豆饼	玉米青贮	野干草	骨粉	碳酸钙	食盐
日采食量/kg	4.69	4.64	2.75	22.47	5.62	0.11	0.17	0.07

奶牛日粮配方也可换算成百分比。精料混合料用量总计为 12.42 kg，各原料占的

百分比为玉米 37.8%、麦麸 37.36%、豆饼 22.14%、骨粉 0.81%、碳酸钙 1.37%、食盐 0.56%。

（7）制定奶牛日粮浓缩饲料配方。在配制反刍动物浓缩饲料配方时，首先要设计精料补充料配方，然后推算出浓缩饲料配方，其设计方法与单胃动物是一样的。只是由于成年反刍动物可以利用一部分氨化物，因此在其浓缩饲料中除使用常规的蛋白质饲料外，还可使用一定比例的尿素，以达到节约部分植物性蛋白质饲料的目的。尿素的用量一般为饲料粗蛋白质的 20%~30%。

奶牛浓缩饲料用量总计为 3.11 kg，占精料补充料的 25%，其中各原料占的百分比为：豆饼 58.89%、骨粉 3.22%、碳酸钙 5.47%、食盐 2.89%。

第三节　预混料概述及配方设计

一、预混料的概念

预混料是饲料添加剂与一定比例的载体或稀释剂经粉碎、混合生产的均匀混合物产品。这种产品实际上只是全价配合饲料的一种主要组分，不能直接饲喂动物。预混料的生产目的是使加量极微的添加剂经过稀释扩大体积，从而使其中的有效成分均匀地分散在全价配合饲料中。

二、预混料的分类

根据添加剂组分的种类，预混料可分为单项添加剂预混料、多项添加剂预混料和复合添加剂预混料。

（一）单项添加剂预混料

单项添加剂预混料是由某一类添加剂中的单一品种与载体或稀释剂均匀混合而成的产品。亚硒酸钠预混料、碘化钾预混料、维生素 A 棕榈酸预混料等均属于此类预混料。

这类预混料生产的目的是：某些品种的添加剂不宜与其他活性成分混合存放，否则会破坏其他活性成分，影响添加效果，如氯化胆碱预混料；由于某些品种添加剂的添加量甚微，加之原料活性成分纯度高，必须先进行预混合，使之浓度降低，体积增大，宜于进一步制作多项添加剂预混料，如碘、钴、钼、硒等单项预混料即此类。

此类产品不针对某种特定畜禽或特定生产方向，实际上是饲料原料的再加工。

（二）多项添加剂预混料

多项添加剂预混料是由同一类的多种添加剂与载体或稀释剂配制而成的均匀混合物，如维生素预混料、微量元素预混料等。这种产品是根据具体饲喂对象的某种营养需求而配制的，可以给饲喂对象提供某方面较为全面的营养，如蛋鸡多维预混料可以满足产蛋鸡在一定生产水平条件下对各种脂溶性及水溶性维生素的需要。

（三）复合添加剂预混料

复合添加剂预混料是由多个种类的不同饲料添加剂按比例与载体或稀释剂均匀混合而成的产品。此类产品也是根据具体饲喂对象的特定需求配制的，它与上类产品的不同在于此产品既可满足畜禽多方面的营养需求，又可适应饲料储存的某些要求。

三、微量元素预混料的配方设计

（一）微量元素预混料的配方设计步骤

（1）以饲养标准为依据，确定特定畜禽所需添加的微量元素种类和数量。一般情况下以饲养标准中规定的微量元素需要量作为添加量，适当考虑某些微量元素的特殊用量及可靠的科研成果，最终确定某种动物的微量元素需要量。

（2）确定预混料在全价配合饲料中的添加量，并计算出预混料中各微量元素的添加量。一般微量元素预混料在全价配合饲料中的比例为 0.1% ~ 0.5%。

（3）选择合适的微量元素原料。根据原料的生物学效价、价格、加工工艺要求等选择适当的原料，并查明该原料中某些微量元素的实际含量及该种原料的产品规格。

（4）计算微量元素商品原料的用量。计算公式为：

$$纯原料用量 = 某微量元素需要量 ÷ 纯品中元素含量$$
$$商品原料用量 = 纯原料量 ÷ 商品原料纯度$$

（5）计算载体用量。

（6）列出微量元素预混料配方。

（二）微量元素预混料配方设计的例题

以饲养标准规定量作为添加量设计产蛋鸡 0.2% 微量元素预混料配方。配方设计步骤如下。

第一，查找产蛋鸡饲养标准（见表 3-6）。

表 3-6　产蛋鸡在全价配合饲料中的微量元素需要量　　　　　　　　单位：mg/kg

微量元素	铜	铁	锌	锰	硒	碘
需要量	3	50	50	25	0.1	0.3

第二，根据要求，预混料占全价配合饲料的 0.2%，则预混料中各微量元素的添加量及计算过程见表 3-7。

表 3-7 预混料中各微量元素的添加量及计算过程

元 素	计算过程	预混料中添加量 /（g/kg）
铜	3 ÷ 0.2% ÷ 1 000	1.5
铁	50 ÷ 0.2% ÷ 1 000	25
锌	50 ÷ 0.2% ÷ 1 000	25
硒	0.1 ÷ 0.2% ÷ 1 000	0.05
碘	0.3 ÷ 0.2% ÷ 1 000	0.15
锰	25 ÷ 0.2% ÷ 1 000	12.5

第三，选择商品原料规格（见表 3-8）。

表 3-8 商品原料规格

商品名称	分子式	元素含量	商品原料纯度
硫酸铜	$CuSO_4 \cdot 5H_2O$	Cu：25.5%	96%
硫酸亚铁	$FeSO_4 \cdot 7H_2O$	Fe：20.1%	98.5%
硫酸锌	$ZnSO_4 \cdot 7H_2O$	Zn：22.7%	99%
硫酸锰	$MnSO_4 \cdot H_2O$	Mn：32.5%	98%
亚硒酸钠	$Na_2SeO_3 \cdot 5H_2O$	Se：30.0%	95%
碘化钾	KI	I：76.4%	98%

第四，计算商品原料用量（见表 3-9）。

表 3-9 商品原料用量

商品名称	分子式	预混料 /（g/kg）	商品原料用量计算 /g
硫酸铜	$CuSO_4 \cdot 5H_2O$	Cu：1.5	1.5 ÷ 25.5% ÷ 96% = 6.13
硫酸亚铁	$FeSO_4 \cdot 7H_2O$	Fe：25	25 ÷ 20.1% ÷ 98.5% = 126.27
硫酸锌	$ZnSO_4 \cdot 7H_2O$	Zn：25	25 ÷ 22.7% ÷ 99% = 111.24

商品名称	分子式	预混料 /（g/kg）	商品原料用量计算 /g
硫酸锰	$MnSO_4 \cdot H_2O$	Mn：12.5	$12.5 \div 32.5\% \div 98\% = 39.247$
亚硒酸钠	$Na_2SeO_3 \cdot 5H_2O$	Se：0.05	$0.05 \div 30\% \div 95\% = 0.175$
碘化钾	KI	I：0.15	$0.15 \div 76.4\% \div 98\% = 0.200$
合计	—	—	283.271

第五，计算每公斤预混料中的载体用量：$1\,000 - 283.271 = 716.729$。

第六，列出预混料配方。根据活性成分商品原料用量，换算为预混料配方的方法为：某元素在预混料中用量（g）$\div 1\,000$（g）$\times 100\%$。预混料配方见表 3-10。

表 3-10　预混料配方

商品名称	分子式	预混料配方
硫酸铜	$CuSO_4 \cdot 5H_2O$	0.613%
硫酸亚铁	$FeSO_4 \cdot 7H_2O$	12.627%
硫酸锌	$ZnSO_4 \cdot 7H_2O$	11.124%
硫酸锰	$MnSO_4 \cdot H_2O$	3.924 7%
亚硒酸钠	$Na_2SeO_3 \cdot 5H_2O$	0.017 5%
碘化钾	KI	0.02%
载体	—	71.672 9%

现将上述计算过程列于表 3-11 中。

表 3-11　微量元素预混料配方计算过程

元素名称	全价配合饲料中元素添加量 /（mg/kg）	预混料中元素添加量 /（mg/kg）	添加剂原料名称	纯品原料中元素含量	商品原料纯度	每千克预混料中添加剂用量 /g	预混料中添加剂比例
列号	（1）	（2）	（3）	（4）	（5）	（6）	（7）
计算方法	—	（1）/0.2%	—	—	—	（2）/（4）/（5）/1 000	（6）×100/1 000
Cu	3	1 500	硫酸铜	25.5%	96%	6.13	0.613%

元素名称	全价配合饲料中元素添加量/(mg/kg)	预混料中元素添加量/(mg/kg)	添加剂原料名称	纯品原料中元素含量	商品原料纯度	每千克预混料中添加剂用量/g	预混料中添加剂比例
Fe	50	25 000	硫酸亚铁	20.1%	98.5%	126.27	12.627%
Zn	50	25 000	硫酸锌	22.7%	99%	111.24	11.124%
Mn	25	12 500	硫酸锰	32.5%	98%	39.247	3.924 7%
Se	0.1	50	亚硒酸钠	30.0%	95%	0.175	0.017 5%
I	0.3	150	碘化钾	76.4%	98%	0.20	0.02%
小计	—	—	—	—	—	283.271	28.327 1%
载体	—	—	—	—	—	716.729	71.672 9%
合计	—	—	—	—	—	1 000	100%

四、维生素预混料的配方设计

(一) 维生素预混料的配方设计步骤

(1) 首先确定日粮中应添加的维生素种类,然后根据维生素推荐量,确定各种维生素在全价配合饲料中的添加量。(各种畜禽日粮中需添加的维生素种类见第一篇第七章第三节)

(2) 确定维生素预混料在全价配合饲料中的添加比例,一般维生素预混料的浓度多为 0.1%~1%,计算各种维生素纯品在维生素预混料中的添加量。

(3) 选择维生素添加剂的适宜商品原料并明确其产品规格。

(4) 根据维生素原料的规格,计算维生素商品原料在维生素预混料中的用量。

(5) 计算维生素预混料中载体的用量。

(6) 列出维生素预混料配方。

(二) 维生素预混料配方设计的例题

为体重 15~30 kg 的仔猪设计 0.5% 的维生素预混料配方。

第一,确定维生素添加剂的种类,再根据维生素推荐量确定全价配合饲料中各种维生素的添加量(见表 3-12)。

表 3-12 体重 15 ~ 30 kg 仔猪每千克全价配合饲料中维生素添加量

种　类	添加量	种　类	添加量
维生素 A	6 500.00 IU	维生素 B_6	1.20 mg
维生素 D	2 200.00 IU	维生素 B_{12}	0.02 mg
维生素 E	18.00 IU	烟酸	26.00 mg
维生素 K	3.80 mg	泛酸	13.00 mg
维生素 B_2	4.50 mg	叶酸	0.35 mg

仔猪日粮中需补充的维生素种类有维生素 A、维生素 D、维生素 E、维生素 K、维生素 B_2、维生素 B_6、维生素 B_{12}、烟酸、叶酸、泛酸、氯化胆碱，其中氯化胆碱直接添加于全价配合饲料中，故此处不考虑。

第二，根据维生素预混料占全价配合饲料的 0.5%，计算每千克维生素预混料中各种维生素的添加量（见表 3-14）。

第三，选择维生素添加剂原料，确定商品原料规格（见表 3-13）。

表 3-13 维生素添加剂原料规格

种　类	规　格	种　类	规　格
维生素 A	500 000 IU/g	维生素 B_6	98%
维生素 D	500 000 IU/g	维生素 B_{12}	1%
维生素 E	50%	烟酸	99%
维生素 K	95%	泛酸	98%
维生素 B_2	96%	叶酸	2%

第四，计算维生素预混料中维生素商品原料的用量（见表 3-14）。
第五，计算维生素预混料中的载体用量（见表 3-14）。
第六，列出维生素预混料的配方（见表 3-14）。

表 3-14 预混料中维生素添加剂用量的计算过程

维生素名称	每千克全价配合饲料中添加量	每千克预混料中添加量	维生素商品原料规格	预混料中维生素商品原料用量 /（g/kg）	预混料中添加剂比例
列号	（1）	（2）	（3）	（4）	（5）
计算方法	—	（1）/0.5%	—	（2）/（3）/1 000	（4）×100/ 1 000

维生素名称	每千克全价配合饲料中添加量	每千克预混料中添加量	维生素商品原料规格	预混料中维生素商品原料用量 / (g/kg)	预混料中添加剂比例
维生素 A	6 500 IU	1 300 000 IU	50 万 IU/kg	2.600	0.260%
维生素 D	2 200 IU	440 000 IU	50 万 IU/kg	0.880	0.088%
维生素 E	18 IU	3 600 IU	50%	7.200	0.720%
维生素 K	3.80 mg	760 mg	95%	0.800	0.080%
维生素 B_2	4.50 mg	900 mg	96%	0.938	0.094%
维生素 B_6	1.20 mg	240 mg	98%	0.245	0.025%
维生素 B_{12}	0.02 mg	4 mg	1%	0.400	0.040%
烟酸	26.00 mg	5 200mg	99%	5.253	0.525%
泛酸	13.00 mg	2 600 mg	98%	2.653	0.265%
叶酸	0.35 mg	70 mg	2%	3.500	0.350%
小计	—	—	—	24.469	2.447%
载体	—	—	—	975.531	97.553%
合计	—	—	—	1 000	100%

五、复合预混料的配方设计

复合预混料的配方设计实际上是先按照微量元素预混料、维生素预混料的配方设计方法分别计算出两种预混料配方；再根据复合预混料的要求（全价配合饲料中需添加的添加剂种类及其在全价配合饲料中添加的比例）计算出包括微量元素、维生素在内的各种组分在复合预混料中的比例。

第四节 配合饲料的生产工艺流程

在配合饲料的生产过程中，通常需要经过以下基本加工环节，如原料接收清理、饲料粉碎、配料计量、饲料混合、打包运输等（见图 3-1）。饲料加工的环节、顺序（流程），以及是否选用某些特殊加工工艺可根据饲料厂的设备条件、饲料产品的要求而定。

下面简单介绍全价配合饲料和预混料的加工工艺。

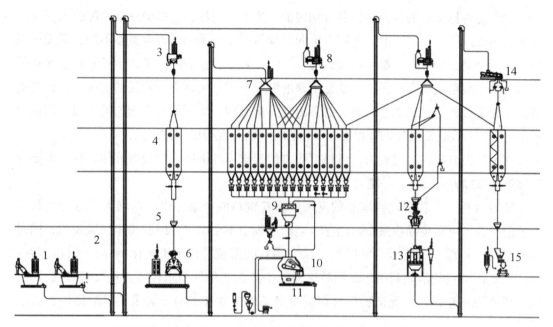

1—袋式除尘器；2—斗式提升机；3—圆筒初清筛；4—料仓；5—缓冲斗；6—粉碎机；
7—分配器；8—圆锥粉料清理筛；9—配料秤；10—混合机；11—刮板输送机；12—制粒机；
13—冷却器；14—振动分级筛；15—打包机。

图3-1 畜禽饲料加工工艺流程图

一、全价配合饲料

（一）全价配合饲料的主要生产工序特点

全价配合饲料生产所需原料种类繁多，因此应设置一定数量的原料仓用于不同饲料原料的储备。部分原料在入仓前或在使用前均应对其所含杂物进行清理，包括石块、泥块、麻袋毛及金属杂物等，以避免在加工过程中造成机械设备的损坏，以及用这种饲料饲喂畜禽，对畜禽生长及生产性能造成的不良影响。一般情况下动物性蛋白质饲料、矿物质饲料、饲料添加剂的清杂工作不需在配合饲料厂进行，而饲料原料中需要清杂的原料主要是谷物饲料及其副产品等，经清理的原料才能装仓备用。

饲料粉碎是饲料厂最重要的工序之一，它是影响饲料质量、产量、电耗及成本的重要因素，饲料原料粉碎的最佳粒度是根据不同饲养对象来确定的。

配料是按照畜禽饲料配方的要求，采用特定的配料装置，对多种不同的饲料原料进行准确称量的过程。配料工序是饲料生产过程中的关键环节，它直接影响全价配合饲料的品质。因此，饲料厂在选择配料装置时应根据原料用量大小选择感量不同的配料秤，并注意使用前进行校对。

混合是将称量后的各种物料混合均匀的一道关键工序，它是确保全价配合饲料质量和提高饲喂效果的主要环节。不同全价配合饲料产品所采用的混合类型不同，但无论采用何种混合类型和方式，都必须做到混合均匀，否则会显著影响畜禽生长发育继而降低饲养效果，甚至造成畜禽死亡。掌握正确的混合时间是保证混合质量的措施之一，若物料已充分混合，再延长混合时间，就会出现分离倾向，反而使混合均匀度下降，因此生产中要求饲料在达到最佳混合程度之前，将混合物从混合机中排出。

在饲料组分的混合过程中，可根据配方的要求添加油脂、糖蜜等液体饲料，但要求液体饲料添加方式合理，并能与其他粉料均匀混合。

随着饲料工业和现代养殖业的发展，颗粒饲料的产品比例不断增大。这种饲料营养价值全面，可避免动物挑食，储存、运输过程中不会出现分级及粉尘污染现象，同时饲喂过程中可缩短动物采食的时间，减少饲料的浪费，便于机械化饲养，并且经特殊加工可提高饲料的消化利用率。制粒工序对生产工艺条件要求较高，且设备投资较大，饲料成本有所增加，因此饲料厂可根据自身条件及颗粒饲料的需求情况酌情选择此项工序。

总之，全价配合饲料生产过程中任何一道工艺不符合生产要求，均会对饲料产品品质及畜禽生产、健康造成不良影响。

（二）全价配合饲料的生产工艺流程

1. 先粉碎后配料生产工艺

该生产工艺是将各种原料根据要求分别进行粉碎后放入配料仓进行配料计量，然后放入混合机充分混合均匀，从而生产粉料或全价颗粒饲料的过程。先粉碎后配料生产工艺流程见图 3-2。

这种生产工艺的优点是：粉碎机每次粉碎的物料种类单一，加之不同原料可选择不同类型的粉碎机，因此可根据配方要求将不同原料粉碎为不同粒度，且粉碎颗粒均匀度好，同时粉碎机工作稳定，负荷量大；该生产工艺可充分发挥各种类型粉碎机的特性，降低能耗，提高产品质量，使粉碎机的粉碎效率达到最佳；该生产工艺也便于粉碎机的操作和管理，单一原料流动性好、不易结块，因此粉碎机易于控制进料量，有利于粉碎机平稳工作；该工艺再配以多仓数秤的配料工艺，可进一步提高全价配合饲料的产品质量，经济、精确地完成整个配料过程，因为多仓数秤一般为大料用大秤，小料用小秤，故可提高配料精度，又不必耽误过多的配料时间。

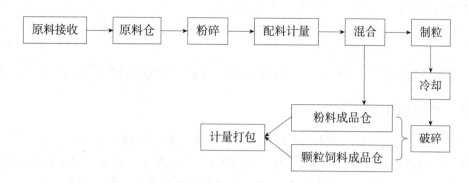

图 3-2　先粉碎后配料生产工艺流程

但该生产工艺也存在一定缺点：由于饲料原料种类较多，需配制较多的配料仓，因此建厂投资大；当配方原料更换或增加时，原有配料仓的数量可能会制约饲料原料的种类，因此不利于饲料原料的变化；粉碎后的物料在配料仓内易结块，因此增加了配料仓的管理难度。

总之，生产规模较大的且以生产配方原料中能量饲料所占比重较大的全价配合饲料为主的饲料厂多采用"先粉后配"式的生产工艺流程。

2. 先配料后粉碎生产工艺

该生产工艺是按照饲料配方的比例，先将所有参加配料且需粉碎的原料逐一称重并混合在一起，进行粉碎后，再按比例称量无须粉碎的原料与之充分混合均匀，生产出全价粉料或颗粒饲料的过程。先配料后粉碎生产工艺流程见图 3-3。

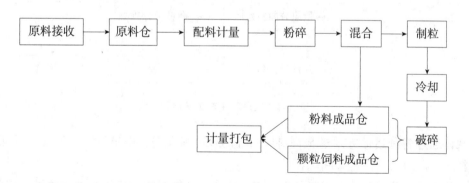

图 3-3　先配料后粉碎生产工艺流程

这种生产工艺的优点是：不需要配料仓，从而减少了建厂投资，缩小了厂地面积，工艺流程简单；对原料种类的变化适应性强，在生产过程中极易更改配方；当配方中需粉碎的饲料原料种类少、比例小时，此工艺流程的连续性更好，操作更方便。

但这种生产工艺也存在一定的缺点：由于粉碎机每次要粉碎多种物料，而被粉碎的饲料原料的特性不稳定，因此粉碎机工作不稳定，耗电量增加，不同原料粉碎均匀度差；同时在混合过程中粒度、容重不同的物料又极易造成分级现象，产品质量难以得到保证。

一般生产规模较小、建厂投资有限的饲料厂可采用"先配后粉"式的生产工艺流程。

二、预混料生产工艺

预混料生产工艺与全价配合饲料生产工艺相比，最大的区别在于：原料品种繁多、成分复杂，用量相差悬殊，个别添加剂用量甚微，活性成分不稳定，因此在饲料生产过程中要求配料准确、混合均匀、工艺流程短、设备使用少而精，尽量减少污染。

（1）载体及微量组分的预处理。载体一般在未经加工之前，粒度大小不一，应通过粉碎使载体粒度达到标准要求的 30～80 目，这种粒度的载体承载能力强。有机载体通常容易吸潮，含水量较高，尤其是麸皮和米糠，因此在使用前应先将载体干燥，使其含水量降至 8% 以下，再进行粉碎，粉碎后放进载体料仓，根据配方需要进行配料计量。

对于预混料中的某些微量组分也需进行预处理，这些微量组分预处理后才能更好地被使用。通常采用天平、台秤、球磨机、小型混合机将微量组分配制成 1% 的预混料后再与其他添加剂混合，以提高预混料的混合效果及产品质量。

（2）预混料生产工艺流程见图 3-4。

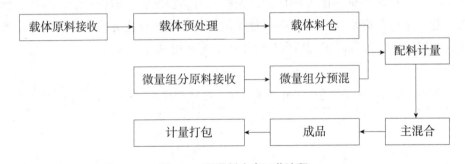

图 3-4 预混料生产工艺流程

载体通过各种运输方式送至饲料厂内部的载体料仓中，微量组分一般袋装或桶装进入原料库，再由人工送至车间配料处。

一般微量组分的预混在配料处由人工完成，这些微量组分主要是亚硒酸钠、碘化钾、氯化钴、维生素 B_{12}。微量组分在称量时应选择精度较高的天平，称量后与载体或稀释剂在配料车间的小混合机内进行稀释混合，配成 1% 的预混料，整个过程中的进出料均为手工操作。

在预混料的配制过程中仍坚持"大料用大秤""小料用小秤"的计量原则，将各种组分按预混料配方要求进行计量后进入主混合工艺。

　　主混合前混合机内要分别加入各种配方组分，这些组分的添加顺序依次为：载体进混合机，添加一定量的油脂（3%～5%）与之混合后，再加微量组分，经充分混合后可得到预混料产品。主混合的最佳净混合时间为 7 min，混合时间不足或超过 7 min，均会导致预混料混合均匀度下降。

　　若进行复合添加剂预混料的生产则首先要分别配制微量元素预混料和维生素预混料，将它们放入事先盛有适量载体的混合机中，然后再按配方要求加入氨基酸、抗生素、抗氧化剂等添加剂，进行充分混合后，即可得到复合添加剂预混料。

　　充分混合后生产的预混料应打包储存，不应散装储存，以免预混料中的活性成分受到破坏，同时成品饲料应尽量减少搬运、提升的次数，以防止预混料出现分级现象。

✎ 本章小结

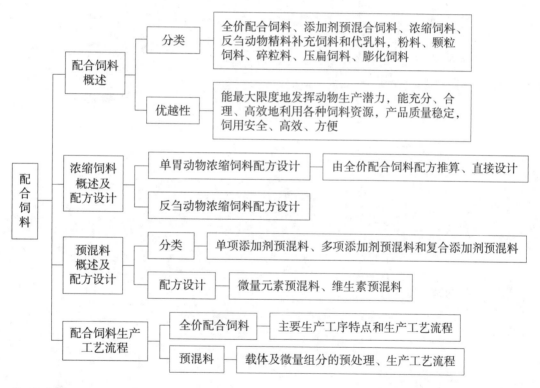

✎ 思考题

1. 配合饲料的优越性有哪些？
2. 先粉碎后配料生产工艺和先配料后粉碎生产工艺的区别是什么？
3. 简述反刍动物浓缩饲料配方设计的过程。

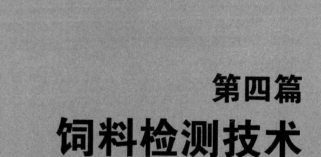

第四篇
饲料检测技术

实验是动物营养与饲料课程的重要组成部分。实验既可以使学生正确地掌握饲料常规分析、饲料产品加工环节的质量检测方法及饲料原料掺假识别的技能，又可以培养学生严谨的科学态度、良好的学风，以及分析问题、解决问题的能力。

实验一　饲料样本的采集、制备及保存

一、目的要求

通过实验，熟悉成分分析前各种饲料样本的采集、制备和保存的方法。

二、仪器设备

饲料样品、谷物取样器、分样板（或药铲）、粉碎机、标准筛（0.44 mm、0.30 mm、0.216 mm）、剪刀、瓷盘或塑料布、粗天平、恒温干燥箱、样本瓶（250 mL 广口瓶或塑料瓶）等。

三、方法步骤

（一）样本的采集

样本的采集即采样，是指从一种物品中采集供分析用的样本。采样是饲料检测的第一步，影响饲料品质的检测结果。因此，采集的样本必须具有代表性，能反映全部被检测物的相关性质；必须采用正确的采样方法；采集的样本必须有一定的数量。否则，无论以后的样本处理及检测计算结果如何严格、准确，都将毫无意义。

样本包括原始样本和化验样本，原始样本来自饲料总体，化验样本来自原始样本。通常从现场大量分析物品对象中采取的样本称为原始样本，它应尽量从大批量饲料或大面积牧地上，从不同部位和不同深广度采取，以保证每一小部分的成分与全部成分完全相同，使其具有代表性。然后，从原始样本中采取化验样本。根据原始样本是均匀性物品还是非均匀性物品，化验样本的采取方法又各不相同。对于非均匀性物品，如青绿饲料、青贮饲料、粗饲料、家畜屠体等，一般采用"几何法"采集化验样本。所谓"几何法"，是指将一堆饲料看成有规则的几何立体（棱柱、圆台、圆锥等），它由若干个体积相等的部分均匀地堆砌在整体中，应对每一部分设点进行采样。我们将从每个取样点取出的样本称为支样，各支样数量应一致。将支样混合后即初级样本，再对此初级样本进行取样，如此重复取样多次，得到一系列逐渐减少的样本，分别称为初级、次级、三级等样本，然后从最后一级样本中制备化验样本。对于均匀性物品，如单相的液体，搅拌均匀的籽实，磨成粉末的各种糠麸、鱼粉、血粉等饲料，以及一些研碎的物品，一般采用"四分法"缩减原始样本，以获得化验样本。化验样本一分为二，一份送检，一份作为复检备份。"四分法"的具体方法是：将原始样本置于一张方形纸或塑料布（大小视原始样本的多少而定），提起纸的一角，使饲料反复移动混合均匀，然后将饲料展平，用分样板或药铲，从中划一"十"字或以对角线连接，将样本分成四等份，除去对角的两份，将剩余的两份按照前述混合均匀后，再分成四等份，重复上述过程，直到剩余样本数量与测定所需的用量接近（一般为 500 ~ 1 000 g）。对于大量的原始样本，也可在洁净的地板上进行。对大量的均匀性物品的分析样本进行采样时，也可采用"几何法"与"四分法"相结合的方法来进行：先将物品堆成锥形，用铲将物品移至另一处，移动时将每铲物品倒于前铲物品之上，使其于锥顶流动到周围，如此反复移动三次以上，即可混合均匀。然后，将物品堆成圆锥形，将其顶部略压平，使其呈圆台状，再从上部中间分割为"十"字四等份，采用"四分法"取样。

实际工作中，饲料的种类不同、分析目的不同，采样的方法也不完全相同。

1．一般容器包装的饲料

按照表 4-1 规定的比例，对容器（桶、袋、缸、箱等）进行抽样，再从被抽出的容器中抽取原始样本，经"四分法"缩分后取 1 000 g 作为平均样本，从中取出 300 ~ 500 g 作为化验样本。抽取样本的数目也可按饲料包装件数的百分数（10% ~ 20%）或质量的百分数（5% ~ 10%）确定。

表 4-1　抽取容器的数量

饲料原料总量	配合饲料、混合饲料、一般原料抽取小样数	动物性蛋白质饲料抽取小样数
不足 250 袋（或 5 t 以内）	9	6
250 ~ 800 袋（或 5 ~ 10 t）	12	9
500 袋以上（或 10 t 以上）	15	12

资料来源：朱燕，夏玉宇. 饲料品质检验. 北京：化学工业出版社，2003.

2．小包装的添加剂或预混料

如果样品有一定的均匀性，可随机从各个部位连包装一起采样，或依批次的件数，以一定比例采样，采样数为 1 ~ 5 个小包装。

3．整仓、整垛、整船、整车饲料

对此类饲料采样时，应以每个单位作为一件原始样本，采用特殊工具从上、中、下层或中心加四角五点采集样本，采样点为 10 个以上，这些样本混合后即原始样本，然后采用"四分法"将原始样本缩至 1 000 g。

4．液体饲料

数量多、体积大的液体饲料可分层采样；数量少、体积小的液体饲料，混合均匀后用采样器采样。液体饲料的采样量为 500 ~ 1 000 g。

5. 不同厂家、不同批号、不同等级的饲料

不同厂家、不同批号、不同等级的饲料绝不能混合采样。

（二）样本的制备

将采集的原始样本经粉碎、干燥等处理，制成易于保存、符合化验要求（具有一定的粒度）的化验样本的过程称为样本的制备。样本的制备方法如下。

1. 风干样本的制备

（1）风干样本。饲料中的水分有三种存在形式：游离水、吸附水（吸附在蛋白质、淀粉及细胞膜上的水）、结合水（与糖和盐类结合的水）。经过一定的恒温处理后，饲料或饲料原料中不含游离水，仅含少量的吸附水（15% 以下）的样本为风干样本。这类饲料主要有籽实类、糠麸类、干草类、秸秆类、乳粉、血粉、鱼粉、肉骨粉及配合饲料等。

（2）粉碎。从风干样本中按"四分法"取得化验样本，化验样本经一定处理（如剪碎、捶碎等）后，用饲料粉碎机进行粉碎，粉碎过程应尽可能迅速，以避免吸湿及样本组成成分发生变化。

（3）过筛。按照检验要求，将粉碎后的化验样本全部过筛。用于常规营养成分分析时，要求全部通过 0.45 mm（40 目）标准分析筛；用于微量元素、氨基酸分析时要求全部通过 0.172 ~ 0.30 mm（60 ~ 100 目）标准分析筛，使其具备均质性，便于溶样。对于不易粉碎过筛的渣屑类饲料也应剪碎，混入样本中，不可抛弃，避免引起误差。粉碎完毕的样本可用"四分法"缩减至 200 ~ 500 g，再装入磨口广口瓶内保存。

2. 新鲜样本的制备

对于新鲜样本，如果直接用于分析可将其匀质化，用匀浆机或超声破碎仪破碎、混匀，再取样，装入塑料袋或瓶内密闭，冷冻保存后测定。若需干燥处理，则应先测定样本的初水分（首先将新鲜样本置于 60 ℃ ~ 70 ℃的恒温干燥箱中烘 8 ~ 12 h，除去部分水分，然后回潮使其与周围环境的空气湿度保持平衡，在这种条件下所失去的水分称为初水分），制成半干样本（测定初水分之后的样本称为半干样本），再粉碎装瓶保存。

（三）样本的保存

制备好的样本应置于干燥且洁净的磨口广口瓶内，瓶中存放的样本不得超过其容积的一半，以便在进行化学分析前能很好地进行混合。化验样本的样本瓶要编号，贴好标签，注明样本名称、采样地点、采样日期、制样日期、分析日期，并在记录本上对样本进行如下描述。

（1）样本名称（一般名称、学名和俗名）和种类（必要时注明品种、质量等级）。

（2）生长期（成熟程度）、收获期、茬次。

（3）调制和加工方法及储存条件。

（4）外观性状及混杂度。

（5）采样地点和采集部位。

（6）生产厂家和出厂日期。

（7）等级、质量。

（8）采样人、制样人和分析人的姓名。

饲料样本均由专人采集、登记、粉碎与保管。样本保存或送检过程中，须保持样本原有的状态和性质，减少样本离开总体后发生的各种可能变化，如污染、损失、变质等。接触样本的器具应洁净，容器应密闭，防止水分蒸发。风干样本应置于避光、通风、干燥处，避免高温。新鲜样本需低温冷藏，以抑制微生物作用及生物酶作用，减少高温和氧化损失。

样本制备后，应尽快完成分析化验。样本保存时间的长短应有严格规定，一般情况下原料样本应保留两周，成品样本应保留一个月，以便在对分析检验结果有争议或怀疑时，可根据具体情况进行复验，专门从事饲料质量检验监管机构的样品一般保存 3~6 个月。

四、实验作业

（1）有条件的学校，组织学生到配合饲料厂进行配合饲料原料和产品现场采样。

（2）组织学生到田间进行新鲜青绿饲料或水生饲料采样。

（3）在实验室，按"四分法"将饲料样品缩减为化验样本，并制备风干样本，做好登记、保存工作，以备以后分析检测。

（4）将采集的新鲜青绿饲料或水生饲料样本制成新鲜样本和半干样本，做好登记、保存工作，以备以后分析检测。

实验二　饲料水分的测定

（固体样本直接干燥法）

一、目的要求

通过实验，熟悉配合饲料和单一饲料原料中水分含量的测定。

二、原理

饲料样本在 103 ℃ ±2 ℃烘箱内、1 个大气压下烘干，所损失的质量在试样中所占的比例为饲料样本的水分含量。

本法适用于测定配合饲料和单一饲料中的水分含量。但饲料中的奶制品、动物和植物油脂、矿物质除外。

三、仪器设备

（1）实验室用样品粉碎机或研钵。

（2）分样筛：孔径为 0.45 mm（40 目）。

（3）分析天平：感量为 0.000 1 g。

（4）电热式恒温烘箱：可控制温度为 103 ℃ ±2 ℃。

（5）称样皿：玻璃或铝质，直径在 40 mm 以上，高度在 25 mm 以下。

（6）干燥器：用氯化钙或变色硅胶作干燥剂。

四、试样的选取和制备

（1）选取有代表性的饲料样本，其原始样量应在 1 000 g 以上。

（2）用"四分法"将原始样本缩至 500 g，风干后粉碎至 0.45 mm，再用四分法缩至 200 g，装入密封容器，于阴凉干燥处保存。

（3）如果试样是多汁的鲜样，或无法粉碎，则应预先进行干燥处理。称取试样 200～300 g，在 105 ℃烘箱中烘 15 min，立即降至 65 ℃，烘干 5～6 h。样品取出后，在室内空气中冷却 4 h 后称重，即得风干试样。

五、测定步骤

将洁净的称样皿放置于 103 ℃ ±2 ℃烘箱中，将称样皿盖放边上，烘 30 min ± 1 min 后盖上称样皿盖取出，在干燥器中冷却至室温，称量其质量，并精确至 1 mg。

称取 5 g（含水量在 0.1 g 以上，样品厚度在 4 mm 以下）试样于称样皿中，精确至 1 mg，将称样皿盖放边上，于 103 ℃ ±2 ℃烘箱中烘 4 h ± 0.1 h，盖好称样皿盖后取出，并在干燥器中冷却 30 min 至室温后称重，精确至 1 mg，再于 103 ℃ ±2 ℃烘箱中烘 30 min ± 1 min 后盖好盖取出，放置于干燥器中冷却至室温，再称重，精确至 1 mg。

若两次称量值的变化小于或等于试样质量的 0.1%，则以第一次称重为准；若两次称量值的变化大于试样质量的 0.1%，则将称样皿再次放入干燥箱内在 103 ℃ ±2 ℃下干燥 2 h ± 0.1 h 后盖好盖取出，放置于干燥器中冷却至室温，再称重，精确至 1 mg，若此次干燥后与第二次称重值的变化小于或等于试样质量的 0.2%，则以第一次称重值为准。

六、结果计算与表述

（一）计算

$$水分 = \frac{m_1 - m_2}{m_1 - m_0} \times 100\%$$

式中：m_1——103 ℃ ±2 ℃烘干前试样及称样皿质量，g；

m_2——103 ℃ ±2 ℃烘干后试样及称样皿质量，g；

m_0——已恒重的称样皿质量，g。

（二）重复性

每个试样，应取两个平行样进行测定，以其算术平均值为结果，结果精确至 0.1%。两个平行样测定值相差不得超过 0.2%，否则应重做。

（三）注意事项

（1）如果试样已经进行过预先干燥处理，则应按下式计算原来试样中的水分总量：

试样总水分（%）= 预干燥减重（%）+［ 100% – 预干燥减重（%）］× 风干试样水分（%）。

（2）对于某些脂肪含量高的样品，烘干时间长反而使其质量增加，这是脂肪氧化所致，故应以质量增加前那次称量为准。

（3）对于糖分含量高的易分解或易焦化试样，应使用减压干燥法（70 ℃、80 kPa 以下，烘干 5 h）测定水分含量。

（4）本方法不适用于以下情况：奶制品、矿物质、含有相当数量的奶制品和矿物质的混合物（如代乳品）、含有保湿剂的动物饲料、动物油脂、油料籽实等。

实验三　饲料中粗蛋白质的测定

一、目的要求

通过实验，了解凯氏定氮法的原理，熟悉凯氏定氮法的操作过程，掌握配合饲料、浓缩饲料和单一饲料中粗蛋白质含量的测定方法。

二、原理

饲料试样在催化剂作用下与浓硫酸一同加热，试样中的有机物被破坏。其中蛋白质和含氮化合物中的氮转化成氨，并与硫酸结合生成硫酸铵；而其他非氮化物则以二氧化碳、水和二氧化硫的形式逸出。样液中的硫酸铵在浓碱的作用下进行蒸馏，使氨气逸出，用硼酸吸收后，再以甲基红–溴甲酚绿为指示剂，用标准盐酸滴定，即可测得样品的含氮量，将结果乘以换算系数 6.25，计算出粗蛋白质的含量。

此法为测定蛋白质含量的一种经典方法，称为凯氏定氮法。由于此法所测出的氮除蛋白质所含氮外，还包括非蛋白质所含的氮，因此称为粗蛋白质。

三、仪器设备

（1）实验室用样品粉碎机或研钵。
（2）分样筛：孔径为 0.45 mm（40 目）。
（3）分析天平：感量为 0.000 1 g。
（4）消煮炉或电炉。
（5）滴定管：酸式，10 mL 或 25 mL。
（6）凯氏烧瓶：250 mL。
（7）凯氏蒸馏装置：常量直接蒸馏式或半微量水蒸气蒸馏式。
（8）锥形瓶：150 mL 或 250 mL。
（9）容量瓶：100 mL。
（10）消煮管：250 mL。
（11）定氮仪：以凯氏原理制造的各类型半自动、全自动蛋白质测定仪。

四、试剂

（1）硫酸：化学纯，含量为 98%。
（2）混合催化剂：硫酸铜，5 个结晶水；硫酸钾或硫酸钠，均为化学纯，磨碎混匀。
（3）氢氧化钠：化学纯，40% 水溶液。
（4）硼酸：化学纯，2% 水溶液。
（5）混合指示剂：甲基红 0.1% 乙醇溶液，溴甲酚绿 0.5% 乙醇溶液，两溶液等体积混合，在阴凉处的保存期为 3 个月。
（6）盐酸标准溶液：邻苯二甲酸氢钾法标定。
①0.1 mol/L 盐酸标准溶液：将 8.3 mL 盐酸（分析纯），注入 1 000 mL 蒸馏水中制得。
②0.02mol/L 盐酸标准溶液：将 1.67 mL 盐酸（分析纯），注入 1 000 mL 蒸馏水中制得。
（7）蔗糖：分析纯。
（8）硫酸铵：分析纯，干燥。
（9）硼酸吸收液：1% 硼酸水溶液 1 000 mL，加入 0.1% 溴甲酚绿乙醇溶液 10 mL，0.1% 甲基红乙醇溶液 7 mL，4% 氢氧化钠水溶液 0.5 mL，混合，在阴凉处的保存期为 1 个月（全自动程序用）。

五、试样的选取和制备

选取具有代表性的试样用四分法缩减至 200 g，粉碎后全部通过 0.44 mm 筛，装于密封容器中，防止试样成分变化。

六、分析步骤（推荐法）

（一）试样的消煮

称取试样 0.5~1 g（含氮量为 5~80 mg）精确至 0.000 2 g，放入凯氏试管中，加入 6.4 g 混合催化剂，与试样混合均匀，再加入 12 mL 硫酸，于 420 ℃下在消化炉上消化 1 h，直至呈透明的蓝绿色，取出放凉后加入 30 mL 蒸馏水。

（二）氨的蒸馏

采用全自动定氮仪时，按仪器本身常量程序进行测定。

采用半自动定氮仪时，将带消化液的管子插入蒸馏装置上，将蒸馏装置的冷凝管末端浸入装有 25 mL 硼酸吸收液和两滴混合指示剂的锥形瓶内，然后加入 50 mL 氢氧化钠溶液进行蒸馏，蒸馏时间以吸收液体体积为 100 mL 为宜。降下锥形瓶，使冷凝管末端离开液面，继续蒸馏 1~2 min，并用蒸馏水冲洗冷凝管末端，洗液均需流入锥形瓶内，然后停止蒸馏。

（三）滴定

吸收氨后的吸收液立即用 0.1 mol/L 或 0.02 mol/L 盐酸标准溶液进行滴定，溶液由蓝绿色变成灰红色为终点。

七、空白测定

称取蔗糖 0.5 g，代替试样，按上述步骤进行空白测定。滴定时，消耗 0.1 mol/L 盐酸标准溶液的体积不得超过 0.2 mL，消耗 0.02 mol/L 盐酸标准溶液的体积不得超过 0.3 mL。

八、分析结果的表述

（一）计算

$$粗蛋白质 = \frac{(V_1-V_2) \times c \times 0.014\,0 \times 6.25}{m \times \dfrac{V'}{V}} \times 100\%$$

式中：V_2——滴定试样时所需盐酸标准溶液的体积，mL；

V_1——滴定空白时所需盐酸标准溶液的体积，mL；

c——盐酸标准溶液的浓度，mol/L；

m——试样质量，g；

V——试样分解液总体积，mL；

V'——试样分解液蒸馏用体积，mL。

0.014 0——与 1.00 mL 盐酸标准溶液 [c(HCl)=1.000 0 mol/L] 相当的、以克表示的氮的质量。

6.25——氮换算成蛋白质的平均系数。

（二）重复性

每个试样取两个平行样进行测定，以其算术平均值为结果。

九、允许相对误差

当粗蛋白质含量在 25% 以上时，允许相对误差为 1%。

当粗蛋白质含量 10%~25% 时，允许相对误差为 2%。

当粗蛋白质含量在 10% 以下时，允许相对误差为 3%。

十、测定步骤的检验

精确称取 0.2 g 硫酸铵，代替试样，按分析步骤操作，按公式进行计算（但不乘系数 6.25）测得硫酸铵含量为 21.19%±0.2%，否则应检查加碱、蒸馏和滴定各步骤是否正确。

试样消煮时，加入硫酸铜 0.2 g，无水硫酸钠 3 g，与试样混合均匀，再加硫酸 10 mL，仍可使饲料试样分解完全，只是试样焦化再变为澄清所需的时间略长一些。

实验四　饲料粗灰分的测定

一、目的要求

通过实验，学会测定配合饲料、浓缩饲料及各种单一饲料中粗灰分的含量。

二、原理

饲料中的粗灰分是指试样在 550 ℃下灼烧后所得的残渣，用质量百分率来表示。残渣中主要是氧化物、无机盐类等矿物质，也包括混入饲料中的砂石、土等，故称为粗灰分。

三、仪器与设备

（1）实验室用样品粉碎机或研钵。

（2）分样筛：孔径为 0.45 mm（40 目）。

（3）分析天平：感量为 0.000 1 g。

（4）高温炉：有高温计且可控制炉温为 550 ℃ ±20 ℃。

（5）瓷坩埚：容积为 30 mL。

（6）干燥器：用氯化钙或变色硅胶作干燥剂。

四、试样的选取和制备

取具有代表性的试样，将其粉碎至 0.45 mm（40 目），用四分法缩减至 200 g，装于密封容器内放在阴凉干燥处保存。

五、测定步骤

（1）将干净的瓷坩埚放入高温炉，在 550 ℃ ±20 ℃下灼烧 30 min。取出瓷坩埚，放置于空气中冷却约 1 min，然后放入干燥器中冷却 30 min，称重。再重复灼烧、冷却、称重，直至两次质量之差小于 0.000 5 g 时为恒重。

（2）在分析天平上用已恒重的瓷坩埚称取 2~5 g 试样（粗灰分质量为 0.05 g 以上），精确至 0.000 2 g，在电炉上小心炭化。在炭化过程中，应将试料在较低温状态下加热灼烧至无烟，而后升温灼烧至样品无炭粒，再放入高温炉，于 550 ℃ ±20 ℃下灼烧 3 h。取出试料，在空气中冷却约 1 min，再放入干燥器中冷却 30 min，称重。再同样灼烧 1 h，冷却，称重，直至两次质量之差小于 0.001 g 时为恒重。

六、结果计算和表述

粗灰分含量（%）的计算：

$$粗灰分 = \frac{m_2 - m_0}{m_1 - m_0} \times 100\%$$

式中：m_0——恒重空瓷坩埚质量，g；

m_1——瓷坩埚 + 试样的质量，g；

m_2——灰化后瓷坩埚 + 粗灰分的质量，g。

所得结果应表示至 0.01%。

七、允许相对误差

每个试样应取两个平行样进行测定，以其算术平均值为分析结果。

粗灰分含量在 5% 以上，允许相对误差为 1%；粗灰分含量在 5% 以下，允许相对误差为 5%。

八、注意事项

（1）用电炉炭化时应小心，防止炭化过快，试样飞溅。

（2）灼烧后残渣的颜色与试样中各元素的含量有关，含铁高时为红棕色，含锰高时为淡蓝色。试样灰化后如果还能观察到炭粒，则灰化不完全，可在冷却后加几滴硝酸或过氧化氢，在电炉上烧干后再放入高温炉灼烧至呈白灰色。

实验五 饲料中钙含量的快速测定

（乙二胺四乙酸二钠络合滴定快速测钙法）

一、目的要求

通过实验，掌握乙二胺四乙酸二钠络合滴定快速测钙的方法和步骤。

二、原理

钙离子在碱性溶液中与乙二胺四乙酸络合，置换钙红指示剂，而使溶液变成纯蓝色以指示终点。用三乙醇胺和盐酸羟胺消除其他金属离子的干扰，可快速测定钙含量。

三、仪器设备

（1）实验室用样品粉碎机或研钵。

（2）分样筛：孔径为 0.45 mm（40 目）。

（3）分析天平：感量为 0.000 1 g。

（4）高温炉：电加热，可控温度为 550 ℃ ±20 ℃。

（5）坩埚：瓷质。

（6）容量瓶：100 mL、1 000 mL。

（7）凯氏烧瓶：250 mL 或 500 mL。

（8）滴定管：酸式，25 mL 或 50 mL。

（9）玻璃漏斗：直径为 6 cm。

（10）滤纸：定量、中速，7~9 cm。

（11）移液管：10 mL、20 mL。

（12）烧杯：200 mL。

（13）锥形瓶：200 mL。

四、试剂

（1）氢氧化钾：分析纯，20% 水溶液。

（2）三乙醇胺：分析纯。

（3）乙二胺：分析纯。

（4）钙黄绿素 – 甲基百里酚蓝指示剂：0.10 g 钙黄绿素与 0.10 g 甲基麝香草酚蓝与 0.30 g 百里酚酞、5 g 氯化钾研细混匀，储存于磨口瓶中待用。

（5）盐酸羟胺：分析纯。

（6）淀粉溶液：称取 1 g 可溶性淀粉放置于 200 mL 烧杯中，加 5 mL 水润湿，加 95 mL 沸水搅拌，煮沸，冷却后备用（现配现用）。

（7）孔雀石绿指示剂：孔雀石绿 0.1 g 溶于 100 mL 蒸馏水中。

（8）钙标准溶液（1 mg/mL）：称取 2.497 4 g 于 105 ℃ ~ 110 ℃下干燥 3 h 的基准物碳酸钙，溶于 40 mL 盐酸水溶液（1 : 3）中，加热赶走二氧化碳，冷却后移至 1 000 mL 容量瓶中，稀释至刻度线。

（9）乙二胺四乙酸二钠标准滴定溶液：称取 3.8 g 乙二胺四乙酸二钠放入 200 mL 烧杯中，加入 200 mL 蒸馏水加热溶解，冷却后转至 1 000 mL 容量瓶中，用水稀释至刻度线。吸取 1 mg/mL 钙标准溶液 10 mL，按试验测定法进行滴定，此溶液对钙的滴定度为

$$T = \frac{\rho \times V}{V_1}$$

式中：T——乙二胺四乙酸二钠标准滴定溶液对钙的滴定度，g/mL；

　　　ρ——钙标准溶液的质量浓度，g/mL；

　　　V——所取钙标准溶液的体积，mL；

　　　V_1——乙二胺四乙酸二钠标准滴定溶液的消耗体积，mL。

所得结果应表示至 0.000 1 g/mL。

五、测定步骤

（一）试样分解

称取试样 2 ~ 5 g 于坩埚中，精确至 0.000 2 g，在电炉上小心炭化至无烟后，再放入高温炉中于 550 ℃下灼烧 3 h（或测定粗灰分后连续进行），然后在盛灰坩埚中加入盐酸溶液 10 mL 和浓硝酸数滴，小心煮沸 10 min，将此溶液转入 100 mL 容量瓶中，冷却至室温，用蒸馏水稀释至刻度线，摇匀后即试样分解液。

（二）试样测定

准确移取试样分解液 10 mL（2 ~ 25 mL）于锥形瓶中，加蒸馏水 50 mL，加淀粉溶

液 10 mL，三乙醇胺 2 mL，乙二胺 1 mL，孔雀石绿指示剂 1 滴，滴加氢氧化钾溶液至溶液无色，再加氢氧化钾溶液 10 mL，加入 0.1 g 盐酸羟胺摇匀溶解后，再加钙黄绿素 – 甲基百里酚蓝指示剂少许，在黑色背景下，立即用乙二胺四乙酸二钠标准滴定溶液滴定至绿色荧光消失，呈现紫红色为滴定终点，同时做空白实验。

六、结果计算与表述

试样中的钙含量，以质量分数表示（%）：

$$X = \frac{T \times V_2}{m \times \dfrac{V_1}{V_0}} \times 100\%$$

式中：X——以质量分数表示的钙含量；

T——乙二胺四乙酸二钠标准滴定溶液对钙的滴定度，g/mL；

V_0——试样分解液总体积，mL；

V_1——测定时移取试样分解样的体积，mL；

V_2——测试样所用乙二胺四乙酸二钠标准滴定溶液的体积，mL；

m——试样的质量，g。

每个试样应取两个平行样进行测定，以其算术平均值为分析结果。

七、允许相对误差

钙含量在 10% 以上时，允许相对误差为 3%；钙含量在 5%～10% 时，允许相对误差为 5%；钙含量在 1%～5% 时，允许相对误差为 9%；钙含量在 1% 以下时，允许相对误差为 18%

实验六　饲料中总磷量的测定

一、目的要求

通过实验，熟悉用钒黄显色光度法测定饲料（配合饲料、浓缩饲料、预混料和单一饲料）中总磷量的原理和方法。

二、原理

将试样中的有机物破坏，使其中的磷游离出来，在酸性溶液中，用钒钼酸铵处理，生成黄色的 $(NH_4)_3PO_4NH_4VO_3 \cdot 16MoO_3$ 复合物，其黄色的深浅与磷的含量呈正比，再应用比色计在波长 400 nm 下进行比色测定，即可算出该试样中磷的含量。

三、仪器设备

（1）实验室用样品粉碎机或研钵。

（2）分样筛：孔径为 0.45 mm（40 目）。

（3）分析天平：感量为 0.000 1 g。

（4）分光光度计：有 10 mm 比色池，可在 400 nm 下测定吸光度。

（5）高温炉：可控温度为 550 ℃ ± 20 ℃。

（6）瓷坩埚：50 mL。

（7）容量瓶：50 mL、100 mL、1 000 mL。

（8）刻度移液管：1.0 mL、2.0 mL、3.0 mL、5.0 mL、10 mL。

（9）凯氏烧瓶：125 mL、250 mL。

（10）可调温电炉：1 000 W。

四、试剂

本实验中所用试剂，除特殊说明外，均为分析纯。实验室用水为蒸馏水或同等纯度的水。

（1）盐酸：化学纯，1∶1 水溶液。

（2）硝酸：化学纯。

（3）高氯酸：分析纯，浓度为 70%～72%。

（4）钒钼酸铵显色剂：称取偏钒酸铵 1.25 g，加水 200 mL，加热溶解，冷却后加硝酸 250 mL，另称取钼酸铵 25 g，加蒸馏水 400 mL，加热溶解，在冷却的条件下，将两种溶液混合，用蒸馏水定容至 1 000 mL，避光保存，若生成沉淀，则不能继续使用。

（5）标准磷溶液：将磷酸二氢钾在 105 ℃下干燥 1 h，在干燥器中冷却后称取 0.219 5 g 溶解于少量蒸馏水中，定量转入 1 000 mL 容量瓶中，加硝酸 3 mL，用蒸馏水稀释至刻度线，摇匀，此溶液磷含量为 50 μg /mL。

五、试样制备

取有代表性的试样，粉碎至 0.45 mm（40 目），用四分法将试样缩分至 200 g 装入密封容器，防止试样成分变化或变质。

六、测定步骤

1. 试样处理

（1）干法（不适用于含 $Ca（H_2PO_4）_2$ 的饲料）：称取试样 2～5 g 于瓷坩埚中，精确至 0.000 2 g，在电炉上小心炭化至无烟后，再放入高温炉于 550 ℃下灼烧 3 h（或测定粗灰分后连续进行），然后取出冷却，在盛灰瓷坩埚中加入盐酸溶液 10 mL 和浓硝酸数滴，小心煮沸 10 min，将此溶液转入 100 mL 容量瓶，冷却至室温，用蒸馏水稀释至刻度线，摇匀，即试样分解液。

（2）湿法：称取试样 2 ~ 5 g 于凯氏烧瓶中，精确至 0.000 2 g，加入硝酸 30 mL，加热保持微沸至二氧化氮黄烟逸尽，冷却后加入 70% ~ 72% 高氯酸 10 mL，继续加热至高氯酸冒白烟（不得蒸干），溶液基本无色，冷却，加水 30 mL，加热煮沸，冷却后，用水转移至 100 mL 容量瓶中，并稀释至刻度线，摇匀，即试样分解液。

2. 标准曲线的绘制

准确吸取标准磷溶液 0 mL、1.0 mL、2.0 mL、4.0 mL、8.0 mL、16.0 mL 于 50 mL 容量瓶中，各加钒钼酸铵显色剂 10 mL，用蒸馏水稀释至刻度线，摇匀，常温下静置 10 min 以上，以 0 mL 溶液为参比，用 10 mm 比色池，在 400 nm 波长下，用分光光度计测定各溶液的吸光度。以磷含量为横坐标，吸光度为纵坐标绘制标准曲线。

3. 试样的测定

准确移取试样分解液 1 ~ 10 mL（磷含量为 50 ~ 750 μg）于 50 mL 容量瓶中，加入钒钼酸铵显色剂 10 mL，定容至刻度线，摇匀，常温下静置 10 min 以上。以空白试剂溶液为参比，按标准曲线的绘制步骤显色和比色，测得试样分解液的吸光度，用标准曲线查得试样分解液的磷含量。

七、结果计算与表述

试样中总磷含量的计算：

$$P = \frac{m_1 \times V}{m \times V_1 \times 10^6} \times 100\%$$

式中：P——试样中总磷的含量，%；

m——试样的质量，g；

m_1——由标准曲线查得试样分解液总磷含量，μg；

V——试样分解液总体积，mL。

V_1——测量时移取的试样体积，mL。

10^6——换算系数

所得到的结果应精确到 0.01%。

八、允许相对误差

每个试样称取两个平行样品进行测定，以其算术平均值为测定结果。总磷量低于 0.5%，允许相对误差不超过 10%；总磷量大于或等于 0.5%，允许相对误差不超过 3%。

实验七 饲料粉碎粒度的测定

(两层筛筛分法)

一、目的要求

通过实验，掌握用两层筛对饲料粉碎粒度进行筛分的方法。

二、原理

用规定的标准试验筛在振筛机上或人工对实验样品进行筛分，测定各层筛上留存物料的质量，计算其占试样总质量的百分数。

三、仪器设备

（1）标准试验筛：采用金属丝编制的标准试验筛，筛框直径为 200 mm，高度为 50 mm；测定时根据测定物的要求选择相应规格的两个标准试验筛、一个盲筛（底筛）及一个筛盖。

（2）振筛机：采用拍击式电动振筛机，筛体振幅为 35 mm ± 10 mm，振动频率为 220 次 / min ± 20 次 / min，拍击次数为 150 次 / min ± 10 次 / min，筛体的运动方式为平面回转运动。

（3）天平：感量为 0.01 g。

四、测定步骤

将标准试验筛和盲筛按筛孔尺寸由大到小上下叠放，从试样中称取 100.0 g 试料，放入叠放好的组合试验筛的顶层筛内，盖好筛盖，将装有试样的组合筛放入电动振筛机上，打开振筛机，连续筛 10 min。在无电动振筛机的条件下，可以手动筛理 5 min，筛理时应使试验筛做平面回转运动，振幅为 25 ~ 50 mm，振动频率为 120 ~ 180 次 / min。

电动振筛机法为仲裁法。

五、结果计算与表述

$$P_i = \frac{m_1}{m} \times 100\%$$

式中：P_i——某层试验筛上留存的物料质量占试料总质量的百分数；

m_1——某层试验筛上留存的物料质量，g；

m——试料的总质量，g。

每个试样平行测定两次，以两次测定结果的算术平均值表示，保留至小数点后一位。

筛分时若发现有未经粉碎的谷粒、种子及其他大型杂质，应加以称重，并记入实验报告。

六、允许相对误差

样本过筛的总质量损失不得超过 1%；第二层筛筛下物质量的两个平行测定值的相对误差不超过 2%。

实验八　配合饲料混合均匀度的测定

（甲基紫法）

一、目的要求

通过实验，熟悉用甲基紫法测定配合饲料混合均匀度的方法。

二、原理

本法以甲基紫色素作为示踪物，将其与添加剂一起预先混合于饲料中，然后以比色法测定样品中甲基紫的含量，作为反映饲料混合均匀度的依据。

三、适用范围

本法适用于混合机或饲料加工工艺中混合均匀度的测定。

四、仪器与试剂

（1）721 型分光光度计。

（2）0.106 mm（150 目）标准铜丝网筛。

（3）甲基紫。

（4）无水乙醇。

五、示踪物的制备与添加

（1）将测定用的甲基紫混匀并充分研磨，使其全部通过 0.106 mm 标准铜丝网筛。

（2）按照配合饲料成品量十万分之一的用量，在加入添加剂的工段投入甲基紫。

六、样品的采集与制备

（1）本法所需的样品系配合饲料成品，必须单独采制。

（2）每一批饲料至少抽取 10 个有代表性的原始样本。每个原始样本的数量应以畜禽的平均日采食量为准，即肉用仔鸡前期饲料取样 50 g，肉用仔鸡后期与产蛋鸡取样 100 g，生长肥育猪饲料取样 500 g。该 10 个原始样本的分布点必须考虑深度、袋数或料流的代表性；但是，每一个原始样本必须由一点集中取。取样前不允许有任何翻动或混合。

（3）将上述每个原始样本在化验室内充分混匀，以"四分法"从中分取 10 g 化验样本进行测定。

七、测定步骤

从原始样本中准确称取 10.00g ± 0.05 g 化验样本，放在 100 mL 的小烧杯中，加入 30 mL 无水乙醇不时地进行搅动，烧杯上盖一玻璃，30 min 后用滤纸滤过（定性滤纸，中速），以无水乙醇作为空白调节零点，用分光光度计，以 5 mm 比色皿在 590 nm 的波长下测定滤液的光密度。

八、计算混合均匀度

各次测定的光密度值为 x_1，x_2，x_3，$\cdots x_{10}$，其平均值为 $\overline{X}$、标准差为 S、变异系数为 CV。

其平均值为

$$\overline{X} = \frac{x_1+x_2+x_3+\cdots+x_{10}}{10}$$

其标准差为

$$S = \sqrt{\frac{(x_1-\overline{X})^2+(x_2-\overline{X})^2+(x_3-\overline{X})^2+\cdots+(x_{10}-\overline{X})^2}{10-1}} \quad 或 \quad S = \sqrt{\frac{x_1^2+x_2^2+x_3^2+\cdots+x_{10}^2+10x^2}{10-1}}$$

由平均值 $\overline{X}$ 与标准差 S 计算变异系数 CV 为

$$CV = \frac{S}{\overline{X}} \times 100\%$$

九、注意事项

（1）由于出厂的各批次甲基紫的甲基化程度不同，色调可能有差别，因此，测定混合均匀度所用的甲基紫必须为同一批次的并混匀后才能保持同一批饲料中各样品测定的可比性。

（2）配合饲料中若添加有苜蓿粉、槐叶粉等含有叶绿素的组分，则不能用甲基紫法测定。

实验九 鱼粉中各种掺假物的检测

（定性分析）

一、目的要求

通过实验，了解饲料原料鱼粉中可能掺杂的掺假物种类，并通过相应的快速检测方法分辨出鱼粉中的掺假物。

二、方法与内容

（一）感官鉴别检测

1. 视觉方法

从视觉上观察鱼粉的特征，包括颜色、形状等。鱼粉经过脱脂、烘干后，颜色非常深，如果是自然晒干的鱼粉，则颜色会相对较浅。

2. 嗅觉方法

好的鱼粉有较纯正的鱼粉气味，有明显的咸腥味，而掺假鱼粉有腥臭味、氨味、酸败味，掺有植物性木质素类原料的鱼粉夹杂有植物的味道，掺有其他动物性饲料的鱼粉混杂动物气味。也可借助灼烧的方法，用电磁炉烘烤鱼粉，好的鱼粉有鱼香味，而掺假鱼粉有难闻、异臭味。

3. 口感

好的鱼粉入口即化，有清香鱼片的味道；掺假鱼粉则含而不化，有辣味、涩味、苦味、酸败的味道（哈喇味）等（慎用此法，注意卫生安全）。

4. 触觉方法

好的鱼粉手感细腻、光滑、松软，形状类似肉松；而稍微掺假的鱼粉，质地明显粗糙，有细小颗粒。

（二）物理鉴别检测

1. 水溶法

水溶法适用于掺入花生壳粉、小麦麸、稻壳、锯末等植物纤维类物质，河沙、石粉等矿物质的鱼粉的鉴别。

选取试样 2~4 g 于高型烧杯中，加入 4 倍的水，经过剧烈搅拌混合后，静置一段时间，观察烧杯中物料在水中的分布状况。一般情况下，优质的鱼粉经水搅拌后，上方不会出现漂浮物，下方不会出现明显的沉淀物；而掺入的小麦麸、花生壳粉、锯末等物质会浮在水面，掺入的沙子、石粉等较重的物质在水中会快速下沉。

2. 过筛法

将鱼粉样品用孔径为 2.80 mm 的标准筛网进行筛选，标准鱼粉至少有 98% 的颗粒通过，否则说明鱼粉中有掺假物，使用不同网眼的筛子可检出掺入的掺假物。

3. 气味测试法

根据样品燃烧时产生的气味可以判别鱼粉的真伪。燃烧时，若闻到类似纯毛发燃烧后的气味，说明鱼粉中有动物性原料；若闻到谷物干炒时的芳香味，说明鱼粉中有植物性原料；取样品 20 g，放入小烧瓶或三角瓶中，加 10 g 大豆粉、适量水，加塞后加热 15 ~ 20 min，去掉塞子后可以闻到氨气味，则说明鱼粉中有尿素掺入。

4. 容重法

纯鱼粉的容重一般为 450 ~ 660 g/L，如果容重明显偏大或偏小，则说明鱼粉中有掺假物。具体的检测方法为：将鱼粉样品仔细地倒入 1 000 mL 的量筒中，直到正好达到 1 000 mL 刻度为止，用刮铲或匙调整容积。注意放入样品时动作应轻柔，不得震动或击打。然后把鱼粉倒出来，并称重（做三个平行样，取平均值），最后与纯鱼粉的容重进行对比。

5. 显微镜法

利用体式显微镜或生物显微镜，根据鱼粉在显微镜下的特征，可判断鱼粉是否掺假。通常专业人员在显微镜下，可以检测出的掺假物有尿素类化合物，饼粕类及谷物加工副产品等植物性原料，血粉、羽毛粉、皮革粉等动物性原料。

（1）鱼粉中掺入植物性原料。

① 掺大豆皮粉的鱼粉。鱼粉中掺入大豆皮粉，镜下可见豆皮，为黄色或黄色块状物，豆皮有凹形斑点，稍有卷曲，并可见种脐。镜下还可见白色海绵状淀粉像水珠样浮在块状物表面。

② 掺花生饼粕的鱼粉。鱼粉中掺入花生饼粕，镜下可见花生外壳和种皮。外壳为破碎、不规则、厚薄不一的片状，分层，内层呈白色海绵状，有纤维交织，外层表面有突筋，呈网状。种皮为红色、粉红色、深紫色或棕黄色。

③ 掺菜籽粕的鱼粉。鱼粉中掺菜籽粕，镜下可见菜籽粕的种皮。其种皮特征为棕色且薄，外表面有蜂窝状网孔，表面有光泽，内表面有柔软的半透明白色薄片附着。菜籽粕的种皮和籽仁碎片不连在一起，籽仁呈黄色，形状不规则，无光泽。

④ 掺棉仁饼粕的鱼粉。鱼粉中掺入棉仁饼粕，镜下可见棉絮纤维附着在外壳及饼粕颗粒上，棉絮纤维为白色丝状物，中空、扁平、卷曲、半透明、有光泽，棉籽壳碎片呈棕色或红棕色，较厚。沿其边沿方向有黄色或黄褐色的不同色层，并带有阶梯似的表面。棉籽仁碎片呈黄色或黄褐色，含有许多圆形扁平黑色或红褐色油腺体或棉酚色腺体。

⑤ 掺芝麻饼粕的鱼粉。鱼粉中掺入芝麻饼粕，镜下可见芝麻种皮，种皮薄，表面带

有微小的圆形突起，呈黑色、褐色或黄褐色，因品种而异。

⑥掺稻壳粉的鱼粉。鱼粉中掺入稻壳粉，镜下可见稻壳碎片，该碎片表面有光泽和井字条纹，并可见到壳表面的茸毛。

⑦掺麦麸的鱼粉。鱼粉中掺入麦麸，镜下可见黄色或棕色片状麸皮。麸皮的外表面有细皱纹，内表面黏附有许多不透明的白色淀粉。

（2）鱼粉中掺入动物性原料。

①掺皮革粉的鱼粉。鱼粉中掺入皮革粉，镜下可见绿色、深绿色及砖红色的块状物或丝状物，像锯末似的，不如水解羽毛粉那样透明。

②掺水解羽毛粉的鱼粉。鱼粉中掺入水解羽毛粉，镜下可见半透明不规则的碎颗粒，有些反光；同时可见羽毛轴，似空心圆；也可见未能充分水解的生羽毛。

③掺血粉的鱼粉。鱼粉中掺入血粉，镜下可见血粉特征。血粉在镜下颗粒形状各异，有的边缘锐利，有的边缘粗糙不整齐；颜色有呈黑色似沥青或为血红色晶壳的小珠。

④掺肉骨粉的鱼粉。鱼粉中掺入肉骨粉，镜下可见黄色至深褐色的颗粒，含脂肪高的色泽较深且有油反射的光泽，其表面粗糙。镜下还可见很细的、相互连接的肌肉纤维；骨质为白色、灰色或浅棕黄色的块状颗粒，呈不透明或半透明，带斑点，边缘圆钝。此外还可见到毛发、蹄角等，常可见混有血粉的特征。

⑤掺虾头或虾肉粉的鱼粉。鱼粉中掺入虾头粉，镜下可见虾须、虾眼球、虾壳和虾肉等。虾壳类似卷曲的云母状薄片，半透明。少量的虾肉与虾壳连在一起。虾眼为黑色球形颗粒状，为虾头粉中较易辨认的特征。虾须在镜下以断片形式存在，呈长圆管状，带有螺旋形平行线。虾腿为断片宽管状，半透明，带毛或不带毛。

⑥掺蟹壳粉的鱼粉。鱼粉中掺入蟹壳粉，镜下可见蟹壳特征。蟹壳为规则的碎片状，壳外层多为橘红色，多孔，并有蜂窝状的圆形阳斑。

⑦掺贝壳粉的鱼粉。鱼粉中掺入贝壳粉，镜下可见贝壳的微小颗粒，表面光滑，颜色依贝壳的种类不同而有较大差异，有的为白色或灰色，也有的为粉红色。有些颗粒外表面具有同心的或平行的纹理，或者有暗交错的线束，有些碎片边缘呈锯齿状。

（3）鱼粉中掺入含氮化合物。

以增加总氮为目的的掺假鱼粉，镜下可见脲醛聚合物为乳黄色不规则球状物，用探针轻压后会散开并呈晶体状，且不溶于水。

（三）化学鉴别检测

1. 掺入碳酸钙粉、贝壳粉、蟹壳粉的检测

如果怀疑鱼粉中掺入了碳酸钙粉、贝壳粉、蟹壳粉，可根据盐酸与碳酸盐的化学反应——产生二氧化碳气泡来判断。该方法模拟检查掺入 2% 贝壳粉的鱼粉效果明显。检测方法：取试样 10 g 放在烧杯中，取 20 mL 盐酸倒入烧杯，则立即出现大量泡沫，并发

出响声。

2. 掺入木质素的检测

（1）取被检粉碎鱼粉少许平铺入表面皿中，用间苯三酚液（2 g 间苯三酚溶入100 mL 90% 的乙醇中）浸湿，放置 5~10 min，再滴加 2~3 滴浓盐酸。若试样中出现散布的红色颗粒，说明鱼粉中掺入了含木质素的物质。

（2）将少量鱼粉置于培养皿中，加入浓度为 95% 的乙醇浸泡样品，再滴入几滴浓盐酸，如出现深红色，加水后深红色物质浮在水面，说明鱼粉中掺入了含木质素的物质。

3. 掺入淀粉的检测

取被检鱼粉 1~2 g 放入试管中，加 10 mL 蒸馏水加热至沸腾，以浸出淀粉。冷却后，滴入 1~2 滴碘 – 碘化钾溶液（取碘化钾 6 g 加入 100 mL 蒸馏水中，再加入 2 g 碘，溶解后摇匀，置于棕色瓶中保存）。若溶液即显蓝色或黑蓝色，表明鱼粉中掺入了淀粉。

4. 掺入血粉的检测

称取 1~2 g 鱼粉放入白瓷皿或白色滴板中，加联苯胺 – 冰乙酸混合液数滴（1 g 联苯胺加入 100 mL 冰乙酸溶液中，加 150 mL 蒸馏水稀释），浸湿被检鱼粉，再加 3% 过氧化氢溶液 1 滴。若掺有血粉，被检样即显深绿或蓝绿色。

5. 掺入皮革粉的检测

（1）取少许鱼粉放入培养皿中，加入几滴钼酸铵溶液（5 g 钼酸铵溶解于 100 mL 水中，再加 35 mL 浓硝酸），浸没鱼粉为宜，静置 5~10 min，如不发生变化，则为皮革粉；如呈现绿色，则为鱼粉。

（2）取 2 g 鱼粉于坩埚中高温灰化，冷却后用水浸润，加 2 mol/L 硫酸（10 mL 的浓硫酸倒入 170 mL 的水中）10 mL，使之呈酸性，再加数滴二苯卡巴腙溶液（0.2 g 二苯卡巴腙溶解于 100 mL 90% 的乙醇中）。如有紫红色物质出现，说明掺有皮革粉。

6. 掺入非蛋白氮的检测

（1）掺入尿素的检测。

①取两份 1.5 g 鱼粉于两支试管中，其中一支加少许黄豆粉，两管各加蒸馏水 5 mL，振荡，置于 60 ℃~70 ℃恒温水浴锅中水浴 3 min，滴 6~7 滴甲基红指示剂（0.1% 乙醇）。若加黄豆粉的试管中出现较深紫红色，说明鱼粉中有尿素。

②称取 10 g 鱼粉于烧杯中，加 100 mL 蒸馏水搅拌，过滤，取滤液少许于点滴板上，加 2~3 滴甲基红指示剂，再滴加 2~3 滴尿素酶溶液（0.2 g 尿素酶溶于 100 mL 95% 的乙醇溶液中），水浴加热，静置。若点滴板呈现深红紫色，说明鱼粉中掺有尿素。

（2）掺入双缩脲的检测。

称取被检鱼粉 2 g 放入 20 mL 蒸馏水中，搅拌均匀后静置 10 min，用干燥的滤纸过滤,取滤液 4 mL 于试管中,加 6 mol/L 的氢氧化钠溶液 1 mL,再加 1.5% 的硫酸铜溶液 1 mL,摇匀后立即观察。若溶液显蓝色,表示未掺假;若溶液显紫红色,说明掺有双缩脲,且颜色越深,掺入比例越大。

（3）掺入三聚氰胺的检测。

把可疑的白色颗粒挑出,将鱼粉放置于干燥烧杯内,加 1 g/L 的浓硫酸溶液 1 mL,在电炉上小心加热至刚产生微烟,取下烧杯,加入 10 mL 水。若溶液变成紫色,说明鱼粉中含三聚氰胺,属于伪劣产品。

实验十 观看配合饲料厂视频

一、目的要求

通过观看配合饲料厂的工艺流程视频,了解我国配合饲料生产的主要工艺流程及设备。

二、方法与内容

以中国饲料博物馆的典型饲料加工厂为对象,进行实地录像,由相关技术人员进行讲解,学员以观看录像形式进行学习;学员如有条件,可以将录像内容与当地饲料厂实际情况做对比,找出异同点。具体实习内容如下。

（1）参观厂区。

（2）参观原料仓库,熟悉配合饲料的原料种类及原料堆放原则与要求。

（3）重点参观饲料生产车间,了解配合饲料生产的主要工艺流程及设备。

（4）参观饲料质量检测实验室,熟悉实验室的布局、各类饲料原料和产品的检测项目及检测方法。

三、实验作业

（1）分小组用书面形式就上述参观内容写出实验报告。

（2）召开讨论会,各小组宣读实验报告;结合所学的专业理论和知识探讨该配合饲料厂的成功经验与不足之处。

参考文献

［1］王郝为，吴端钦．代谢组学及其在动物营养中的应用．动物营养学报，2017（12）：4301-4307．

［2］陈培华，衡德茂．畜禽养殖污染问题分析与生态安全措施．中国畜牧业，2020（16）：64-65．

［3］熊强．畜牧业污染问题及对策分析．畜牧业环境，2020（10）：35．

［4］王永强，谢红兵，贺永惠，等．代谢组学分析技术在动物营养学研究中的应用进展．中国畜牧杂志，2019（11）：42-46．

［5］陈琛．动物营养学的发展概况及趋势．畜牧与饲料科学，2019（3）：40-44．

［6］何欣．动物营养基础．北京：中央广播电视大学出版社，2004．

［7］解绶启，张文兵，韩冬，等．水产养殖动物营养与饲料工程发展战略研究．中国工程科学，2016（3）：29-36．

［8］石彩霞，王海荣．营养基因组学在动物营养与饲料科学研究中的应用．饲料研究，2014（1）：13-15，22．

［9］蔡辉益，张姝，邓雪娟，等．生物饲料科技研究与应用．动物营养学报，2014（10）：2911-2923．

［10］计成．动物营养学．北京：高等教育出版社，2008．

［11］陈代文．饲料安全学．北京：中国农业出版社，2010．

［12］李建国．畜牧学概论．2版．北京：中国农业出版社，2010．

［13］蒋思文．畜牧概论．北京：高等教育出版社，2006．

［14］王成章，王恬．饲料学．2版．北京：中国农业出版社，2011．

［15］马美蓉，陆叙元．动物营养与饲料加工．北京：科学出版社，2012．

［16］张卫宪．动物营养与饲料．北京：中国轻工业出版社，2013．

［17］杨慧．动物营养与饲料．厦门：厦门大学出版社，2011．

［18］伍国耀．动物营养学原理．北京：科学出版社，2019．

［19］陈代文. 动物营养与饲料学. 北京：中国农业出版社，2005.

［20］姚军虎. 动物营养与饲料. 北京：中国农业出版社，2001.

［21］吴晋强. 动物营养学. 3 版. 合肥：安徽科学技术出版社，2010.

［22］P·麦当劳. 动物营养学. 6 版. 王久峰，李同洲，译. 北京：中国农业大学出版社，2007.

［23］陈代文，王恬. 动物营养与饲料学. 北京：中国农业出版社，2011.

［24］冯仰廉. 反刍动物营养学. 北京：科学出版社，2004.

［25］李建国. 畜牧学概论. 3 版. 北京：中国农业出版社，2019.

［26］陈代文. 动物营养与饲料学. 2 版. 北京：中国农业出版社，2015.

［27］韩有文. 饲料与饲养学. 北京：中国农业出版社，1997.

［28］Scholten R H J, van der Peet-Schwering C M C, Verstegen M W A, et al. Fermented co-products and fermented compound diets for pigs: a review. Animal Feed Science and Technology, 1999（82）: 1–19.

［29］周明. 动物营养学教程. 北京：化学工业出版社，2014.

［30］Fu Y, Zhang H J, Wu S G, et al. Dietary supplementation with sodium bicarbonate or sodium sulfate affects eggshell quality by altering ultrastructure and components in laying hens. Animal, 2021（3）.

［31］张子仪. 中国饲料学. 北京：中国农业出版社，2000.

［32］胡坚. 动物饲养学. 长春：吉林科学技术出版社，1990.

［33］韩友文. 饲料与饲养学. 北京：中国农业出版社，1997.

［34］王羽梅，王勇，郝春燕. 胡萝卜营养成分的分析. 内蒙古农业科技，1996（S1）: 34–35，39.

［35］潘军，迪力拜尔·阿木提，高腾云. 甜菜及其副产品的营养价值及瘤胃动态降解率. 江苏农业科学，2020（12）: 163–167.

［36］黄金宝. 猪的常用植物性蛋白饲料. 养殖技术顾问，2013（3）: 68.

［37］贾成发. 大豆饼粕类饲料的饲用价值及饲喂应用. 现代畜牧科技，2020（2）: 28，30.

［38］金宜全，杨志强，赵金鹏，等. 葵花籽粕的营养特性及在反刍动物上的应用. 中国奶牛，2020（03）: 14–17.

［39］曹冬艳. 家畜常用饼粕类饲料的营养和饲喂要点. 饲料博览，2019（7）: 89.

［40］樊庆山，刁其玉，毕研亮，等. 新型植物饼粕类饲料在反刍动物生产中的应用. 家畜生态学报，2018（2）: 79–85.

［41］王恬，王成章. 饲料学. 3 版. 北京：中国农业出版社，2018.

［42］龚利敏，王恬. 饲料加工工艺学. 北京：中国农业大学出版社，2010.

［43］贺春宝. 硫酸镁在饲料添加剂中的应用. 2006 年中国镁盐行业年会暨新技术、新产品、新设备推介会论文集. 中国无机盐工业协会钙镁盐分会，河北科技大学化学与制药工程学院，2006：4.

［44］代银平，王雪莹，叶炜宗，等. 贝壳废弃物的资源化利用研究. 资源开发与市场，2017（2）：203-208.

［45］王磊磊，李云，王宇萍，等. 不同生产工艺生产的饲料级磷酸二氢钙的安全特性研究. 中国畜牧杂志，2013（23）：52-59.

［46］唐煜，何自新. 畜禽矿物质饲料：石粉. 甘肃畜牧兽医，2000（06）：41.

［47］李玲. 国外矿物质饲料添加剂的使用与我国矿物质饲料添加剂的发展. 精细化工，1991（02）：3-6，38.

［48］满虹. 颗粒饲料氧化镁对奶牛泌乳性能的影响. 饲料研究，1994（04）：35.

［49］董乐津，李祥德，万会芝，等. 硫酸钠的营养作用及在家禽上的使用效果. 中国家禽，2003（9）：41.

［50］陈前岭，周广生，周元敬. 氯化镁作育肥猪饲料添加剂的饲养试验. 江西农业科技，1997（3）：48.

［51］刘正群，张祖翔，陈亮，等. 生长猪基础饲粮组成对磷酸氢钙和磷酸二氢钙中磷的全肠道真消化率的影响. 动物营养学报，2016（08）：2542-2550.

［52］殷雷. 湿法磷酸净化制饲料级无水磷酸氢二钠通过小试鉴定. 湖北化工，1987（1）：71.

［53］许宗运，韩俊文. 饲粮短期高剂量添加硫酸镁对杂种野猪肉品质的影响. 中国农学通报，2007（7）：38-41.

［54］罗爱琼，杨俊花，刘丹，等. 饲粮添加碳酸氢钠对蛋鸡生产性能和血液学指标的影响. 动物营养学报，2013（1）：156-162.

［55］李峰，李志国，刘亚娟，等. 饲料食盐超标对蛋鸡的影响. 畜牧与兽医，2014（1）：121.

［56］李芳，张仙琼，何小华，等. 饲料添加剂硫酸镁中砷的检测方法探究. 饲料博览，2018（3）：44-47.

［57］郑拉弟，段向阳，侯先志. 无机硫对绵羊瘤胃纤维物质降解影响的研究. 中国畜牧兽医，2009（1）：27-30.

［58］赵拥军，苏玉贤，仝崇，等. 应用磷酸氢钙配制饲粮引起猪氟中毒. 畜牧与兽医，2003（10）：35.

［59］邱振祺. 优质饲料磷钙矿物质添加剂：磷酸氢钙. 饲料研究，1991（1）：31.

［60］罗爱琼. 蛋鸡对碳酸氢钠的耐受性试验研究. 上海：上海海洋大学，2013.

［61］周生飞. 利用肌醇渣生产饲料级磷酸氢钙工艺参数的研究及其生物学评价. 泰安：山东农业大学，2002.

［62］刘炎. 饲粮中添加碳酸氢钠对蛋鸡生产性能及肠道微生态的影响. 咸阳：西北农林科技大学，2013.

［63］付宇. 饲粮钠、氯水平对产蛋鸡蛋壳品质及离子代谢的作用. 北京：中国农业科学院，2019.

［64］卫舒敏. 饲粮硫酸钠对产蛋鸡的有效性和耐受性评价. 北京：中国农业科学院，2015.

［65］陈代文，吴德. 饲料添加剂学. 2 版. 北京：中国农业出版社，2011.

［66］温家姝，胡彩虹，崔世豪，等. 微生态制剂对家禽肠道健康影响的研究进展. 动物营养学报，2021（4）：1851-1858.

［67］周航，王薇薇，王丽，等. 饲用乳酸菌制剂的开发利用研究进展. 动物营养学报，2019（5）：2012-2021.

［68］吴爽，周玉香，贾柔，等. 饲用酶制剂在反刍动物生产中的应用概况. 动物营养学报，2020（7）：3005-3011.

［69］刘雪，王璇，唐德富，等. 饲粮添加豌豆和复合酶制剂对肉仔鸡生长性能、养分利用及肠道发育的影响. 动物营养学报，2020（9）：4429-4440.

［70］Upadhaya S D, Kim I H. Efficacy of phytogenic feed additive on performance, production and health status of monogastric animals-a review. Annals of Animal Science，2017（4）：929-948.

［71］张玉. 不同抗氧化剂的抗氧化特性及蛋鸡日粮应用效果比较研究. 咸阳：西北农林科技大学，2016.

［72］王成章，王恬. 饲料学. 北京：中国农业出版社，2003.

［73］陈代文. 饲料添加剂学. 北京：中国农业出版社. 2003.

［74］中国标准出版社. 饲料工业标准汇编：下册. 6 版. 北京：中国标准出版社，2019.

［75］郝生宏，刘素杰，温萍. 常用饲料真伪鉴别一点通. 北京：化学工业出版社，2020.

［76］李敏，张淑丽，陈芬. 掺假鱼粉的鉴别及检测方法的研究. 兽医导刊，2016（20）：1.

［77］孙彬，王朝明. 鱼粉掺假检测实用技术. 渔业致富指南，2011（1）：30-31.

［78］张晶，赵云，史旭东. 动物营养与饲料学实验指导. 长春：吉林大学出版社，2010.

［79］朱燕，夏玉宇. 饲料品质检验. 北京：化学工业出版社，2003.

［80］杨胜. 饲料分析及饲料质量检测技术. 北京：北京农业大学出版社，1993.

［81］周安国，陈代文. 动物营养学. 3 版. 北京：中国农业出版社，2010.

［82］单安山. 饲料与饲养学. 2 版. 北京：中国农业出版社，2020.

［83］中华人民共和国农业部. 鸡饲养标准：NY/T 33—2004. 北京：中国农业出版社，2004.

［84］中华人民共和国农业部. 奶牛饲养标准：NY/T 34—2004. 北京：中国农业出版社，2004.

［85］中华人民共和国农业部. 肉牛饲养标准：NY/T 815—2004. 北京：中国农业出版社，2004.

［86］中华人民共和国农业部. 猪饲养标准：NY/T 65—2004. 北京：中国农业出版社，2004.

［87］中华人民共和国农业农村部. 黄羽肉鸡营养需要量：NY/T 3645—2020. 北京：中国农业出版社，2020.

［88］国家市场监管总局，国家标准化管理委员会. 猪营养需要量：GB/T 39235—2020. 北京：中国标准出版社，2020.

［89］国家市场监管总局，国家标准化管理委员会. 产蛋鸡和肉鸡配合饲料：GB/T 5916—2020. 北京：中国标准出版社，2020.

［90］中华人民共和国农业部. 饲料添加剂安全使用规范：农业部公告第 2625 号.（2018-01-20）［2021-11-16］. http://www.moa.gov.cn/nybgb/2018/201801/201801/t20180129_6135954.htm.

［91］国家质量监督检验检疫总局，国家标准化管理委员会. 饲料工业术语：GB/T 10647—2008. 北京：中国标准出版社，2018.

［92］张力，杨孝列. 动物营养与饲料. 北京：中国农业大学出版社，2007.

［93］张力，杨孝列. 动物营养与饲料. 2 版. 北京：中国农业大学出版社，2012.